旧工业建筑再生利用评价基础

The Basic Assessment of the Reuse of Old Industrial Buildings

李慧民　田　卫　张　扬　陈　旭　编著

中国建筑工业出版社

图书在版编目（CIP）数据

旧工业建筑再生利用评价基础 / 李慧民等编著 . —北京：中国
建筑工业出版社，2016.10
　ISBN 978-7-112-19639-5

　I.①旧…　II.①李…　III.①旧建筑物—工业建筑—废物综合
利用—评价　IV.①X799.1

中国版本图书馆CIP数据核字（2016）第182853号

　　本书结合具体案例，系统阐述了旧工业建筑再生利用的评价方法。全书分为9章。其中第1章介绍了评价的基本概念、分类、流程和方法，建立了旧工业建筑再生利用项目评价体系的理论基础；第2～8章结合旧工业建筑再生利用项目的特点，对旧工业建筑再生利用项目的前评价、过程评价、后评价分别进行了探讨；第9章根据2～8章建立的评价模型，开发了旧工业建筑再生利用项目系统评价软件，给出了旧工业建筑再生利用项目的评价流程，为旧工业建筑再生利用的开展提供了可靠工具。

　　本书适合旧工业建筑再生利用研究人员阅读，也可供旧工业建筑再生利用规划、设计、管理、施工人员参考。

责任编辑：武晓涛
责任校对：王宇枢　张　颖

旧工业建筑再生利用评价基础

李慧民　田　卫　张　扬　陈　旭　编著

＊

中国建筑工业出版社出版、发行（北京西郊百万庄）
各地新华书店、建筑书店经销
北京京点图文设计有限公司制版
北京富生印刷厂印刷

＊

开本：787×1092毫米　1/16　印张：14　字数：293千字
2016年12月第一版　2016年12月第一次印刷
定价：38.00元
ISBN 978-7-112-19639-5
　　　　（29154）

《旧工业建筑再生利用评价基础》
编写（调研）组

组　　长：李慧民

副组长：田　卫　张　扬　陈　旭

成　　员：樊胜军　武　乾　盛金喜　郭海东　裴兴旺

　　　　　闫瑞琦　张广敏　张文佳　刘　青　赵　地

　　　　　郭　平　李　勤　蒋红妍　贾丽欣　钟兴润

　　　　　黄　莺　张　勇　谭　啸　李林洁　杨战军

　　　　　万婷婷　张　健　孟　海　谭菲雪　刘慧军

　　　　　刚家斌　马海骋　杨　波　牛　波　曾凡奎

　　　　　田　飞　高明哲　杨　敏　冀　蕾

前　言

本书结合具体案例，对旧工业建筑再生利用的评价方法进行了系统的论述。全书分为9章。其中第1章介绍了评价的基本概念、分类、流程和方法，建立了旧工业建筑再生利用项目评价体系的理论基础；第2～8章结合旧工业建筑再生利用项目的特点，对旧工业建筑再生利用项目的前评价、过程评价、后评价分别进行了探讨；第9章根据2～8章建立的评价模型，开发了旧工业建筑再生利用项目系统评价软件，给出了旧工业建筑再生利用项目的评价流程，为旧工业建筑再生利用的展开提供了可靠工具。

本书由李慧民、田卫、张扬、陈旭编著。其中各章分工为：第1章由田卫、李慧民、张扬编写；第2章由张文佳、陈旭、赵地编写；第3章由郭平、陈旭、裴兴旺编写；第4章由刘青、李慧民、郭平编写；第5章由赵地、田卫、张文佳编写；第6章由郭海东、李勤、刘青编写；第7章由张扬、郭海东、李慧民编写；第8章由裴兴旺、李勤、张扬编写；第9章由张扬、田卫、陈旭编写。

本书的编写得到了国家自然科学基金委员会（面上项目"旧工业建筑（群）再生利用评价理论与应用研究"（批准号：51178386）、面上项目"基于博弈论的旧工业区再生利用利益机制研究"（批准号：51478384）、面上项目"在役旧工业建筑再利用危机管理模式研究"（批准号：51278398））、住房和城乡建设部科学技术项目（"旧工业建筑绿色改造评价体系研究"，项目编号：2014-R1-009）的支持，同时西安建筑科技大学、百盛联合建设集团、西安华清科教产业（集团）有限公司、西安世界之窗产业园投资管理有限公司、案例项目所属单位、相关规划设计研究院等单位的技术与管理人员均对本书的编著提供了诚恳的帮助。同时在编写过程中还参考了许多专家和学者的有关研究成果及文献资料，在此一并向他们表示衷心的感谢！

由于作者水平有限，书中不足之处，敬请广大读者批评指正。

作　者
2016 年 5 月于西安

目　录

第1章 旧工业建筑再生利用评价基本理论

1.1 旧工业建筑再生利用评价概述

1.1.1 旧工业建筑再生利用评价背景

随着当前我国各大中城市的快速建设，用于城市建设的土地资源越来越稀缺。城镇范围的不断扩张，原来位于城市边缘的工业用地已逐渐转变为城市中心地段。面对经济转型、社会发展和城市规划调整所需，工业企业或搬迁或破产，留下了大量闲置的占地面积大、建筑密度和容积率极低的工业厂区。随着旧工业建筑空置数量日益增多，原工业区大量工人下岗待业，对当地经济、社会和环境都有不同程度的影响，结果很大程度上阻碍了城市的发展[1, 2]。

20 世纪 90 年代，在各大城市响应"退二进三补公"、"腾笼换鸟"等产业结构调整的政策中，我国各大城市中相当多的工业遗产在"拆"与"留"、废弃与再利用之间存在着激烈的争论。但是，随着近年来我国总体的快速发展，社会的稳定、历史文化的保护和生态环境的保护越来越受到高度重视，尤其是在十八大报告中，明确提出大力推进包括建设生态文明型社会在内的"五位一体"发展布局。所以，通过大拆大建利用旧工业厂区土地的建设已经不符合时代的发展要求，而可持续、可循环、绿色节能、有效维系社会稳定的建设模式更符合我国现阶段的政策方针，适应社会建设发展潮流。由此再生利用项目的开展已成为今后城市旧工业建筑建设的主要趋势[3]。

然而，在多年的旧工业建筑再生利用实践活动中发现，虽然各大中城市已意识到对旧工业遗产的保护和大力开展旧工业建筑的再生利用，但是在旧工业建筑再生利用项目的开展过程中，项目的改造存在很大的盲目性，再生利用模式的决策上存在跟风现象；面对一个具体的旧工业建筑改造项目，施工中没有成熟的管理模式，或照搬传统项目建设的管控模式，致使施工过程的安全、质量、进度、成本等管理存在很大漏洞和不足；项目没有经历一个基本的调研或可行性分析以及成功的经验总结过程，导致大量已完成项目运营效果不理想，在建项目无法顺利进行甚至最终搁浅，以致参与各方（地方政府、旧工业区工人群体、投资方）的利益冲突加深，矛盾升级。而且一味地迎合新形势下政策的要求，将所有的旧工业建筑项目全部进行再生利用开发，而未考虑旧工业建筑内部与外部影响因素，出现"矫枉过正"的现象，最终并未真正实现时代发展需求，反而造成更多的资源浪费。

可见，当前旧工业建筑再生利用项目需要全过程的决策指导与管控方法也即全寿命周期的评价管理方法，评价某个具体的旧工业建筑是否具有再生利用的价值以及评析价值所在；评价在改造的旧工业建筑项目实施过程的管控水平；评价决策后的再生利用模式是否符合项目实际，也即项目按此改造后效果如何。

1.1.2　旧工业建筑再生利用评价概念

项目评价是建设项目实施的必要环节，是指通过科学合理的评价过程优选方案、正确决策、调整管理思路、评估风险、制定策略、积累实施经验等。在现有众多项目评价理论中，从评价阶段来看，有事前评价、事中评价、事后评价等；从评价内容及性质来看，有风险评价、安全评价、经济评价、社会评价、环境评价等。这些评价理论应用于建设项目的各个领域，如道路工程、桥梁工程、铁路工程、港口工程、水利工程、隧道工程、市政工程、房屋建筑工程等。

旧工业建筑再生利用项目是新形势下具有自身特色的新类型建设项目。旧工业建筑再生利用是对失去原有生产功能而被废弃或闲置的工业厂房进行重新利用，使其具备新的功能，满足新的使用要求，同时，在功能转换的基础上，能够起到节约成本和资源、提升周边环境以及传承历史文化等作用。而这些也正契合了可持续发展理论的基本思想。

所以，旧工业建筑再生利用评价是在结合旧工业建筑再生利用项目特点的基础上，从可持续发展角度出发，建立分阶段、多类别指标、不同类型变量共存、递进式的旧工业建筑再生利用评价体系，一方面，在项目建设的全过程中为项目决策、设计方案调整、施工过程控制和后期影响分析提供有效可靠的指导性意见；另一方面，对旧工业建筑再生利用项目进行动态全过程评价，实现项目的经济性、社会性、环境性以及技术性统一平衡的可持续发展目的。

1.1.3　旧工业建筑再生利用评价原则

评价原则作为评价主体在实施评价活动过程中的指导思想，对保障评价活动的顺利进行及评价结果的科学性具有重要的影响。结合旧工业建筑再生利用的自身特点，其评价除了遵循一般性评价活动的原则外，还应符合可持续发展的特色原则。具体旧工业建筑再生利用评价应遵循原则有：

（1）客观和"三公"原则

"三公"即公开公平公正。旧工业建筑再生利用评价的"三公"原则是保证评价客观的基础，针对评价中未涉及的保密内容，应尽量公开评价标准、评价方法和评价过程，以公开促公正，用公正保公平，实现公开公正公平环境下的客观，并保证评价主体的独立性。

在旧工业建筑再生利用的评价过程中,基于评价对象的基本特征,以评价标准为基准,客观、公正地对评价对象进行评价。旧工业建筑再生利用评价必须以客观存在的大量事实为依据,秉承实事求是的评价原则,保证一切结论都产生于分析的结尾,同时反对先有结论,而后再去搜集罗列个别事实来"论证"。

(2) 科学原则

科学原则是指旧工业建筑再生利用评价中用到的方法、标准、程序以及评价结果都应经过科学的筛选或论证,同时还要保证评价过程和结果的可重复性。所谓可重复性,即按照相同的评价过程、相同的评价方法得出相同评价结果的概率。一般而言,得到同一结果的概率越大,表明评价结果的科学性及可靠性就越高。由于多种因素的影响,评价结果往往作为一种概率事件,但是评价过程越公正、方法越科学,结果的趋同性必然越强,这样评价结果也就越科学可靠。

(3) 导向合理原则

旧工业建筑再生利用评价对于指导实际的再生利用项目具有很强的导向性,因此在进行旧工业建筑再生利用评价时必须明确评价目标,并紧密围绕评价目标开展旧工业建筑再生利用评价,形成科学合理的评价导向。在评价中,以促进旧工业建筑再生利用的健康、良性发展,优化资源配置,提高效率,鼓励创新为评价基本目标,紧紧把握再生利用评价的导向作用,避免评价产生相关的负面影响,保证旧工业建筑再生利用的相关政策在制定与执行中的一致性,提升再生利用效率,形成再生利用的良性循环。

(4) 定性评价与定量评价相结合原则

随着电子计算机的广泛应用,各门学科包括管理科学都有可能从已知数据中推论出未知的新数据,所以定性评价与定量评价的地位和作用愈来愈重要。鉴于影响旧工业建筑再生利用的因素众多,同时许多因素具有模糊性及复杂性,因此对旧工业建筑再生利用评价时,要坚持定性评价和定量评价二者的结合运用,同时将定性描述采取逻辑判断的方法进行量化处理,保证对被评价对象做出的评价准确科学。

(5) 系统与全面原则

对旧工业建筑再生利用进行评价时,结合再生利用的系统原则,从整体的角度实现对评价对象的全面评价。所谓系统原则,就是在旧工业建筑再生利用评价中,应从系统的整体性、有机联系性、动态性和有序性等特点出发,遵循全面、相互联系、发展的观点进行评价,使评价更准确、更概括、更深化。同时由于影响旧工业建筑再生利用的是一个复杂、多因素、综合的系统,而且各因素之间存在相互关联、相互制约的关系,因此对旧工业建筑再生利用项目的评价不能使用单一的评价指标,必须以多因素为依据,建立综合的评价指标体系,保障评价的全面性。

(6) 实用与可操作性原则

旧工业建筑再生利用评价的目的在于指导旧工业建筑再生利用实践活动,因此要求评价能够迅速、准确地反映旧工业建筑再生利用的价值，这就要求评价既要兼顾全面，又要适当舍弃影响不太大的次级效应，简化评价过程，选择有效指标，迅速得出评价结果。因为旧工业建筑再生利用涉及的相关因素较多，关系冗杂，而且评价的方法和指标也十分复杂，在实际的评价中不可能做到面面俱到，所以必须以实用和可操作性为原则，挑选合适的评价方法和适量的评价指标，在简化评价指标和评价过程的同时，保证评价过程的实用及可操作性。

（7）分类比较与可比性原则

分类比较是保证旧工业建筑再生利用评价结果科学、准确的基础，旧工业建筑再生利用评价应根据评价对象的不同属性和特点，确定相应的评价程序、评价标准和方法，进行分类评价，而不是将不同特点和不同属性的所有对象放在同一标准下评价，采用相同的程序和方法评价。由于被评价对象具有不同"质"性，因而不具有可比性，所以在旧工业建筑再生利用评价过程中，必须对评价对象进行科学、准确的类别划分，最大限度地使评价对象具有可比性，从而保证评价结果的科学性。

（8）适度原则

旧工业建筑再生利用评价应遵循自身的特点进行评价，这就要求旧工业建筑再生利用评价的周期不能太短，频率不能过高，否则就会对评价对象产生负面影响。但由于评价周期不能无限长，频率也不能无穷低，所以旧工业建筑再生利用评价应该适度，既不能影响旧工业建筑再生利用（造成负面影响），又要达到旧工业建筑再生利用评价的效果（起到监督、反馈和优化等作用）。

（9）可持续发展原则

旧工业建筑再生利用本身作为可持续发展的一种体现，强调再利用全过程的可持续性，其中设计的可持续观点主要包括城市更新思路、功能规划、国土资源、能源消耗、环境影响、设计方案、施工过程、材料选用等多方面[4]。

1.1.4 旧工业建筑再生利用评价特点

通过对旧工业建筑再生利用评价项目自身特点和评价概念的辨析，可以看出旧工业建筑再生利用评价有以下几种特点。

（1）旧工业建筑再生利用项目评价的内容、指标体系、评价标准、评价方法符合可持续发展的思想，并且是全过程的评价。

（2）旧工业建筑再生利用项目评价的对象特殊，不能简单地照搬已有的评价体系，可以借鉴有关建筑项目评价体系的主要思想和指标设定。

（3）由于旧工业建筑再生利用项目实施的全过程涉及建筑、结构、材料、环境、文化、历史、美学、社会学、经济学等多个学科领域，因此对其进行评价同样是多学科、多领域的交叉融合。

（4）由于旧工业建筑再生利用项目的自身特点，其评价不仅是全过程的，还要考虑阶段性、递进性、层次性。

（5）旧工业建筑再生利用项目评价是开放性的，这也是项目本身特殊性所要求的。随着社会的不断发展，建设领域创新变革，旧工业建筑再生利用项目评价也可以不断随之调整。

（6）旧工业建筑再生利用项目评价还应具有客观性和公平性的特点 [5~7]。

1.1.5　旧工业建筑再生利用评价意义

承载着工业文明的工业遗存正随着历史的推移和积淀，而成为具有特定价值的工业文化遗产。这些工业文化遗产在社会发展、经济增长、文化积淀等方面所承载的历史信息，甚至比人类社会其他历史发展时期的文化遗产还大得多。在城市工业发展的历程中，工业建筑以及工业设施具有功不可没的历史地位，因为它们见证了城市的经济发展、社会进步和文化繁荣，工业建筑的兴替其实就是城市发展史。除其附带的历史价值以外，旧工业建筑由于其使用寿命与使用状况的差别，使得其具有鲜明的可再生利用性——功能的重新定义。

功能重新定义就是改造再利用。为了充分体现改造再利用的价值，就必须预估与评判改造中的影响强度和效果。而如何提前预估旧工业建筑再生利用项目影响及价值，以及能够做出较为准确的决策和动态判断，这就需要建立科学、合理、完善的评价体系。国内旧工业建筑再生利用研究多偏向功能设计、适应分析等建筑设计和规划方面，在关于如何选取旧工业建筑评价指标体系方面以及分阶段对再生利用项目做出评价的研究较少。

准确、合理地对研究对象进行全面评价，不仅是对已完工作的肯定及其效果的描述，也是后续工作的方向指引和目标要求。旧工业建筑再生利用这一建设领域的可持续发展实践，迫切需要一套系统的、反映此类活动共性的评价体系，对旧工业建筑再生利用项目的实施做出客观评价及对预期再生利用项目给以有力指导和支持 [8~10]。

1.2　旧工业建筑再生利用评价流程

结合旧工业建筑再生利用特点，分析既有的评价理论和方法，可以看出旧工业建筑再生利用评价的构成要素主要有以下几点：

（1）评价目的

评价目的作为评价工作的根本性指导方针，是明确为什么评价、评价事物哪些方面（评价目标）、评价精确度要求如何的总指引。

（2）评价主体

评价主体是某个人（专家）或某团体（专家小组）。其与评价目的的确定、被评价对象的确定、评价指标的建立、权重系数的确定、评价模型的选择都有直接的关系，在评价过程中的作用不可轻视。

（3）被评价对象

评价对象可能是旧工业建筑再生利用中涉及的人、事、物，抑或它们的组合，确定被评价对象的实质是明确评价对象系统，从而确定评价的内容、方式及方法。

（4）评价指标

所谓指标，是指根据旧工业建筑再生利用的研究对象和目的，能够确定地反映出研究对象某一方面特征的依据，同一研究对象的不同指标反映研究对象的不同特征。所谓指标体系是指由一系列相互联系的指标所构成的整体，它可根据研究的对象和目的，综合反映研究对象各方面的情况。指标体系不仅受评价客体与评价目标的制约，同时也受评价主体价值观念的影响。

（5）权重系数

对于评价目标来说，评价指标之间的相对重要程度是不一样的，指标间不同的重要程度，可用权重系数（即权重）来刻画。权重作为指标对总目标的贡献程度，当被评价对象及评价指标都确定时，综合评价的结果主要依赖于权重系数，权重系数确定得合理与否，也直接关系到综合评价结果的可信程度。

（6）综合评价模型

即通过一定的数学模型将多个评价指标值"合成"为一个整体性的综合评价值。常见的用于"合成"的数学方法较多，关键在于根据评价目的及被评价对象的特点，选择最合适的合成方法，保证合成结果的合理性及科学性。

（7）评价结果

输出评价结果并进行决策。正确认识综合评价方法，公正看待评价结果，应意识到综合评价结果具有的相对意义，即只用于性质相同的对象间的比较和排序。

1.2.1 旧工业建筑再生利用评价基本流程

从实际操作程序的角度分析，旧工业建筑再生利用评价过程中，基本应包括选定评价对象和评价目标，建立评价指标体系，筛选合适的定性或定量评价方法，选择或构建评价模型，分析评价结论，提出评价报告等过程。具体的程序如下：

（1）选定评价对象

评价的对象通常是同类事物（横向）或同一事物在不同时期的表现（纵向）。

（2）明确评价目标

评价目标不同，所考虑的因素就有所不同。

（3）成立评价小组

评价小组一般由评价所需的技术专家、管理专家和评价专家组成。为保证评价结论的有效性和权威性，参加评价工作的专家资格、组成架构以及工作方式等都应满足评价目标的要求。

（4）建立评价指标体系

指标体系以总目标或一系列目标为出发点，以此逐级发展子目标，最终确定各专项指标。

（5）选择或设计评价方法

评价方法因评价对象的要求不同而存在一定的差异，一般而言，应在保证评价方法与评价目标匹配的前提下，选择成熟且易被认可的评价方法，同时重点把控评价方法的内在约束。

（6）选择和建立评价模型

因为任何一种评价方法都要依据一定的权数对各单项指标评判结果进行综合，权数比例的改变会变更综合评价的结果，所以在众多方法模型中，选择最适合待评价问题的方法模型是建立评价模型的关键。

（7）评价结果分析

一般来讲，旧工业建筑再生利用评价是评价主体依据一定的评价目的和评价标准对评价客体进行认识的活动，涉及评价主体、评价客体、评价目的和标准、评价技术方法及评价环境，同时这些因素的有机结合构成了相应的评价系统。

评价主体作为评价的核心构成，不仅要结合现有的、具有可操作性的评价方法和技术，还要考虑评价的环境；评价客体作为评价对象，具有自身真实的价值、属性，体现十足的客观性；评价标准是判断评价客体价值高低和水平优劣的参考系，虽然会受到主体的影响，但具有一定的客观性。所以在评价系统中，必须保持高度的客观分析，提高评价方法的科学性并保证评价结果的有效性。

1.2.2　旧工业建筑再生利用评价指标

（1）评价指标设定原则

评价指标是对能够反映评价对象本质随时间变化的各种特征的定性及定量化度量，一般主要是从定量角度来说明事物的本质属性及特征；而评估指标体系是指彼此相对独立、亦具有一定关联性的指标集合。指标与指标体系是旧工业建筑再生利用项目进行评价的前提，没有科学有效的指标和有机完整的指标体系，整个过程评价就无从实现，而且指标体系是否科学、完备、有效、客观以及是否便于数据采集分析，直接关系到项目评价结果的合理及有效性。所以，指标体系的建立是评价体系研究过程中一个十分关键的环节。

基于可持续发展理论的旧工业建筑再生利用评价指标体系是需要能够全面、综合、准确而且有效地反映整个项目全过程内的决策、设计、施工及运营合理性的指标集合，在建立项目评价指标体系前，应遵循以下几点基本原则对指标做出分析。

1）科学性原则

科学性原则是评价指标的优选过程中最基本的原则也是对其他各项原则的基本把控原则。优选出来的评价指标要能够客观以及最大限度地反映旧工业建筑再生利用项目全过程的决策、设计、施工及运营的合理性，使评价的过程和结果具有较高的有效性及可信性。科学性原则要求一般研究必须通过项目调研和专家咨询等广泛收集指标信息，反复论证并通过一定方法对指标进行辨识分类，而不能仅凭主观臆断确定各个指标，因为这样确定出的评价指标不但不可靠，也失去了评价指标要求的客观性和科学性。

2）独立性原则

在构建旧工业建筑再生利用项目评价指标体系时，有些指标之间通常会具有一定程度的相关性，对于这种情况，一般需采用科学的方法（数学工具）分析出评估指标中彼此相关程度较大的评价指标并采取一定处理措施，保证各项指标的相对独立性，避免在评价模型中出现反复对旧工业建筑再生利用项目的某种特性进行评价的情况，从而使指标体系能精准扼要地反映旧工业建筑再生利用项目实施的实际状况。

3）系统性原则

系统性原则要求项目评价指标的优选过程中，不仅要尽可能全面系统地考虑各种影响项目实施的因素以及要求优选指标能完整地反映和度量被评价的对象，即旧工业建筑再生利用项目；而且还应注意各影响因素与目标之间的关系，构建层进性的评价指标集，层次之间、指标之间要协调一致，与总体目标形成一个有机整体。

4）代表性原则

在针对某一具体的旧工业建筑再生利用项目进行合理性评价时，既要全面分析影响旧工业建筑再生利用项目顺利进行的相关影响因素，又要抓住主要矛盾，分清主次，选择最能反映再生利用项目本身的评价指标，使评价指标具有一定的代表性。

5）可行性原则

在对项目评价指标的选取过程中，根据以往经验，如果指标越多，在实际的项目上评价的操作难度和工作量就越大，而且许多指标很难量化，数据的获取更无科学的方法，导致评价工作难以进行，这时必须考虑指标值的测量和数据采集工作的可操作性。项目评价指标的优选过程应在保证方法的科学、客观、完备的前提下，需充分考虑指标的量化水平和指标在评价过程中使用的难易程度以及便于实际应用部门实施的原则；应当尽可能地以较少的指标囊括较大的信息量，力求使指标做到简明实用，能够被实际应用操作者所认可和采纳。

（2）评价指标主要影响因素

在我国传统的大型项目建设中，重点关注的还是经济效益方面。项目在经济、社会、环境以及技术等方面表现很不统一均衡，而在评估一个项目的优劣时，区域社会效益和环境效益也常常会被忽视。随着近年来我国经济地位的快速提升，可持续发展理论的研究也在不断深化，其在各行各业中的影响也越来越突显。在高能耗、高污染的建筑行业中，随着"低碳经济"、"绿色建筑"理念的不断渗透，起步较晚的旧工业建筑再生利用项目部分已经开始从"和谐社会"、"循环经济"、"绿色生态"、"革新技术"的四维平衡角度中不断的探索而寻求新的发展思路。然而，由于区域经济发展的不均衡和地方社会认知的参差不齐，旧工业建筑再生利用项目的开发差异很大，基于可持续发展思路的改造项目还是受到了一定的限制，更没用统一有效的衡量标准去评价一个改造项目的综合水平。可是，要想突破旧工业建筑再生利用的"瓶颈"必须从可持续发展角度着手，寻求项目经济性、社会性、环境性以及技术性的统一平衡，并建立切实可行的项目评价标准。所以，研究将从以下几个方面结合分析旧工业建筑再生利用评价的问题。

1）经济影响因素

对于投资方来说，没有足够经济效益的一般项目是无法开展的。而对于项目经济效益的衡量一般是通过财务评价实现的（公益项目或政府主导项目需进行国民经济评价）。常用的定量经济性评价指标主要包括内部收益率（效益率）、（经济）净现值、净现值率、投资回收率、投资回收期（有动态与静态之分）和经济效益费用比等。同时，对于一般项目来讲，其经济效益很大程度上还受国家宏观发展政策、税收政策等以及投资决策时所采取的融资方式和制定的项目投资计划等影响，而对于大型项目比如旧工业建筑再生利用项目还受所选用的重大加固技术和建造技术的先进性和经济性影响。但是这些影响因素一般不能直接以确切数据形式使用，需要从定性角度分析，运用数学工具转化成定量值用于评价。

2）社会影响因素

在构建和谐社会的大前提下，任何地区的工程项目建设如果与当地居民的意愿背道而驰，社会影响很差，也必然会导致投资方预想的经济收益无法实现。相反，如果工程项目建设的社会反响很好，也必然对投资方经济效益有所提升。可见，经济效益与社会效益是正相关关系。衡量工程项目社会效益的指标很多，但一般多为定性指标。对于旧工业建筑再生利用工程项目，主要包括项目对地域经济发展的影响能力，为当地提供就业机会的能力，与当地社会民俗环境的协调统一程度，全过程中对自然、历史、文化遗产的保护程度，建设及运营过程中对周边居民的干扰程度，以及对区域文化水平和文明程度的提升能力等。

3）环境影响因素

随着"绿色生态"、"低碳生活"逐渐普遍开展，创建环保节约型社会得到了整个社会的普遍认可。工程项目建设的环境表现直接影响到项目本身的经济效益和社会效益，所以，三者之间可谓息息相关。在我国的建筑业界，随着《绿色奥运建筑评估体系》的提出和国家标准《绿色建筑评价标准》的颁布，工程项目开始进入到绿色建设时代。尤其在《绿色建筑评价标准》中，已提出了大量的可供旧工业建筑再生利用工程项目评价参考的指标。而这些指标总结概括后，主要有对可再生能源的利用程度以及节能措施对总能耗的降低程度、对可再利用或可循环材料的使用程度、对土地资源的合理利用程度、节水及优化水资源的能力、室内环境质量水平，对各种污染源的防治能力和绿色建筑运营管理表现等。

4）技术影响因素

旧工业建筑再生利用评价技术影响主要体现在技术的创新与进步可以有效促进再生利用经济、社会和环境层面的可持续发展。通过发展可循环或再利用建筑材料技术、建造过程中的绿色施工技术以及建筑节能措施等，可提高自然资源的使用效率，减少资源的浪费，进而提高了项目的经济效益水平和降低了对生态环境的破坏。另外，在项目改造和使用维护阶段采取创新型质量、成本、进度、安全等管理制度和技术控制措施以提高项目建设的效率，保证人力、物力、财力的合理配置，减少浪费，这些都应在指标建立过程中重点考虑。

对于一个区域的发展来说，大型工程项目的建设一定要平衡好各种影响因素之间的相互作用，过于侧重某一方面的效益，必然会导致其他方面的反作用。基于可持续发展理论的旧工业建筑再生利用项目评价即为使项目在经济效益、社会效益、环境效益以及技术效益之间达到统一与平衡。

（3）评价指标确定方法

我国的旧工业建筑再生利用项目起步较晚，相关的制度制定都处在探索之中，更没有研究成形的项目评价体系。由于我国各城市成功进行旧工业建筑再生利用的项目数量有限，加之各地区经济、文化、地理环境多有差异，影响项目实施的不确定因素繁多，而且缺乏可参考的有效历史数据。所以，需要进行专门调查研究，总结分析后，优选出合理的指标，构建指标框架，最终形成旧工业建筑再生利用评价指标体系。

旧工业建筑再生利用评价指标体系是通过参考 BREEAM（英国）、LEED（美国）、国家标准《绿色建筑评价标准》和《绿色奥运建筑评估体系》等多个国家的绿色建筑评价体系以及项目实施过程中的各类控制指标体系，遵循其基本原则，总结对其他项目评价指标体系的相关研究文献，初步确定出部分指标。后通过对全国 22 个重点城市中 96 个项目进行现场调研观察、问卷调查，咨询各地政府主管部门、项目投资方、相关设计师、使用者以及后期运营管理者等多方人员，收集与再生利用项目有关的历史资料、项目规划方案、改造设计图纸和建筑物现场实际效果采集等信息，分析总结出影响旧工业建筑再生利用项目实施全过程的因素。通过对信息的分析列成指标清单，遵循评价指标的一般优选原则，经过与专家反复交流论证（回访），结合国内旧工业建筑再生利用项目发展实际，从经济、社会、环境和技术等多方面汇总出旧工业建筑再生利用评价指标初步框架。

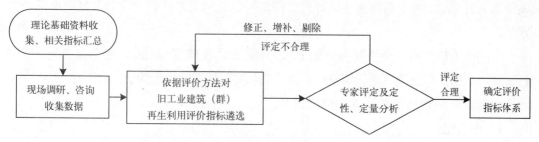

图 1.1　旧工业建筑再生利用评价指标优选流程图

在此基础上，通过图 1.1 旧工业建筑再生利用评价指标优选的流程并结合一定数学方法分析最终确定出优选后的旧工业建筑再生利用各阶段不同类型的评价指标及指标体系（详见后续 2 ~ 8 章节相关内容）[18]。

（4）评价指标的无量纲化

各指标说明的实际社会经济内容不一样，所以在指标形式上也存在差异，常见的指标形式有绝对数、相对数和平均数等。对于同一类型的指标，它们的量纲和数量级也存在不一样的情况，所以需要对指标进行无量纲化处理，将指标的实际评价值处理为可进行综合评价的指标数值，以此解决多个指标的可综合性问题。

不同的旧工业建筑再生利用评价类型涉及的无量纲化方法不同，但基本涉及的都是线性无量纲化的方法。现简要介绍旧工业建筑再生利用评价中常用到的几种无量纲化的方法：

1）阈值比较法

具体是指实际值与阈值相比较，从而得到指标评价值的方法，即：

$$y_i = \frac{x_i}{x_o} \tag{1-1}$$

式中　y_i——指标转换后的评价值；

x_i——指标实际值；

x_o——该指标的阈值。

从式（1-1）可以看出，如果阈值 x_o 确定得太大，评价值指标的变化反应会较迟钝；如果阈值 x_o 太小，评价值又会过于灵敏地反映指标的变化，以上这两种情况都会导致最终合成的综合评价值不能准确地反映客观实际。鉴于阈值的确定对综合评价具有很重要的作用，所以在对阈值进行处理时，应从以下几点进行把握：

①阈值的确定应遵循便于综合评价的原则。因此，在具体的综合评价中，只要阈值的确定对大多数被评价对象来说是合适的，这个阈值就可以被认为是可行的。

②依据综合评价目的来确定阈值。如果涉及的评价属于动态评价，阈值可以定为被评价指标的历史最好水平，抑或是基准水平；如果涉及的评价是对计划完成情况的评价，

阈值则为计划数；对于实际水平的评价，阈值可以是同类被评价对象的最好水平或平均水平。

③阈值的确定是一个不断调整优化的探索过程。在确定阈值时，应先选定一个值进行试算，根据试算结果，进行调整，直至结果与实际情况最接近为止。

④阈值 x_0 的选择应当回避 $x_0=0$ 的情况。

2）中心化

即均值化，是指先求出每个评价指标的样本平均指标 E，再将指标的实际值 x_i 与该指标的均值相比较，以此得到中心化后的评价值 y_i，即：

$$y_i = \frac{x_i}{E} \tag{1-2}$$

样本的评价指标 E 可以是期望值（样本均值或算数平均数）、中心数、众数或者几何平均数。在实际评价中，为避免多重共线性问题，常选用中心化的数据处理方法。

3）规格化

也称极差正规化，具体是先找出每个指标的最大值 max 和最小值 min，求出两者的差值，即极差（也称全距），然后以每一个指标实际值 x_i 减去该指标的最小值，再除以极差，就得到正规化评价值 y_i，即：

$$y_i = \frac{x_i - \min}{\max - \min} \tag{1-3}$$

这种方法实际上是求各评价指标实际值在该指标全距中所处位置的比率。此时 y_i 的相对数性质较明显，而且取值均在 0 与 1 之间。这种方法的特征表现为消除量纲和数据压缩同时进行，是功效系数法的计算基础。

4）标准化

也称 Z-Score 变换，是先求出每个指标的样本均值 $\bar{x}$ 和标准差 S，然后用各个指标实际值减去该指标的均值，再除以该指标的标准差 S，得到标准化评价值 y_i，即：

$$y_i = \frac{x_i - \bar{x}}{s} \tag{1-4}$$

值得注意的是本方法对数据量具有一定的要求，样本数据过少就不具备实际的使用意义。一般说来，只有当被评价对象（即样本）的样本数大于 30 以上，才能用上述无量纲化公式。从式（1-4）容易看出，此时的评价值 y_i 将在 -1 与 1 之间取值，而且 y_i 的相对数性质已不明显。标准化的主要功能就是消除变量间的量纲关系，从而使数据具有可比性。

5）比重法

比重法是指应用数据的结构指标来消除量纲影响的方法。比重法的主要公式有：

$$y_i = \frac{x_i}{\sum_{i=1}^{n} x_i} \tag{1-5}$$

$$y_i = \frac{x_i}{\sqrt{\sum_{i=1}^{n} x_i^2}} \tag{1-6}$$

这种无量纲化方法多用于多目标决策分析。该方法能够在消除量纲影响的同时，反映数据的结构。但是本方法的缺陷在于不能对于数据中具有负值的情况进行处理，在总量很大的情况下 y_i 的数值可能很小。

1.2.3　旧工业建筑再生利用评价方法

项目评价的方法有很多种，但归结起来一般可分为定性评估和定量评估两大类。定性评价主要是根据评价者自身经历和经验，结合现有文献资料，综合考察评价对象的表现、现实和状态，直接对其做出定性结论的评价判断；定量评价主要是采用某种数学方法，收集和处理数据资料，通过数学运算对评价对象做出定量结果的评价判断。无论哪种方法在评价应用的过程中都是存在一定的主观性，评价结果难免存在某些偏差或遗漏。每种评价方法都具有其自身的特点和适用范围，研究者需要根据工程的特点以及研究现状等因素对评估方法进行对比选择。表 1.1 是对当前工程建设研究中比较常用的几种风险评估方法的阐述。

项目（效果）评价方法　　　　　　　　　　　　　　　　　表 1.1

评估方法	主要内容
专家评分法	该方法主要是利用专家的经验、智慧等隐性知识，直观判断工程项目在各单因素下所体现出的可持续性效果，确定各效果值，假若取 0 ~ 1 之间的数，0 代表可持续性效果完全不理想，1 代表效果最佳。同时要给定每个效果评价指标的权重，将各指标权重与相应效果评价值相乘后加和即为项目的综合效果评估值，并与预先制定的标准进行比较，以确定项目的成败以及需采取的应对措施。该方法易于操作，结论容易理解，但其有着主观性较强、有时结论不收敛等缺点，在工程项目研究历史数据缺乏、指标难以量化等情况下，可以考虑应用
德尔菲法	该方法与专家评分法类似，但相对专家评分法更为精确、合理。主要通过与专家反复的调研问函讨论，汇总专家一致看法作为预测结果，但该方法最主要的缺点是不能和专家进行当面交流，缺乏沟通，造成信息不对称，而产生错误意见。第 8 章中对旧工业建筑再生利用项目效果评价指标的调研分析和专家论证就是借鉴了该方法的思想
层次分析法	层次分析法是一种广泛应用于管理学、经济学以及社会学等学科的方法。该方法可将难以量化的指标按大小顺序区分开来，首先，需将复杂系统按一定关系分解成各个组成因素，然后将这些因素按支配关系再次分组，最终形成阶梯层次结构。通过对各层的因素进行两两比较，确定各因素的相对重要程度，并结合决策者的判断，确定最终方案相对重要程度的总排序。该方法很好地将定性分析和定量分析相结合，并能体现出人的综合分析、比较、判断能力，对各复杂多变的因素进行排序，并找出对总目标影响较大的因素，适合多目标系统决策。不足之处是权重的确定需要经过专家评分，受主观因素影响较大
模糊综合评价法	在包括旧工业建筑再生利用在内的多数工程项目中都难以准确地对评价指标进行定量化描述，但可以通过专家的经验知识以及历史数据资料等对其用非精确（模糊）的语言或变量加以描述，这就可以应用模糊数学理论中的综合评价法使其得以实现。基于模糊综合评价法的工程项目效果评价思路是：结合考虑各评价指标的相对重要程度，并通过设置权重来区分所有因素的重要性，建立模糊数学模型，计算出项目实施效果的各种优劣程度的隶属度，隶属度值最大的一项即为项目实施效果水平的最终确定值。该方法的缺点就是，各因素权重的确定一般是借助专家经验确定，主观因素较大，而且不能解决评估指标间相关造成的信息重复问题

评估方法	主要内容
TOPSIS 法	TOPSIS 法是一种逼近于理想解的排序法（Technique for Order Preference by Similarity to Ideal Solution），是常用且有效的多目标决策方法，具备理想解和负理想解的两个基本概念，其基本原理是在理想解和负理想解的延长线上找出一个虚拟最劣值向量 Z，并用 Z 取代最劣值向量，然后计算各评价方案与最优值和虚拟最劣值间的距离和，求出各评价方案与最优值的相对接近度，接近度越大说明项目实施效果越优。不过在评价之前依然需要通过其他方法确定指标的权重，因此指标权重的确定也是 TOPSIS 法进行效果评价的关键
人工神经网络法	人工神经网络是通过模仿人类大脑处理基本信息的方式来解决复杂问题的方法。一个实际的人工神经网络是由相互连接的神经元构成的集合，这些神经元不断地从它们的环境（数据）中学习，以便在复杂的数据里捕获本质的线性和非线性的趋势，以及能为包含噪声和部分信息的新情况提供可靠的预测，它可执行包括预报或函数逼近、模式分类、聚类及预测等多种任务，当模型与数据匹配时，它能以任意期望精度使任何复杂的非线性模型与多维数据匹配。基于人工神经网络的项目效果评价一般是通过应用神经网络不断地训练大量样本，寻找或拟合输入数据（评价指标值）与输出结果（项目实施效果水平）之间的关系，以期对以后类似工程进行有效项目效果评价或水平预测
可拓优度评价法	可拓优度评价方法是可拓学中的一种工程评价方法，主要用于评价一个对象的优劣程度，评价的对象可以包括事物、策略、方案、方法等。该评价方法可以针对单级或多级评价指标体系，建立判别关联函数计算关联度和规范关联度，根据预先设定的衡量标准，确定评价对象的综合优度值，从而完成单级或多级指标体系的综合评价。可拓优度评价方法是基于可拓学理论的新兴评价方法，以基元理论和基本扩展变换方法为基础，有机结合基础关联函数来确定待评价对象关于衡量指标符合要求的程度，是定性分析与定量分析相结合的方法，适用范围非常广泛。不过其指标的权重依然需要通过其他方法确定

在我国涉及旧工业建筑再生利用项目的城市很多，而由于各地区经济、文化、地理环境多有差异，导致影响项目实施的不确定因素复杂繁多，又由于历史原因，大量关于旧工业建筑的原始资料缺失，加之再生利用项目在全国成功的数量有限，所以大多数评价指标难以定量分析，而且以往对此类工程相关研究很少，也没有可借鉴的历史数据，以致项目不同阶段指标内容和变量类型等不尽相同，所以，项目评价应在不同评价阶段、不同评价类别下，结合各阶段和各评价类别指标体系特点，选取适宜的评价方法对项目做出科学合理的评价。

1.3 旧工业建筑再生利用评价内容

旧工业建筑再生利用项目的自身特点鲜明，不同于一般的房屋建设项目；考虑旧工业建筑再生利用项目评价在全过程评价中很难实现统一的评价标准，旧工业建筑再生利用项目评价应该具有阶段性、递进性、层次性的特点。因此，需要将评价过程划分阶段，并对不同阶段不同指标类型选择合适评价类型。

1.3.1 旧工业建筑再生利用评价阶段

要设定旧工业建筑再生利用项目的评价阶段，首先要明确一般工程项目生命周期和建设程序。

　　一般工程项目的生命周期指的是从工程项目的提出，直至整个建设工程项目建成竣工验收交付生产或者使用为止所经历的时间。还有一种说法，考虑到建设工程项目的一次性，认为建设项目生命周期是一定的，是经历由产生到消亡的全过程。前一种侧重于建设工程项目组织管理的过程，后一种更贴合生命周期的字面含义。

　　建设工程项目生命周期中的划分方式也有很多种，但被广泛认可的就是基于工作内容、性质和作用的不同分为：决策阶段、设计阶段、施工准备阶段、施工阶段、使用前准备阶段、保修阶段。如图 1.2 所示。

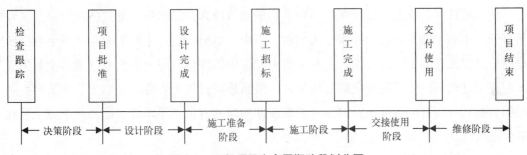

图 1.2　工程项目生命周期阶段划分图

　　从工程项目生命周期的各个阶段的划分可以看出，不同阶段之间首先是承前启后，其次是相互交叉重叠、相互制约。因此，仅仅是对各个阶段的分部管理效果不甚理想，随着工程项目管理理论的不断发展，提出了全寿命周期管理理论，即为保证建设工程项目的各项目标顺利实现，从工程项目前期策划开始，直至竣工结束投入使用的全过程进行策划、协调和控制。这种全过程的管理模式同时给项目评价提出了新的要求，通过全过程的评价体系来评定项目全过程实施的效果。

　　基于可持续发展理论的旧工业建筑再生利用项目评价体系，是针对旧工业建筑再生利用项目全过程的，评价阶段与管理程序阶段有本质区别的，传统工程项目全生命周期和工程项目管理程序可以作为设置旧工业建筑再生利用项目评价阶段的参考与借鉴。借鉴工程项目管理全寿命周期的阶段划分，对旧工业建筑再生利用项目的全过程评价设置四个评价阶段——决策阶段、设计阶段、施工阶段、使用维护阶段。这里再次强调是评价过程中设定四个阶段，而并不是管理程序的阶段划分。

　　(1) 决策阶段

　　对于旧工业建筑再生利用项目实施的全过程中，各种各样的决策应该是贯穿始终的，这里对决策阶段的评价主要是在项目实施前期所进行的一系列关键决策。前期的决策内容直接把握了整个再生利用项目的实施方向，是项目具有良好可持续性和可行性的第一步。这一阶段从社会、经济、环境、技术等方面进行论证决策，为项目实施确定基调。

（2）设计阶段

设计是建筑工程项目由构想方案变为实施蓝图并为项目实施提供具体措施的重要环节，设计管理也是工程项目管理中非常重要的部分。设计的过程包括建筑、结构、电气、给排水、设备、园林等多个专业，也蕴含着建筑安全、建筑施工、建筑材料等多个学科。设计是以通过决策后确定的初步方案为蓝本，以各种法规、规范、地方条款为依据。但是将多专业、多学科融合到一起后，能否从社会、经济、环境等方面实现良好的可持续性和可行性目标，需要进行科学合理的评价，这是决定项目实施成功与否的关键。

（3）施工阶段

建设项目施工就是将设计图纸中所表达的所有内容，以实物的形式体现出来。工程项目管理中对于施工阶段的控制分为事前、事中、事后，而对于旧工业建筑再生利用项目评价过程设置施工阶段评价，主要是事前和事中的评价。因为旧工业建筑再生利用项目的施工过程不同于其他传统新建项目，一般新建项目从无到有，而旧工业建筑再生利用项目是从有到有，这类项目的施工要求前期构想的方案必须周详考虑，并在施工过程中严格执行。

（4）使用维护阶段

旧工业建筑再生利用项目的实施是让闲置、废弃的旧工业建筑焕发新生，具有了新的使用功能使建筑寿命得到延续。旧工业建筑再生利用之前可能已经使用多年，虽然经过一系列的改造使其具有新的功能，从建筑生命来说如同获得新生，但并不是严格意义上的新建，也不能按照正常新建建筑评估寿命。因此科学合理的使用维护尤为重要，对于旧工业建筑再生利用项目使用维护阶段的评价，是再生利用项目可持续性和可行性持久存在的保证。

1.3.2　旧工业建筑再生利用评价过程特征

旧工业建筑再生利用项目评价阶段设定为决策阶段、设计阶段、施工阶段和使用维护阶段，但仅设定评价阶段是不够的，还需要对评价阶段进行明确的划分。虽然工程项目管理程序中已经对管理程序进行了类似的阶段划分，但工程项目管理程序的阶段与评价阶段是不同的概念。

依据可拓学理论的拓展思维和发散思维，分析旧工业建筑再生利用项目评价阶段的特征，实施主体、接受对象、时间阶段、实施方式、实施地点、影响程度、成果形式等都可以作为描述评价阶段的特征。每个评价阶段特征表现可以用表1.2直观反映。

（1）实施主体

每个所要进行评价的阶段都有一个相对集中的实施主体，这个实施主体主导这一阶段的工作，完成阶段的任务。决策阶段的实施主体可以是政府、主管部门、原企业自身、投资方，也可以是自发的个体，但都可以统称为决策者；设计阶段的实施主体很明确就是设计单位；施工阶段的参与主体包括建设单位、监理单位、参建单位、政府监督部门，其中参建单位是由施工单位、材料供应商、设备供应商组成，是项目完整实现的主力军，一般来说参建单位是施工阶段的实施主体；使用维护阶段的实施主体比较明确就是项目的使用者或者管理者。

旧工业建筑再生利用项目评价阶段特征　　　　　表 1.2

特征表现 特征　　　评价阶段	决策阶段	设计阶段	施工阶段	使用维护阶段
实施主体	决策者	设计单位	参建单位	使用者或管理者
接受对象	环境评估、历史文化鉴定、安全评估、经济分析	总体方案、细部方案、材料设备、施工图	闲置的旧工业建筑	再生利用后的建筑物
时间阶段	决策期间	设计期间	施工期间	使用期间
实施方式	依据政策法规、综合评价、专家论证会、公开听证会	规范规定、计算分析、图形绘制	主体施工、装修施工、设备安装、水暖电安装、园林施工	清扫、保养、维修
实施地点	零散的、不固定的	设计单位办公驻地	旧工业建筑所在地和外加工场地	再生利用项目本身所在地
影响程度	可持续性和可行性	可持续性和可行性	可持续性和可行性	可持续性和可行性
成果形式	决策结论	设计图纸和计算书	建筑实体中呈现	再生利用项目保持状态，持续存在

（2）接受对象

每个评价阶段的接受对象就是实施主体的任务目标，一般不是相对集中的。决策阶段中的环境评估、历史文化鉴定、安全评估、经济分析等都是接受对象；设计阶段中的总体方案、细部方案、材料设备、施工图等也都是接受对象；施工阶段的接受对象相对比较集中，应该就是闲置的旧工业建筑；使用维护阶段的接受对象也比较明确就是再生利用后的建筑物。

（3）时间阶段

时间阶段对于各个评价阶段来说是基本明确的，虽然不一定会绝对清晰，但是有较为明确的先后顺序，可以用决策期间、设计期间、施工期间、使用期间来描述。

（4）实施方式

实施方式在每个阶段又是各不相同。决策阶段可以是依据政策法规、综合评价、专家论证会、公开听证会等；设计阶段主要以规范规定、计算分析、图形绘制为方式；施工阶段的方式有主体施工、装修施工、设备安装、水暖电安装、园林施工等；使用维护阶段的方式有清扫、保养、维修等。

（5）实施地点

决策阶段的实施地点是零散的、不固定的；设计阶段的实施地点相对固定，一般就是设计单位办公驻地；施工阶段的实施地点除了旧工业建筑所在地，还可能会有材料设备的外加工场地；使用维护阶段的实施地点就是项目本身所在地。

（6）影响程度

影响程度作为评价阶段的特征主要是指旧工业建筑再生利用项目评价的两个层面——可持续性和可行性。这两个层面是贯穿于整个旧工业建筑再生利用项目评价始终的，自然也体现于每个评价阶段中。

（7）成果形式

每个评价阶段的成果形式各不相同，决策阶段是决策结论；设计阶段是设计图纸和计算书；施工阶段是将设计文件在建筑实体中呈现；使用维护阶段是让旧工业建筑再生利用项目保持状态，持续存在。

1.3.3 旧工业建筑再生利用评价类型

对于一个完整的工程项目来说，无论其时间跨度还是空间跨度都相当大，影响项目发展的不确定因素也会随项目进程不尽相同。同时，用于评价的指标在项目的不同阶段或在不同的评价方法中所涉及的工程内容和体现的重要程度都会不同，所以研究对旧工业建筑再生利用项目采取分阶段、分类型的全过程评价，而将各指标根据实施阶段的不同，归类到项目不同进展阶段的相应评价类型中。考虑到旧工业建筑再生利用项目不同阶段需解决问题的共性与特性，以及现阶段旧工业建筑再生利用项目开展的现实情况，而将设计阶段与施工阶段均按事中过程控制评价处理，采取相同的评价类型。

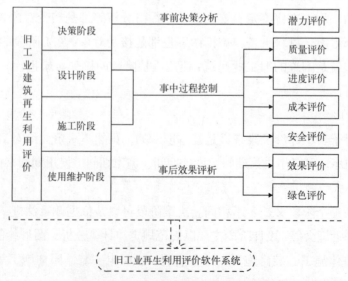

图 1.3 旧工业建筑再生利用评价体系

评价体系的确立，因所选评价方法和相应指标体系的不同而不尽相同。而不同评价方法都有各自的优缺点和侧重角度，在对项目进行全过程评价时，单一的评价方法有可能得不到有效的评价结果。所以，在可持续发展理论基础上，旧工业建筑再生利用项目评价选取不同的评价方法以适应这种分阶段、多类别指标、不同类型变量共存、递进式的评价体系（图 1.3）。表 1.3 是对该评价体系内容的简要说明。

旧工业建筑再生利用评价内容　　　　　　　　　　表 1.3

评价类型	定权方法	评价方法	评价主要内容
潜力评价	综合赋权	TOPSIS	评价改造旧工业建筑本身的区域增值性、建设条件、经济效益、环境效益等方面的潜力大小
质量评价	层次权重	层次分析法	用于旧工业建筑改造施工过程中的质量控制，用于规范现场施工、保障工程质量、监督和预防质量事故的发生，从而保证项目功能性和安全性、提高业主经济效益
进度评价	专家打分法	主成分分析法	用于评价旧工业建筑改造施工的施工进度，并对其进行控制
成本评价	客观赋权	数据包络分析法	针对被评价项目中包含的多指标投入与产出，进行相对有效性评价，深入挖掘影响成本升降的因素，揭示影响因素变动的原因，寻找项目降低成本的潜力，实现投入与产出的最优化
安全评价	层次分析法	未确知测度理论综合评价方法	对旧工业建筑改造项目实施中的安全生产现状与管理现状进行全面系统客观的评价
效果评价	综合赋权	可拓优度评价方法	对旧工业建筑再生利用改造项目的目标、目的、效果以及效益的实现程度进行评价
绿色评价	结构方程模型	物元可拓综合评定方法	对建筑是否属于绿色建筑进行评判，包括绿色建筑的基本要求、发展目标、关键技术以及管理方法等

参考文献

[1] 李婧 . 旧工业建筑再利用价值评价因子体系研究 [D]. 成都：西南交通大学，2011.

[2] 张静 . 旧工业建筑改造再利用的价值研究与评价 [D]. 西安：西安建筑科技大学，2011.

[3] 樊胜军 . 旧工业建筑（群）再生利用项目后评价体系的应用研究 [D]. 西安：西安建筑科技大学，2008.

[4] 王宗军 . 综合评价的方法、问题及其趋势研究 [J]. 管理科学学报，1998，1（1）：73-79.

[5] 杜少波 . 旧工业建筑再生利用项目可持续性后评价的应用研究 [D]. 西安：西安建筑科技大学，2010.

[6] 王钰 . 旧工业建筑改造项目经济效益后评价的应用研究 [D]. 西安：西安建筑科技大学，2009.

[7] 张登文.旧工业建筑改造再利用项目社会影响评价研究[D].西安:西安建筑科技大学，2011.

[8] 张子圆，蒋红妍.BP神经网络在旧建筑再利用社会评价中的应用[J].建筑经济，2006，9（S1）：17-19.

[9] 陈衍泰等. 综合评价方法分类及研究进展. 管理科学学报，2004，7（2）：69-79.

[10] 王洁方，刘思峰，刘牧远. 不完全信息下基于交叉评价的灰色关联决策模型[J]. 系统工程理论与实践，2010，04：732-737.

[11] 甘琳，申立银，傅鸿源. 基于可持续发展的基础设施项目评价指标体系的研究[J]. 土木工程学报，2009，42（11）：133-138.

[12] 段胜辉. 绿色建筑评价体系方法—GBTool的中国框架[D]. 重庆：重庆大学，2007.

[13] 刘树梅等. 综合评价活动的发展、问题、建议. 统计研究，2002，（12）：50-53.

[14] 杨春燕，蔡文. 可拓工程[M]. 北京：科学出版社，2007.

[15] 余建星，谭振东. 基于组合赋权及TOPSIS的绩效定量评价研究[J]. 系统工程理论与实践，2005.

[16] 艾英旭. 建筑设计创新可拓优度评价方法[J]. 北京工业大学学报，2010，36（7）：957-960.

[17] 蓝兆辉等. 系统综合评价的功能扩展及其实现. 福州大学学报（自然科学版），1996，24（6）：42-45.

[18] 闫瑞琦. 旧工业建筑再生利用项目评价体系研究[D]. 西安：西安建筑科技大学，2012.

[19] 陈正伟. 统计评价技术及应用[M]. 成都：西南财经大学出版社，2013.

第2章　旧工业建筑再生利用项目潜力评价

随着我国大规模的城市扩张，之前大量的工业建筑所处地段现在成为城市黄金地段。一般情况下，这些工业建筑占地面积大、建筑密度和容积率却极低。由于环境、经济等需要，这些工业企业大多破产或者搬迁。因此，遗留的旧工业建筑的数量也越来越多。

那么如何对这些旧工业建筑再生利用成为当前相关研究者们需要解决的问题，但是在进行再生利用之前对项目潜力进行评估更为重要，这是旧工业建筑再生利用项目开始的第一步。前期决策的正确与否直接关系后期社会、经济、环境等各方面效益[1~4]。

2.1　概念与内涵

2.1.1　基本概念

（1）旧工业建筑再生利用潜力的概念

旧工业建筑原本功能的丧失也就意味着新功能开发的机遇。旧工业建筑的功能再生，是旧工业建筑能够延续建筑寿命的基本体现，是旧工业建筑创造未来社会、经济、环境效应的重要方面。旧工业建筑再生利用前，应具备未来改造的可能性，即再生利用潜力。再生利用潜力是塑造未来效应的核心力量，它的主要构成要素包括：再生能力的关键基础、前提条件和保障因素[5]。

潜力是指内在的没有发挥出来的力量或能力。潜力是隐藏的还没开发出来的，是可能会在将来带来一定的经济利益或带来一定的发展可能。旧工业建筑再生利用潜力，即对于旧工业建筑项目，在丧失原有功能之后仍然具有潜在的社会、经济、环境等各方面效益的能力。

（2）旧工业建筑再生利用潜力的内涵

旧工业建筑竞争力指旧工业建筑在经济、社会、科技、环境等综合发展能力的集中体现，是其自身发展在区域内进行资源优化配置的能力。旧工业建筑竞争力的本质是指旧工业建筑项目进行资源优化配置以及促进自身发展环境提升的能力，其战略目标是谋求区域经济的高效运行和科学发展，以改善生活质量，促进社会的全面进步。

从竞争力角度来理解，旧工业建筑再生利用项目潜力就是对旧工业建筑开发的竞争力，它是吸引开发企业投资、消费者消费的最重要因素，旧工业建筑再生利用项目潜力的大小集中体现为综合竞争能力和产业竞争能力的强弱上，因此竞争力理论尤其是旧工业建筑再生利用竞争力理论是支撑旧工业建筑再生利用潜力的基本理论之一，在研究旧工业建筑再生利用潜力的过程中，可以借鉴竞争力理论的思想方法和模型体系。

（3）旧工业建筑再生利用潜力的构成

成功改造再生利用旧工业建筑项目表明，建筑能够得以再生利用的核心是建筑可改造性较大。旧工业建筑进行处理决策之初，其处置方式还处于未知状态，而再生利用潜力的大小决定未来可再生利用的机会大小。旧工业建筑因具备大空间、大跨度、长寿命的特点，可以为未来的改造功能提供特殊的、有差异化的建筑服务，也是未来再生利用的起点。同时，由于旧工业建筑所处地理位置是改造后功能使用的新环境，区位的潜力就决定着改造项目的后续性成长。旧工业建筑具有较优的区位条件或者较大的区位增值条件，可以为再生利用项目提供可行性保障，是改造再生利用的关键所在。另外，旧工业建筑项目进行改造的过程中的建设条件，比如旧工业建筑本身改造时需要技术的难易程度、成本大小、可改造的规模大小等因素也是影响决策的关键因素。

旧工业建筑潜力的大小还在于其包含的历史文化价值、经济价值、环境适应性。历史文化价值蕴含着特定时代的工业文化和历史意义，这种文化意义是旧工业建筑得以再生的隐含基础，带有较强的主观意识。隐含的、公认的文化价值也是未来再生利用功能吸引使用者进入的前提条件。旧工业建筑本身具有的可再利用经济价值同样是吸引开发企业投资的重要因素，投资者的引入量是未来收益性的体现。所以，旧工业建筑的历史延续性、经济价值是可再生利用的前提条件，也是再生利用潜力的重要内容。此外，旧工业建筑项目本身的环境适应性即对该项目进行改造之后，其适应当地居民需求、市场环境、政策环境的能力，也是投资者决定是否改造的重要因素。旧工业建筑再生利用也表明了自身具备良好的环境条件和未来对周边环境的促进作用，是改造再生利用项目顺利进行的必要条件，因此环境的适应性是再生利用潜力的保障因素。

综上分析可知，旧工业建筑再生利用潜力应由地理位置、建设条件、历史文化延续性、经济价值、环境适应性等五个方面的要素共同构成，如图 2.1 所示。这些要素的优劣直接影响着旧工业建筑再生利用潜力的大小，因此应以这五大要素为基础来构建旧工业建筑再生利用潜力评价指标体系。

2.1.2 潜力评价与开发决策

（1）旧工业建筑再生利用项目潜力评价

旧工业建筑再生利用项目潜力评价，就是对特定的多个旧工业建筑项目潜在利用能力采取一定

图 2.1 旧工业建筑再生利用潜力构成

方法予以测算，根据潜力测算结果进行决策。旧工业建筑再生利用项目潜力评价的方法有别，技术手段也不一样，不同的学者对旧工业建筑潜力的认识存在一定的差异，因此受其影响潜力评价的内容和评价的思路也不相同。根据旧工业建筑再生利用项目潜力研究的相关成果和已完成旧工业建筑改造实践，可将旧工业建筑再利用项目潜力评价界定为：在对旧工业建筑再利用现状调查和深入分析的基础上，充分结合旧工业建筑自身完整性及区域、社会、经济和生态环境等条件，分析和评价各个旧工业建筑再利用项目的潜力。旧工业建筑再生利用潜力是一种综合性的潜力，在潜力分析和评价中应首先对潜力的各单项进行分析和测算，即分析和测算改造旧工业建筑本身的区域增值性、建设条件、经济效益、环境效益等方面的潜力大小。

根据目前的研究成果，在旧工业建筑再生利用项目潜力评价中有三个主要的评价流程，也即潜力评价的三个具体步骤如图 2.2 所示：确定评价对象、构建潜力评价指标体系、评价分析决策。

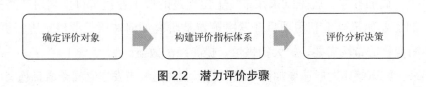

图 2.2　潜力评价步骤

1）确定评价对象

确定潜力评价对象是开展旧工业建筑再生利用项目潜力分析和评价的前提。旧工业建筑再生利用项目前期的潜力评价的目的是为决策者提供决策依据。对于多个旧工业建筑项目，分别测算出各个项目的再生利用潜力的大小，从而根据测算结果决定最终对哪个旧工业建筑项目进行再生利用，进而使开发企业获得最大效益。因而，对于旧工业建筑再生利用潜力评价的对象应该是多个待再生利用的旧工业建筑项目。

2）构建评价指标体系

在旧工业建筑再生利用潜力评价中，明确了评价对象之后，必须构建一套与实际相符合并能反映旧工业建筑再生利用项目潜力内涵的潜力评价系统，即潜力评价指标体系。多个对象的旧工业建筑潜力评价可以通过利用多因素指标测算而得，要对旧工业建筑再生利用项目潜力评价，必须通过选择与实际相符的多因素评价指标即指标体系，对其潜力进行分析和测算。因此，建立一套科学的旧工业建筑再生利用潜力分析和测算的指标体系，既能充分反映旧工业建筑再生利用潜力评价的内涵，又能准确对潜力分析和测算。所以，构建一套科学的潜力分析和测算的指标体系，是旧工业建筑再生利用项目潜力评价的关键。本章通过实地调研和收集专家意见，获取旧工业建筑再生利用潜力评价指标集，再运用一些科学的计算方法对这些指标集进行分类和筛选，从而得到旧工业建筑再生利用项目潜力的评价的指标体系。

3）评价分析决策

本章中的评价分析过程即旧工业建筑再生利用建筑潜力评价指标体系构建之后，确定各个指标评价的标准，然后通过选取科学合理的评价方法进行综合分析，从而得出方案优选的结果。潜力评价的结果要能够为开发企业选址、开发投资等实践服务。因此，科学合理地表达潜力的评价结果，有利于推进旧工业建筑再生利用项目的开展。

（2）旧工业建筑再生利用项目开发决策

由于社会生产力发展，人们生活水平的提高，以及竞争的激烈，市场需求变化相当快。对建筑企业来说，抓住时下建筑市场需求变化趋势，及时搞好新产品开发是建筑企业保持未来竞争优势的关键。像康师傅方便食品系列，正是抓住现代社会快节奏生活对方便食品的需求加大这一信息，而成为中国方便食品市场上的霸主。对于建筑开发企业的开发决策是同样的道理，可见开发决策是关系建筑开发企业盛衰存亡的大问题。

所谓旧工业建筑再生利用开发决策，即针对是否对丧失原有功能的旧工业建筑进行改造决策等。简而言之，就是以未在市场上出现过的旧工业建筑再生利用产品去满足建筑市场。旧工业建筑再生利用项目开发决策就是研究如何对原工业建筑进行更新换代，来满足不断变化的市场需要，扩大销售量，提高经济效益。

近年来，城市整体发展速度加快，城市旧工业区与城市发展之间矛盾日趋突出，随着人们对工业遗产重视程度逐步提高，过去一味无情的大拆大建已不再是理性的选择，越来越多旧工业建筑的生命将得到延续，同时也会出现更多优秀的工业建筑改造再生利用案例。旧工业建筑的保护和改造性再生利用不仅能够有效地完善城市服务机能，增强城市历史厚重感，传承城市历史文脉，对实现我国城市建设可持续发展也具有重要意义，如图 2.3 所示。

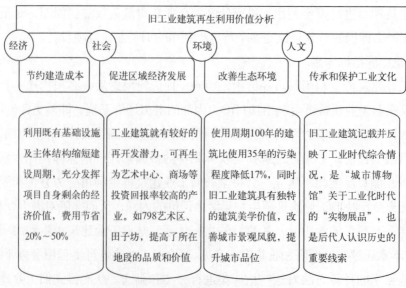

图 2.3 旧工业建筑再生利用价值分析

因此，对旧工业建筑改造再生利用成为当前建筑业一种新的产品形式。这也就决定了开发企业需要及时做出开发决策，决策的正确与否及是否及时也对企业的经济效益有着直接的影响。

2.2　评价指标

在旧工业建筑再生利用项目潜力综合评价过程中，评价指标的选取是否合适，直接影响到综合评价的结论，科学的综合评价指标体系应该同时具备全面性和代表性，但是全面性并不意味着指标越多越好，指标选取过多，会产生许多重复性指标，相互之间产生干扰，影响对综合评价的正确性；指标选取太少，所选指标可能缺乏足够的代表性，使综合评价得出的结果片面性。所以，如何科学地选择指标，构建指标体系，是进行旧工业建筑再生利用项目潜力综合研究过程中首先要解决的问题。

2.2.1　指标分析

之前我国建筑行业关注的重点大多还是集中在经济效益方面，但是在当前可持续发展的背景下，经济、社会、环境三个方面表现很不统一均衡，而在评估一个项目的优劣时，区域社会效益和环境效益也常常会被忽视。随着近年来我国经济地位的快速提升，可持续发展理论的研究也在不断深化，其在各行各业中的影响也越来越突显。在高能耗、高污染的建筑行业中随着"低碳经济"、"绿色建筑"理念的不断渗透，起步较晚的旧工业建筑再生利用项目部分已经开始从"和谐社会"、"循环经济"、"绿色生态"的三维平衡角度中不断地探索而寻求新的发展思路。

然而，由于区域经济发展的不均衡和地方社会认知的参差不齐，旧工业建筑再生利用项目的开发差异很大，基于可持续发展思路的改造项目还是受到了一定的限制，更没用统一有效的衡量标准去评价一个改造项目的综合水平。可是，要想突破旧工业建筑再生利用的"瓶颈"，必须从可持续发展角度着手，寻求项目经济性、社会性和环境性的统一平衡，并建立切实可行的项目评价标准。

在此，本章研究将从以下几个方面分析旧工业建筑再生利用潜力评价的问题。

（1）地理位置

对于建设项目开发决策，选择合适的地址直接决定着经济效益的好坏。优良的地理位置决定着区域的经济情况、周围市场环境、交通的便利性及可改造的规模及与中心城市的距离。而这些因素又直接影响着开发项目的改造程度、风貌、功能及后期效益问题。但是这些影响因素有些不能直接以确切的数据形式使用，需要从定性角度分析，然后运用数学工具转化成定量值用于评价。

（2）建设条件

对于旧工业建筑再生利用项目，旧工业建筑本身的完整性是改造的基本前提。旧工业建筑的完整性又包括建筑结构的安全可靠性、设施设备保存的完整程度、建筑格局的完整度及旧工业建筑原有的标示标语等。完整性的程度决定了改造过程的难易程度。另外，在构建和谐社会的大前提下，任何地区的工程项目建设如果与当地居民的意愿背道而驰，社会影响很差，也必然会导致投资方预想的经济收益无法实现。相反，如果工程项目建设的社会反响很好，也必然对投资方经济效益有所提升。可见，当地居民的接受程度也直接影响着旧工业建筑再生利用项目的进程。因此，改造项目的建设条件对于旧工业建筑再生利用项目改造尤为重要。

（3）历史文化价值

没有历史的城市是没有吸引力的。作为历史的最好承载者和见证者，这些曾经驻足城市的工业厂区及其建筑，代表了一座城市的发展历程，是人们印象中的重要内容。它们曾经在城市的特定阶段发挥了重要作用，是社会记忆中浓重的一笔，可能列入工业遗产的范畴。在城市建设中，有选择、有代表地对旧工业厂区进行改建，不仅保留了一座城市的历史痕迹，也为人们回忆过去创造了客观可能。

首先，旧工业城市记载着城市发展历史，其环境和场所文化能够唤起人们的回忆和憧憬，人们因他们自身所处场所的共同经历而产生认同感和归属感。

其次，旧工业建筑作为 20 世纪城市发展的重要组成部分，在空间尺度、建筑风格、材料色彩、构造技术等方面记载了工业社会和后工业社会历史的发展演变以及社会的文化价值取向，反映了工业时代的政治、经济、文化及科学技术的情况，是"城市博物馆"关于工业化时代的"实物展品"，也是后代人认识历史的重要线索。与其他类型的历史建筑比较，旧工业类历史建筑同样是城市文明进程的见证者。这些遗留物正是"城市博物馆"关于工业化时代的最好展品。坐落在城市公共空间的旧工业建筑，往往具有个性，还具有一定的方位地标作用，其中很多还是所在城市的特征性地标，是人们从景观层面认知城市的重要构成要素，如无锡民族工商业博物馆（原茂新面粉厂）如图 2.4、图 2.5 所示。

图 2.4　茂新面粉厂原图　　　　　　　　　　图 2.5　改造后茂新面粉厂

因此，对于开发商及政府部门来说，所选择的旧工业建筑的历史文化价值，对于后期的经济收益也是可观的。同时，具有的历史文化价值又能展现当地文化，实则对旧工业建筑再生利用改造有利。历史文化价值影响因素，包括建筑艺术气息、年代久远程度、重大历史人物事件、历史认同感等，都会或多或少对旧工业建筑再生利用项目决策有所影响。

（4）经济效益

对于开发企业来说，没有足够经济效益的一般项目是无法开展的。对于一般项目来讲，其经济效益很大程度上还受国家宏观发展政策、税收政策等以及投资决策时所采取的融资方式和制定的项目投资计划等影响。旧工业建筑再生利用项目同样也受其制约。另外，旧工业建筑功能转型后可引入的项目的收益大小也直接影响开发商的经济效益。若能引入未来收益较好的项目，那么对于旧工业建筑再生利用项目开发决策是很有利的；相反，若再生利用之后未能引入效益好的项目，那么对于开发企业投资决策会有很大的阻碍作用。因此，旧工业建筑再生利用功能转型后引入未来项目的收益大小，对于开发企业选址也至关重要。

（5）环境适应性

随着"绿色生态"、"低碳生活"逐渐普遍开展，创建环保节约型社会得到了整个社会的普遍认可。工程项目建设的环境表现直接影响到项目本身的经济效益和社会效益。再生利用后为周边创造更好的环境条件、旧工业建筑自身的环境适应性、改造再生利用是否符合当前的政策法规环境对于旧工业建筑再生利用改造的进行影响很大。比如旧工业建筑再生利用首先要满足国家、行业的政策要求，其次也要满足当地区域的政策法规环境，若与当前的政策违背，那么项目的进行就会受到很大阻碍，从而影响经济效益；相反，若改造项目能够顺应当前的政策，那么改造项目的进行就如鱼得水，进展顺利。

2.2.2　指标筛选

初选的指标必须经过一定的筛选方法，除去不适合的指标，减小指标冗余现象。本章初选的主要方法包括两步：首先经过指标的重叠性分析，确定哪些指标具有独立性或重叠性，其次按照指标的筛选原则除去不适合的指标。具体方法为：

（1）指标间的重叠性分析

指标的重叠性是指指标间具有一定的相关关系，其相关系数越高，指标间的重叠程度越高，若指标间没有相关关系或其相关系数极小，就称为指标具有独立性。指标的重叠性包括内涵式重叠和信息重叠两个层次。由于旧工业建筑再生利用在我国发展的历史不长，在样本获取方面存在一定的限制，所以在实际中不能过分依赖定量分析方法。因此本章采用定性分析和定量分析结合的方法进行分析，主要是从指标的含义以及所界定的范围上加以区分，具体方法如下：

1）指标间的关系赋值

指标间的关系主要有独立、相等、重叠和包含与被包含的关系。本章规定：指标间独立关系赋值为0，相等关系赋值为1，内涵或信息部分重叠赋值为2，包含或被包含关系赋值为3。

2）列出指标间关系矩阵

先按照指标的逻辑隶属关系，以准则层指标为依据将指标体系划分为若干个子模块，分别针对每一个准则层（次准则层）指标，通过理论分析并结合专家咨询给出所有指标的相互关系值，并列出相互关系表，如表2.1所示。

指标的相互关系表　　　　　　　　　　　　　　表2.1

	M_1	M_2	M_3	...	M_n
M_1	1				
M_2		1			
M_3			1		
...				1	
M_n					1
列和					

表中M_1……M_n代表指标体系变量层的各指标。指标与自身是相等的关系，所以在表中的对角线位置上值均为1，每一指标与其他指标的关系经重叠性分析后，将其关系值填入表中相应的位置。

3）对表中的数据进行按列求和，因为指标自相关赋值为1，所以所有列和大于或等于1。对于某一列的和值大于1，说明该列指标与其他指标之间具有非独立的关系，列和越大，则重叠度越大。如果列和等于1，说明该列指标除与自身相关外，与其他指标均不相关，即具有独立性。

（2）指标的筛选

独立性的指标以及具有重叠性的指标，进一步根据指标筛选原则，除去不符合的指标，达到指标精简的目的[6]。

最终，经过指标的分析和筛选，确定出旧工业建筑再生利用潜力评价指标和指标体系如表2.2所示。

旧工业建筑再生利用项目潜力评价指标体系　　　　表 2.2

一级指标	二级指标	二级指标解释
地理位置 U_1	区域经济情况 U_{11}	旧工业建筑附近的经济状况越好，开发之后带来的经济效益越好
	周围市场情况 U_{12}	了解周围的市场状况，看是否对开发项目形成竞争
	交通便利性 U_{13}	交通越便利，对开发项目的市场顾客创造条件
	可改造规模 U_{14}	可改造的面积越大，开发潜力越大
	与中心城市距离 U_{15}	与中心城市的距离越近，开发的潜力越大
建设条件 U_2	结构安全可靠性 U_{21}	旧工业建筑的结构安全保障是改造的基础
	设施设备保存状况 U_{22}	设施设备的完整度可为项目增加潜力值
	建筑格局完整度 U_{23}	建筑格局的完整，可为改造再利用创新利用
	建筑剩余经济价值 U_{24}	剩余经济价值越大，改造再利用的潜力越大
	改造技术难易程度 U_{25}	旧工业建筑改造再利用的技术越容易达到，潜力越大
	居民可接受程度 U_{26}	居民对旧工业建筑再生利用越接受，潜力值越大
历史文化价值 U_3	历史认同度 U_{31}	人们对旧工业建筑的历史认同度越高，潜力值越大
	年代久远程度 U_{32}	年代越久远，历史价值越高，潜力也就越大
	历史文化影响力 U_{33}	旧工业建筑本身的历史文化影响力越大，潜力值越大
	重大历史人物事件 U_{34}	旧工业建筑潜力值的大小与是否存在重大历史人物、事件关系重大
	建筑艺术气息 U_{35}	旧工业建筑的外观艺术气息也影响着潜力的大小
经济效益 U_4	未来可收益项目 U_{41}	数量可观的高盈利项目的提前引进可以促进再生利用项目进行
	项目边际利润 U_{42}	再生利用后引进项目的边际利润越高，获利能力越强
	项目不可替代性 U_{43}	项目的不可替代性越强，项目的竞争力就越大
环境适应性 U_5	周边环境提升性 U_{51}	改造后为周边创造更好的环境条件，潜力越大
	建筑自适应性 U_{52}	旧工业建筑自身具备良好的环境适应性，增加潜力
	政策法规容纳性 U_{53}	改造再生利用符合当前的政策法规环境，潜力越大

（左侧合并单元格：旧工业建筑再生利用项目潜力评价指标体系 U）

2.3　评价方法

　　旧工业建筑多处于待处理状态，决策者如何在众多旧工业建筑中遴选出最有潜力的项目，是再生利用潜力评价研究的核心问题，即属于多目标决策问题。20 世纪 60 年代提出了区间数的概念，在区间数基础上建立的区间运算不仅能处理参与计算的量的不精确数据，而且能自动跟踪截断和舍入误差，同时具有计算简单、需要数据量少等优点，可以克服概率体系下不确定问题描述和处理方法的缺陷。区间数为处理工程技术和管理决策领域中的不确定性问题提供了一个崭新的途径。

在此我们选用基于 TOPSIS 对区间数进行排序的方法进行方案决策。这样无须建立优势度或可能度矩阵，从而也无须考虑优势度矩阵的一致性问题，同时对于中心数相同的区间数也能区别开来。此方法计算量小，可以对任意有限个区间数进行排序。而且基于传统的 TOPSIS 思想，引入了一个正理想区间数和一个负理想区间数，通过计算每一个区间数的相对贴近度，根据区间数相对贴近度的大小对区间数进行排序。该方法弥补了以前区间数排序法中的许多缺陷。主要有以下四点：

①不需要对区间数进行两两比较，从而无须考虑判断矩阵的一致性问题；

②能够区分中心数相同的区间数，因而充分考虑了变量取值的分散性；

③排序公式简洁、唯一、适用性强，无须根据区间数端点的具体位置分情况讨论；

④每一个区间数通过相对贴近度转化成了一个实数，因此可以说建立起了区间数比较关系的一个完备划分[7]。

2.3.1 概念

（1）区间数基础知识

区间数就是用区间表示的数，它实际上是一个闭区间上所有实数所组成的集合，其运算法则一般与集合的运算法则类似。

区间数代表了一种不确定性，目前在各个领域都有着很大的应用潜力。例如利用区间数进行不确定的多属性决策；将区间数添加到数学规划之中形成不确定性优化模型。

现根据文献 [8]，介绍区间数的定义及运算方法如下：

1）区间数的定义

定义 1 记实数轴上的区间 $a=[a^L, a^U]$，其中 a^L，a^U 为实数，则称 a 为区间数。

若 $a=[a^L, a^U]=\{x \mid 0 < a^L \leq x \leq a^U\}$，则称 a 为正区间数。

特别地，若 $a^L=a^U$，则 a 退化为一个实数。

2）区间数的运算

通常情况下，区间数不是实数，所以实数的运算法则不能直接作为区间数的运算定义，必须重新给出区间数运算法则的定义。

定义 2 设 $a=[a^L, a^U]$，$b=[b^L, b^U]$ 为任意的两个区间数，则区间数的运算法则分别定义如下：

加法运算：$a+b=[a^L+b^L, a^U+b^U]$

减法运算：$a-b=[a^L-b^L, a^U-b^U]$

乘法运算：$a \cdot b=[a^L, a^U] \cdot [b^L, b^U]=[\min(a^Lb^L, a^Lb^U, a^Ub^L, a^Ub^U),$
$$\max(a^Lb^L, a^Lb^U, a^Ub^L, a^Ub^U)]$$

特别地，当 a 和 b 为正区间数时，有 $a \cdot b=[a^L, a^U] \cdot [b^L, b^U]=[a^Lb^L, a^Ub^U]$

除法运算：$\dfrac{a}{b}=\dfrac{\left[a^L,a^U\right]}{\left[b^L,b^U\right]}=\left[a^L,a^U\right]\cdot\left[\dfrac{1}{b^L},\dfrac{1}{b^U}\right]$

特别地，当 a 和 b 为正区间数时，有

$$\frac{a}{b}=\frac{\left[a^L,a^U\right]}{\left[b^L,b^U\right]}=\left[\frac{a^L}{b^L},\frac{a^U}{b^U}\right],b^L\neq0,b^U\neq0$$

指数运算 $c^a=[c^{a^L},\ c^{a^U}]$，c 为正实数，a 为区间数。

（2）理想解法基本知识

TOPSIS 法是一种逼近于理想解的排序法，该方法只要求各效用函数具有单调递增（或递减）性就行。TOPSIS 法是多目标决策分析中一种常用的有效方法，又称为优劣解距离法。TOPSIS 基本原理，是通过比较评价对象与最优解、最劣解的距离来进行排序，若评价对象最靠近最优解同时又最远离最劣解，则为最好；否则为最差。其中最优解（正理想解）的各指标值都达到各评价指标的最优值；最劣解（负理想解）的各指标值都达到各评价指标的最差值。

TOPSIS 法中"理想解"和"负理想解"是 TOPSIS 法的两个基本概念。所谓理想解是一设想的最优的解（方案），它的各个属性值都达到各备选方案中的最好的值；而负理想解是一设想的最劣的解（方案），它的各个属性值都达到各备选方案中的最坏的值。方案排序的规则是把各备选方案与理想解和负理想解做比较，若其中有一个方案最接近理想解，而同时又远离负理想解，则该方案是备选方案中最好的方案。

根据文献 [9] ~ [11]，介绍 TOPSIS 法的基本流程如下：

1）建立决策矩阵

设有限个决策方案的指标集有 n 个指标，集合为 $U=\{U_1,U_2,\cdots,U_n\}$，m 个待决策的方案集合为 $A=\{A_1,A_2,\cdots,A_m\}$，在指标 U_j $(j=1,2,\cdots,n)$ 下取值为 a_{ij}，则决策矩阵为 $A=\left(a_{ij}\right)_{m\times n}$。

$$A=\begin{bmatrix}a_{11}&a_{12}&\cdots&a_{1n}\\a_{21}&a_{22}&\cdots&a_{2n}\\\cdots&\cdots&\cdots&\cdots\\a_{m1}&a_{m2}&\cdots&a_{mn}\end{bmatrix}$$

2）决策矩阵规范化

将决策矩阵转化为决策矩阵 $Z=\left(z_{ij}\right)_{m\times n}$，其中 $z_{ij}=\dfrac{a_{ij}}{\sqrt{\sum\limits_{i=1}^{m}a_{ij}^{\ 2}}}$，

$$Z=\begin{bmatrix}z_{11}&z_{12}&\cdots&z_{1n}\\z_{21}&z_{22}&\cdots&z_{2n}\\\cdots&\cdots&\cdots&\cdots\\z_{m1}&z_{m2}&\cdots&z_{mn}\end{bmatrix}$$

3) 构造加权后的规范矩阵

加权后的规范矩阵为 $X=\left(x_{ij}\right)_{m\times n}$，其中 $x_{ij}=w_j\times z_{ij}$（$i=1,2,...,m$；$j=1,2,...,n$），w_j 为第 j 个指标的权重。

$$X=\begin{bmatrix} x_{11} & x_{12} & ... & x_{1n} \\ x_{21} & x_{22} & ... & x_{2n} \\ ... & ... & ... & ... \\ x_{m1} & x_{m2} & ... & x_{mn} \end{bmatrix}=\begin{bmatrix} w_1z_{11} & w_2z_{12} & ... & w_nz_{1n} \\ w_1z_{21} & w_2z_{22} & ... & w_nz_{2n} \\ ... & ... & ... & ... \\ w_1z_{m1} & w_2z_{m2} & ... & w_nz_{mn} \end{bmatrix}$$

4) 确定"理想解 X^*"和"负理想解 X^-"

理想解：$X^*=\left\{\left(\max_{1\le i\le m}x_{ij}\mid j\in J\right),\left(\min_{1\le i\le m}x_{ij}\mid j\in J'\right)\right\}=\left(x_1^*,x_2^*,...,x_n^*\right)$

负理想解：$X^-=\left\{\left(\min_{1\le i\le m}x_{ij}\mid j\in J\right),\left(\max_{1\le i\le m}x_{ij}\mid j\in J'\right)\right\}=\left(x_1^-,x_2^-,...,x_n^-\right)$

其中 J 是正向指标集，J' 是负向指标集。

5) 计算方案到 A_i（$i=1,2,...,m$）到"理想解"和"负理想解"的距离：

方案 A_i 到"理想解"的距离：$S_i^*=\sqrt{\sum_{j=1}^{n}\left(x_{ij}-x_j^*\right)^2}$

方案 A_i 到"负理想解"的距离：$S_i^-=\sqrt{\sum_{j=1}^{n}\left(x_{ij}-x_j^-\right)^2}$

6) 计算方案 A_i 到"理想解"的贴近度

方案 A_i 到"理想解"的贴近度为：$c_i^*=\dfrac{s_i^-}{s_i^-+s_i^*}$

7) 方案好坏排序

计算出贴近度 c_i^* 以后，对 c_i^* 按照从大到小的顺序进行排序，c_i^* 值最大的方案是最优方案，c_i^* 值最小的方案是最差方案。

2.3.2 发展

（1）区间数发展概况

最早有关区间数的记载是两千二百多年前阿基米德在测算圆周率 π 的故事。对于一个半径为 1 的圆的内接正 n 边形的面积和外切正 n 边形的面积作为圆的面积下限和上限，就得到了一个圆的面积即 π 的区间数，随着正 n 边形的边数的不断变大，此区间数的长度就变小，最后就得到一个包含 π 的足够小的区间，就会越来越逼近 π 的值，这样就得到 π 的近似值。

然而区间数作为一种计算工具是 1951 年出版的俄文论文最早提出来的，此文给出了区间数的运算法则。日本学者 T.Sunaga 在 1958 年发表的论文比较系统地研究关于区间的运算法则，并给出了一个基本定理：定义在区间上的传统函数值范围的确定，可以仅仅用区间端点通过区间运算来实现。这个定理非常重要，给区间数的发展注入了非凡的动力。同时此文还提出了区间向量及其运算法则以及一种现在称为区间牛顿方法的思想，但此文的思想并没有引起人们对区间代数的广泛关注和足够的重视。1966 年 Moore 出版关于区间分析著作之后，才引起其他专家学者的广泛关注，开始系统地研究区间代数的理论和应用 [16]。

目前国内对区间数的主要研究成果：华中科技大学邓聚龙教授给出了区间数与灰数之间的区别与联系；吴江等学者在研究两种区间数信息规范化的方法的基础上，提出了基于可信度概念的区间数大小比较方法；徐泽水等学者给出不同区间数在不同条件下的规范化公式，在区间数相离度概念的基础上给出可能度法；张兴芳等学者处理了指标权重为区间数的多指标决策问题，把区间数看成均匀分布的函数，以区间数的左右断点的平均值作为分布的期望值，建立总离差最小的优化决策模型；徐泽水等学者把所有区间数的左边值、右边值分别对应分开，以利用区间数矩阵计算对各方案进行排序研究；张吉军等学者提出了在相对优势度概念代替可能度作为比较区间数大小的基础上，利用相对优势度进行排序分析。渐渐地，人们逐步研究了区间数的运算法则及其在数字计算技术实现之间的相互关系，并把区间数的应用扩展到语言算法中。鉴于区间数的重要特性，目前仍有很多专家学者致力于区间数的相关理论及应用方面的研究 [12, 13]。

（2）TOPSIS 发展概况

TOPSIS（Technique for Order Preference by Similarity to an Ideal Solution）法是 C.L.Hwang 和 K.Yoon 于 1981 年首次提出，TOPSIS 法是根据有限个评价对象与理想化目标的接近程度进行排序的方法，是在现有的对象中进行相对优劣的评价。

TOPSIS 法因其计算简便、结果合理、应用灵活等特点，广泛应用于卫生决策和卫生事业管理，一些专家和学者在论文或相关研究中讨论过。如游本荣的《TOPSIS 法在碘缺乏防治工作质量综合评价中的应用》、张勇的《TOPSIS 法在职业卫生监督工作质量评价中的应用》、罗丽妮的《加权 TOPSIS 法与 RSR 法相结合评价住院科室综合效益》、程莉玲和曹健的《加权 TOPSIS 法在医院综合评价中的应用》、史新中和胡立祥的《应用 TOPSIS 法对某军区"十五"期间医院医疗质量的综合评价》等，这些著作都运用 TOPSIS 法对卫生事业的工作质量做出客观准确的评价，为卫生管理部门决策提供依据。

TOPSIS 法在工业管理、农业管理中也有一定的应用。黄国群在《浅议 TOPSIS 在企业信用综合评价中的应用》中将多目标决策分析的 TOPSIS 方法对企业信用进行综合评价，然后据以科学计划与决策，降低企业风险、增加经济效益。张熠在《TOPSIS 法在农业综合开发项目评价中的应用》中阐述了 TOPSIS 法不受参考序列选择的干扰，具有应用领域广、几何意义直观、运算量少以及信息失真小等优点，为农业综合开发项目选择提供了一种科学客观的理论计算方法。

TOPSIS 法还被应用于科技人员的业绩评价中，中国医科大学副校长何钦成教授的《TOPSIS 法在科技人员业绩评价中的应用》，首次在卫生科技人员科研业绩评价中引入理想状态空间理论，利用 TOPSIS 建立综合评价数学模型，并在该校专业技术职务评聘中得以检验，结果是 TOPSIS 法的量化评价结果与同行评议的实际结果具有较高的符合率。在中国期刊网上对 TOPSIS 法应用进行检索发现，TOPSIS 不仅应用于工业、农业管理中，在水环境质量评价、人口素质评价、军事评价等方面都有一定的应用。笔者受何钦成教授学术著作的启发，结合工作实际，尝试将 TOPSIS 法运用到科研管理中，探索将 TOPSIS 法运用到社会科学成果评价中 [14]。

（3）基于 TOPSIS 区间数排序的发展

利用区间数理论来研究不确定性问题有着重要的理论意义和实际应用背景。与此同时，区间数也是不确定性理论的延伸和发展，所以完善区间数理论将有较高的学术价值。目前，更多关于区间数的研究已经引起了更多的人去关注和重视，需要找一个简易有效，被大家所接受推广和广泛应用的方法。而国内外对区间数的研究分散而不系统，没有一个能够作为好的评价标准，所以追求一种被大家接受和广泛推广应用的方法还需要大量的研究和探索。因为区间数的运算复杂，能轻易而有效解决实际问题的不多。虽然区间数取得了不少的研究成果，例如在区间数的排序研究和区间数的决策模型上取得了不少的突破，而且在许多的领域有着广泛的应用，但是都存在不足，不是一个完善的理论体系，得到的结果都存在一定的不合理性，与实际结果有一定的出入。

区间数在 20 世纪 50 ～ 60 年代引进已作数值分析上计算舍去误差的工具，徐泽水 [15] 等学者给出不同区间数在不同条件下的规范化公式，在区间相离度概念的基础上给出可能度法，具有一定的创新性；攀玉英等学者利用 TOPSIS 方法处理区间数的多指标决策，在构造了多个方案的理想方案基础上，以多个方案与理想方案的距离大小来比较，并建立数学模型；但是大多数的研究是区间数排序关系问题和基于区间数的决策模型 [12]。

目前已有大量的关于区间数排序方法的研究成果。引入 TOPSIS 的思想，对于任意有限个区间数，定义了一个正理想区间数和一个负理想区间数，基于区间数的标准 Euclidean 距离公式，建立区间数的相对贴近度的概念，根据区间数相对贴近度的大小直接对区间数进行排序，因此，无须建立优势度或可能度矩阵，从而也无须考虑优势度矩阵的一致性问题，同时对于中心数相同的区间数也能区别开来。此方法计算量小，可以对任意有限个区间数进行排序 [7]。

2.3.3 原理

根据文献 [7] 现将 TOPSIS 的原理引入到区间数的排序问题中，需要建立有限个区间数的正理想区间数和负理想区间数的概念。又因为在多属性决策问题中，为了消除不同物理量纲对决策结果的影响，都需要将决策矩阵进行规范化处理。

定义 1 设 $\tilde{a}_j = \left[a_j^L, a_j^U \right]\left(0 \leqslant a_j^L \leqslant {}_j^U \leqslant 1, j = 1, 2, ..., N \right)$，$N$ 为区间数的个数，称

$$\tilde{P}^+ = \left[\max_j \left\{ a_j^U \right\}, 1 \right]\left(j = 1, 2, ..., N \right) \tag{2-1}$$

是 N 个区间数 $\tilde{a}_j = \left[a_j^L, a_j^U \right]\left(0 \leqslant a_j^L \leqslant {}_j^U \leqslant 1, j = 1, 2, ..., N \right)$ 的正理想解区间数，即正理想区间数的左端点为 N 个区间数右端点的最大值，其右端点为 1。特别地，当 $\max_j \left\{ a_j^U \right\} = 1$ 时，$\tilde{P}^+ = [1,1]$。显然，正理想区间数大于其中任意一个区间数。

定义 2 设 $\tilde{a}_j = \left[a_j^L, a_j^U \right]\left(0 \leqslant a_j^L \leqslant {}_j^U \leqslant 1, j = 1, 2, ..., N \right)$，$N$ 为区间数的个数，称

$$\tilde{N}^- = \left[0, \min_j \left\{ a_j^L \right\} \right]\left(j = 1, 2, ..., N \right) \tag{2-2}$$

是 N 个区间数 $\tilde{a}_j = \left[a_j^L, a_j^U \right]\left(0 \leqslant a_j^L \leqslant {}_j^U \leqslant 1, j = 1, 2, ..., N \right)$ 的负理想区间数，即负理想区间数的左端点为 0，其右端点为 N 个区间数左端点的最小值。特别地，当 $\min_j \left\{ a_j^L \right\} = 0$ 时，$\tilde{N}^- = [0,0]$。显然，负理想区间数小于其中任意一个区间数。

定义 3 设 $\tilde{a} = \left[a^L, a^U \right]$，$\tilde{b} = \left[b^L, b^U \right]$，令 $d^2\left(\tilde{a}, \tilde{b} \right) = \dfrac{\left(a^L - b^L \right)^2 + \left(a^U - b^U \right)^2}{2}$，称

$$d\left(\tilde{a}, \tilde{b} \right) = \sqrt{d^2\left(\tilde{a}, \tilde{b} \right)} \tag{2-3}$$

为区间数 $\tilde{a}$，$\tilde{b}$ 之间的标准 Euclidean 距离。

定义 4 设 $\tilde{a}_j = \left[a_j^L, a_j^U \right]\left(0 \leqslant a_j^L \leqslant {}_j^U \leqslant 1, j = 1, 2, ..., N \right)$ 为 N 个区间数，$\tilde{P}^+ = \left[\max_j \left\{ a_j^U \right\}, 1 \right]$ 是区间数 $\tilde{a}_j = \left[a_j^L, a_j^U \right]\left(0 \leqslant a_j^L \leqslant {}_j^U \leqslant 1, j = 1, 2, ..., N \right)$ 的正理想区间数，$\tilde{N}^- = \left[0, \min_j \left\{ a_j^L \right\} \right]$ 是区间数 $\tilde{a}_j = \left[a_j^L, a_j^U \right]\left(0 \leqslant a_j^L \leqslant {}_j^U \leqslant 1, j = 1, 2, ..., N \right)$ 的负理想区间数，称

$$C_j = \frac{d\left(\tilde{a}_j, \tilde{N}^- \right)}{d\left(\tilde{a}_j, \tilde{P}^+ \right) + d\left(\tilde{a}_j, \tilde{N}^- \right)}\left(j = 1, 2, ..., N \right) \tag{2-4}$$

为第 j 个区间数相对于正理想区间数的相对贴近度，简称区间数的相对贴近度。显然，$0 \leqslant C_j \leqslant 1$（$j=1$，2，...，$N$）。

2.4　评价模型

（1）指标权重赋权

在实现评价目的的过程中，指标体系中的各级指标具有不同的作用地位和重要程度，因此，在指标体系确定后，必须对各指标赋予不同的权重系数。

1975 年，美国著名运筹学家、匹兹堡大学教授萨蒂（T.L.Satty）教授提出了层次分析法这一概念，是一种实用的多方案或多目标的系统分析手段。通过将复杂的问题依照归属关系逐级分解，形成一个基于层次结构的分析体系，从而简化分析问题的难度，并在逐层分解的基础上加以综合，给出复杂问题求解结果具体实施步骤如下：

①创建递阶层次结构。递阶层次结构的形成依赖于对系统的清楚理解，将系统条理化、层次化，构建具备上述基本要求的层次结构。即建立以评价目标、评价准则、评价指标为对象的简明系统。同时，同一层次的元素是作为下一层级的准则，同时也受上一层级的约束。

②构造两两判断矩阵。采用表 2.3 的重要性评价标度，两两因子比较，确定下一层级对上一层级的相对重要性，并给予标度值。常用的处理方式是，因子 u_i 和因子 u_j 比较，选择标度值为 a_{ij}，那么与此相对应的是 u_j 和因子 u_i 相比较，其值为 $1/a_{ij}$。由此可知，判断矩阵是一互反矩阵。判断矩阵表示为 A，则

$$A = \begin{bmatrix} a_{11} & a_{12} & ... & a_{1n} \\ a_{21} & a_{22} & ... & a_{2n} \\ ... & ... & ... & ... \\ a_{n1} & a_{n2} & ... & a_{nn} \end{bmatrix}$$

AHP 评比尺度意义及说明 表 2.3

评价尺度	定义	说明
1	同等重要	两因素相比，具有同样重要性
3	稍重要	两因素相比，前者比后者稍重要
5	颇重要	两因素相比，前者比后者明显重要
7	很重要	两因素相比，前者比后者强烈重要
9	绝对重要	两因素相比，前者比后者极端重要
2，4，6，8	两相邻尺度的中间值	表示上述相邻判断的中间值
倒数	评价对象的比较者分值	若元素 i 与 j 的重要性之比为 a_{ij}，那么元素 j 与元素 i 重要性之比为 $a_{ji}=1/a_{ij}$

③根据判断矩阵 A，可求出因子 U_1，U_2，U_3，…，U_n 相对于上一层次指标 d 的权重。根据一致性要求，若 $a=2b$，$b=2c$，则必有 $a=4c$。那么按照此思想，在判断矩阵中，必有 $a_{ij} \cdot a_{jk} = a_{ik}$。根据矩阵理论，基于一致性要求的判断矩阵具有唯一非零的，且最大的 $\lambda_{max}=n$，同时，其他特征根均为零。即若 λ_1，λ_2，…λ_n 是满足下式

$$Ax=\lambda x$$

则为矩阵 A 的特征根，并且对于所有 $a_{ii}=1$，有

$$\sum_{i=1}^{n} \lambda_i = n$$

若具备完全一致性，则 $\lambda_1 = \lambda_{max} = n$，其余特征根均为零，而当矩阵 A 不具有完全一致性时，需引入一致性指标 CI，用 CI 检查决策者思维判断的一致性。

$$CI = \frac{\lambda_{max} - n}{n - 1}$$

同时，为了判断不同阶数判断矩阵是否有令人信服的一致性，引入判断矩阵的平均随机一致性 RI。对于 1 ~ 9 阶判断矩阵，平均随机一致性指标如表 2.4 所示。

平均随机一致性指标 RI　　　　　　　　　　　　　　　　　　表 2.4

n	1	2	3	4	5	6	7	8	9
RI	0.00	0.00	0.58	0.90	1.12	1.24	1.32	1.41	1.45

对于一、二阶判断矩阵，RI 为零。当阶数大于 2 时，判断矩阵一致性 CI 与同阶 RI 之比称为随机一致性比率 CR。当 $CR = \dfrac{CI}{RI} < 0.1$ 时，可称判断矩阵可信的一致性。如不满足一致性，则需专家调整打分，直至符合要求。

④一致性检验完毕后，即可求解判断矩阵的权重。根据最大特征根所求特征向量 $AW = \lambda W$，将 W 归一化即为主观权重 w_i。

（2）潜力评价指标区间分值确定

量化各指标能够将旧工业建筑状况用数值反映，从而为进一步旧工业建筑再生利用决策提供基础依据。指标的量化需要对指标进行合理评判，评判的基础源自实际状况对评价主体的反映。为了简化指标分值的确定程序，现根据不同状况下的反映表现，应用德尔菲法，制定了统一标准如表 2.5 所示，用以反映各个指标的数学量化值。

指标评分标准　　　　　　　　　　　　　　　　　　　　　　表 2.5

指标评价标准	区间分值
指标对于改造再利用的进行具有极大的促进作用	[8, 10]
指标对于改造再利用的进行具有明显的促进作用	[6, 8]
指标对于改造再利用的进行具有稍微促进作用	[4, 6]
指标没有达到预期效果，但是也不阻碍改造进行	[2, 4]
指标不利于改造再利用	[0, 2]

（3）基于 TOPSIS 的区间数排序模型构建

1）决策问题

根据文献 [7]，设有限个决策方案集合为 $A=\{A_1，A_2，...，A_m\}$，其中 A_i 表示第 i 个决策方案；决策方案的属性集合为 $U=\{U_1，U_2，...，U_n\}$，其中 U_j 表示第 j 个决策属性；$W=\{w_1，w_2，...，w_n\}$ 为属性的权重向量。方案 A_i 在属性 U_j 下的属性值为区间数 $[a_{ij}^L，a_{ij}^U]$，区间数决策矩阵 A 为：

$$A=\begin{bmatrix} \left[a_{11}^L,a_{11}^U\right] & \left[a_{12}^L,a_{12}^U\right] & ... & \left[a_{1n}^L,a_{1n}^U\right] \\ \left[a_{21}^L,a_{21}^U\right] & \left[a_{22}^L,a_{22}^U\right] & ... & \left[a_{2n}^L,a_{2n}^U\right] \\ ... & ... & ... & ... \\ \left[a_{m1}^L,a_{m1}^U\right] & \left[a_{m2}^L,a_{m2}^U\right] & ... & \left[a_{mn}^L,a_{mn}^U\right] \end{bmatrix}$$

2）决策方法及步骤

Step1：为消除不同物理量纲对决策结果产生影响，用文献 [7] 的方法对决策矩阵进行规范化处理，记规范化矩阵 $R=\left(\tilde{r}_{ij}\right)_{m\times n}$，其中

$\tilde{r}_{ij}=\left[r_{ij}^L,r_{ij}^U\right](i=1,2,...,m,j=1,2,...,n)$ 为规范化区间数。

对于效益型属性：
$$\begin{cases} r_{ij}^L=a_{ij}^L\bigg/\sqrt{\sum_{i=1}^m\left(a_{ij}^U\right)^2} \\ r_{ij}^U=a_{ij}^U\bigg/\sqrt{\sum_{i=1}^m\left(a_{ij}^L\right)^2} \end{cases} \tag{2-5}$$

对于成本型属性：
$$\begin{cases} r_{ij}^L=\left(1\big/a_{ij}^U\right)\bigg/\sqrt{\sum_{i=1}^m\left(1\big/a_{ij}^L\right)^2} \\ r_{ij}^U=\left(1\big/a_{ij}^L\right)\bigg/\sqrt{\sum_{i=1}^m\left(1\big/a_{ij}^U\right)^2} \end{cases} \tag{2-6}$$

Step2：计算各方案的加权综合属性值

$$\tilde{z}_i(w)=\sum_{j=1}^n w_j\left[r_{ij}^L,r_{ij}^U\right]=\left[\sum_{j=1}^n w_j r_{ij}^L,\sum_{j=1}^n w_j r_{ij}^U\right]=\left[z_i^L,z_i^U\right](i=1,2,...,m;j=1,2,...,n) \tag{2-7}$$

Step3：计算各方案的加权综合属性值的相对贴近度

由 2.3.3 节中式（2-1）和式（2-2）确定 $\tilde{z}_i(w)(i=1,2,...,m)$ 的正理想区间数 $\tilde{Z}^+=\left[\max\{z_i^U\},1\right]$ 和负理想区间数 $\tilde{Z}^-=\left[0,\min\{z_i^L\}\right]$；然后，由式（2-4）计算每一个方案加权综合属性值的相对贴近度，记为

$$S_i=\frac{d\left(\tilde{z}_i(w),\tilde{Z}^-\right)}{d\left(\tilde{z}_i(w),\tilde{Z}^+\right)+d\left(\tilde{z}_i(w),\tilde{Z}^-\right)}(i=1,2,...,m) \tag{2-8}$$

Step4：按各方案综合属性值的相对贴近度 S_i 的大小对备选方案进行排序和择优。

2.5 实证分析

2.5.1 项目概况

改革开放后，政府经济发展政策导向调整，某市部分国营老工业一直无法适应市场经济，同时生产工艺和生产设备老化，又更新不及时，原材料也随着社会生产模式的转型而减少，最终导致生产能力下降，企业竞争力下滑，走向停产或破产。现随着城市规模的扩大、经济发展的需要以及出于可持续发展政策方针的考虑，该市国资委拟对其中四个旧工业建筑进行再生利用。课题组将该四个旧工业建筑基地作为评价对象，进行再生利用潜力评价，为决定是否再生利用或确定再生利用的优先顺序提供依据。四个旧工业建筑见图 2.6。

(a) 某蚕丝仓库

(b) 某压缩机厂

(c) 某面粉厂

(d) 某丝厂

图 2.6　某市四个旧工业建筑

（1）某蚕丝仓库

某蚕丝仓库始建于 1921 年，后被日军强占，为当时伪华中蚕丝公司所属。抗日战争胜利后，国民政府以"接收"为名，对国内蚕丝业大肆掠夺。1949 年，该工厂所有资产收为国有。

该厂房由两栋独立的三层建筑组成，采用大跨度的砖木结构。该建筑原功能为储存蚕丝，改建后为创意产业园。室内面积 6000m²，是一个以当代艺术国际性交流为平台的文化艺术机构，它以"国际化、专业化、学术性、时尚性"为理念，具有展览、交流、创作、服务四大功能区域。一期的核心艺术主题在三个楼面以不同的形式展示。一层是服务空间；二层提供职业艺术家、各类创意设计师工作室；三层是以绘画、平面设计、公共艺术等为主的展示空间，面积约为 2000m²，设备完整，服务功能齐全。

（2）某压缩机厂

某压缩机厂厂房始建于 1955 年，1992 年 12 月改组为股份有限公司。20 世纪 70 年代进行了一次老厂房改建，20 世纪 90 年代又进行了一次老厂房改造，20 世纪 90 年代发展壮大的压缩机厂进行了第二次改建。

该厂房占地 60 亩，总建筑面积 30000m²，单层建筑，钢筋混凝土框架结构。现由扬名街道、南长科技创新及服务外包集聚区为建设主体，对原压缩机厂进行厂房改建。本着修旧如旧的原则，运用现代设计表现手法，运用运河风情走廊及古典风貌旅游区的建设，通过废旧厂房改建，打造集历史展示、商务办公、观光旅游、风情体验时尚文化、餐饮娱乐、购物休闲等功能于一体的文化创意新城市名片。

（3）某面粉厂

某面粉厂建于 20 世纪 40 年代，经历了半个多世纪的生产，投入运营时间早已超过了其使用寿命，老厂房的结构已不利于继续生产。另外，该厂房由于生产设备的落后，生产工艺的滞后，企业活力不足，最后导致破产重组。

该建筑包括小麦仓库、制粉车间和办公室几个部分，外形均保存得相当完整。小麦仓库是一栋长 56m、进深 10m 的单层砖混结构建筑，层高约 13m。北端 9m 范围三层，为输送粮食的设备用房。砖混结构的制粉车间长 52m，进深 10m，外墙为清水砖墙，建筑结构完好。改造前期，设计充分发挥原有建筑的使用价值，控制扩建规模；充分利用拆旧材料，整旧如旧；在赋予老建筑以新的功能时，力求保持原物的原有历史风貌。同时适当增加一些服务性的辅助建筑，为展示馆增加一些经济效益。

（4）某丝厂

新中国成立后，该厂由公私合营再改为地方国营厂。现存建筑老厂茧库、办公楼各一幢，均在后厂门附近。茧库面阔六间，高两层，红砖清水墙。办公楼面阔五间，高两层一阁，砖混结构，磨矾石地坪，木楼梯。该建筑结构完好、外形保存相对完整。

现不考虑现实中项目的实际再生利用状况，假设投资商面临此四个待改造旧工业建筑项目，需要做出投资决策，我们用前几节所述方法对项目再生潜力做出评价，从而为投资商正确决策提供依据。

2.5.2 潜力评价

（1）指标权重的确定。

根据 2.4.1 节内容，采用 AHP（层次分析法）方法进行指标的权重计算，由于 AHP

具体的应用计算在之后第三章中有具体介绍，故在此就不再详细计算。

经 AHP 方法计算，得出二级指标权重向量：

$W = \{w_1, w_2, w_3, ..., w_{22}\}$

$= \{0.0455, 0.0498, 0.0498, 0.0433, 0.0431, 0.0499, 0.0498,$

$0.0432, 0.0456, 0.0437, 0.0441, 0.0471, 0.0432, 0.0448,$

$0.0468, 0.0412, 0.0441, 0.0445, 0.0487, 0.0445, 0.0432, 0.0441\}$

（2）现找 10 个专家对各个项目的指标根据 2.4.2 节指标区间数确定标准确定出均值化后的属性值，得出原始矩阵 A 如表 2.6 所示。

原始矩阵 A 列表　　　　　　　　　　　　　　　　　表 2.6

	某蚕丝仓库	某压缩机厂	某面粉厂	某丝厂
U_{11}	[1, 2]	[2, 2.5]	[3, 4]	[2.5, 3]
U_{12}	[3, 4]	[4, 5]	[2, 3]	[3, 3.5]
U_{13}	[5, 6]	[4, 5]	[3, 4]	[4.5, 5]
U_{14}	[3, 4]	[5, 6]	[3.5, 4]	[4.5, 5]
U_{15}	[2.5, 3]	[3, 3.5]	[4, 5]	[4, 6]
U_{21}	[3, 4]	[4, 5]	[3.5, 4]	[4.5, 6]
U_{22}	[4, 6]	[4, 5]	[3, 4]	[2, 3]
U_{23}	[3, 4]	[5, 6]	[5, 5.5]	[4.5, 6]
U_{24}	[3, 4]	[4, 5]	[5, 6]	[6, 6.5]
U_{25}	[3, 4]	[2, 3]	[3, 4]	[3.5, 4]
U_{26}	[4, 6]	[3, 4]	[4.5, 6]	[3.5, 4]
U_{31}	[3, 4]	[4, 5]	[2, 3]	[4, 5]
U_{32}	[4, 5]	[3, 4]	[3, 3.5]	[4, 5]
U_{33}	[3, 4]	[2, 3]	[5, 6]	[7, 8]
U_{34}	[2, 4]	[3, 4]	[2, 3]	[4, 5]
U_{35}	[3, 4]	[2, 3.5]	[3.5, 4]	[3, 4]
U_{41}	[3, 4]	[2, 4]	[3, 3.5]	[2.5, 3]
U_{42}	[4, 5]	[5, 6]	[3.5, 4]	[4, 4.5]
U_{43}	[7, 8]	[5, 6]	[3, 4]	[2, 4]
U_{51}	[4, 6]	[4, 5]	[3, 4]	[4, 4.5]
U_{52}	[4, 6]	[3, 4]	[4, 4.5]	[4.5, 6]
U_{53}	[3.5, 4]	[2.5, 3]	[2.5, 4]	[3, 4]

（3）对决策矩阵进行规范化处理，现所定的指标均为效益型指标，故按照 2.4.2 中式 (2-5) 计算得到规范化矩阵 $R = \left(\tilde{r}_{ij} \right)_{m \times n}$ 如表 2.7 所示。

规范化矩阵 R 表 2.7

	某蚕丝仓库	某压缩机厂	某面粉厂	某丝厂
U_{11}	[0.1774，0.4444]	[0.3369，0.5556]	[0.5053，0.8889]	[0.4211，0.6667]
U_{12}	[0.3802，0.6489]	[0.5070，0.8111]	[0.2535，0.4867]	[0.3802，0.5678]
U_{13}	[0.4951，0.7159]	[0.3961，0.5966]	[0.2970，0.4772]	[0.4456，0.5966]
U_{14}	[0.3111，0.4905]	[0.5185，0.7358]	[0.3629，0.4905]	[0.4667，0.6131]
U_{15}	[0.2757，0.4364]	[0.3308，0.5092]	[0.4411，0.7274]	[0.4411，0.8729]
U_{21}	[0.3111，0.5275]	[0.4148，0.6594]	[0.3629，0.5275]	[0.4666，0.7913]
U_{22}	[0.4313，0.8944]	[0.4313，0.7454]	[0.3235，0.5963]	[0.2157，0.4472]
U_{23}	[0.2759，0.4493]	[0.4598，0.6740]	[0.4598，0.6740]	[0.4138，0.6740]
U_{24}	[0.2742，0.4314]	[0.3663，0.5392]	[0.4579，0.6470]	[0.5494，0.7009]
U_{25}	[0.3974，0.6835]	[0.2649，0.5126]	[0.3974，0.6835]	[0.4636，0.6835]
U_{26}	[0.3922，0.7913]	[0.2942，0.5275]	[0.4413，0.7913]	[0.3432，0.5275]
U_{31}	[0.3464，0.5963]	[0.4619，0，7454]	[0.2309，0.4472]	[0.4619，0.7454]
U_{32}	[0.4522，0.7071]	[0.3391，0.5657]	[0.3391，0.4950]	[0.4522，0.7071]
U_{33}	[0.2683，0.4288]	[0.1789，0.3216]	[0.4472，0.6433]	[0.6261，0.8577]
U_{34}	[0.2462，0.6963]	[0.3693，0.6963]	[0.2462，0.5222]	[0.4924，0.8704]
U_{35}	[0.3865，0.7166]	[0.2577，0.5981]	[0.4509，0.7266]	[0.3865，0.7166]
U_{41}	[0.4111，0.7526]	[0.2741，0.7526]	[0.4111，0.6585]	[0.3426，0.5644]
U_{42}	[0.4056，0.6008]	[0.5070，0.7210]	[0.3549，0.4807]	[0.4056，0.5408]
U_{43}	[0.6093，0.8577]	[0.4352，0.6433]	[0.2611，0.4288]	[0.1741，0.4288]
U_{51}	[0.4056，0.7947]	[0.4056，0.6623]	[0.3042，0.5298]	[0.4056，0.5960]
U_{52}	[0.3845，0.7667]	[0.2883，0.5111]	[0.3845，0.5750]	[0.4325，0.7667]
U_{53}	[0.4635，0.7099]	[0.3311，0.5324]	[0.3311，0.7099]	[0.3974，0.7099]

（4）计算各方案的加权综合属性值。

由 2.4.3 中式（2-7）计算各方案的加权综合属性值：

$$\tilde{z}_1 = [0.3703, 0.6113]；\tilde{z}_2 = [0.3736, 0.6214]；$$

$$\tilde{z}_3 = [0.3640, 0.5594]；\tilde{z}_4 = [0.4097, 0.6403]$$

（5）计算各方案加权综合属性值的相对贴近度。

由 2.3.3 中式（2-1）和式（2-2）得正理想区间数 $\tilde{z}^+ = [0.6403, 1]$，负理想区间数 $\tilde{z}^- = [0, 0.3640]$，由 2.3.3 中式（2-3）和 2.4.3 中式（2-8）分别计算各方案与正理想区间数的距离、与负理想区间数的距离及相对贴近度，计算结果如表 2.8 所示。

加权综合属性值的相对贴近度　　　　　　表 2.8

	某蚕丝仓库	某压缩机厂	某面粉厂	某丝厂
$\tilde{d}_i^-$	0.3149	0.3208	0.2921	0.4394
$\tilde{d}_i^+$	0.3347	0.3275	0.3677	0.3021
S_i	0.4848	0.4948	0.4427	0.5363

（6）按 S_i 的大小对四个旧工业建筑进行排序。

$$S_4 > S_2 > S_1 > S_3$$

因此，这四个旧工业建筑的综合排序为 $A_4 > A_2 > A_1 > A_3$，即某丝厂的排名最高。

2.5.3　结论与建议

（1）结论

旧工业建筑再生利用前期阶段迫切需解决的决策问题是针对某个具体的旧工业建筑如何判断它是否具有再生利用的价值。本节以四个待再生利用旧工业建筑项目为例，根据本章 2.2 节内容从地理位置、建设条件、历史文化价值、经济效益和环境适应性五个方面确定项目的评价指标，根据 2.4 节运用 AHP（层次分析法）进行指标权重的确定，根据标准对指标赋值以及根据 2.3 节基于 TOPSIS 的区间数排序评价方法对该四个项目进行优选。从而得出如下结论：

①该四个旧工业建筑项目再生利用潜力由大到小排序为：某丝厂 > 某压缩机厂 > 某蚕丝仓库 > 某面粉厂。因此，若在此四个项目中选择进行投资，首先应该选择的就是某丝厂，其次就是某压缩机厂、某蚕丝厂，最后就是某面粉厂。

②本节实例论证了模型的有效性与可操作性，为之后类似项目的方案优选提供了一个科学有效的评价方法。

（2）建议

由于研究范围的局限性，在评价指标体系构建和指标的量化上还需进一步细化、增补及研究。另外，也会出现由于参与评价的专家和项目参与人员对于评价信息掌握不完全准确，导致评价存在一定误差的现象。因此，本节指标体系的构建和评价方法的应用可以为之后类似项目的决策提供依据，但并非绝对的，之后的研究人员可在此基础上进行细化、完善、补充。

参考文献

[1] Loures L.Post-Industrial Landscapes：Dereliction or Heritage [C].International Conference on Landscape Archtechture，2008：23-28.

[2] 刘金为，周保卫. 旧工业建筑改造再利用新进展 [J]. 工业建筑，2008，38（8）：31-34.

[3] 周昊. 试论我国工业建筑改造中的主要问题及其对策 [J]. 工业建筑，2009，39（8）：38-41.

[4] 王晓健，李久君. 城市舞台——工业厂房改造的另一解读 [J]. 工业建筑，2008，38（8）：28-30.

[5] 樊胜军，盛金喜，李慧民，闫瑞琦. 基于综合赋权的旧工业建筑再生利用潜力评价 [J]. 工业建筑，2013，10：5-10.

[6] 朱丽. 综合类生态工业园区指标体系及稳定机制研究 [D]. 济南：山东大学，2011.

[7] 谭吉玉，朱传喜，张小芝，朱丽. 一种新的基于 TOPSIS 的区间数排序法 [J]. 统计与决策，2015，01：94-96.

[8] 刘雁. 区间数排序方法的新探讨 [D]. 南宁：广西大学，2007.

[9] 林海斌. 基于 TOPSIS 法的社会科学成果评价研究 [D]. 武汉：华中师范大学，2007.

[10] 张晓明. 基于 TOPSIS 法的一类排序问题研究 [J]. 福建师范大学学报（自然科学版），2011，04：39-43.

[11] 戚应冲. 基于 TOPSIS 方法的港航上市公司业绩分析 [D]. 大连：大连海事大学，2008.

[12] 吕小波. 区间数在经典数学中的一些应用 [D]. 西宁：青海师范大学，2014.

[13] 宋晓辉. 基于区间数的多属性决策方法研究 [D]. 成都：西南交通大学，2011.

[14] 林海斌. 基于 TOPSIS 法的社会科学成果评价研究 [D]. 武汉：华中师范大学，2007.

[15] 徐泽水，达庆利. 区间数排序的可能度法及其应用 [J]. 系统工程学报，2003，18（1）.

[16] 孙海龙，姚卫星. 区间数排序方法评述 [J]. 系统工程学报，2010，25（3）.

第3章　旧工业建筑再生利用项目质量评价

3.1　概念与内涵

3.1.1　基本概念

"质量"这一概念具有非常广阔的含义和丰富的内涵，不同的文献和学者对质量定义不尽相同。《辞海》中对质量的定义是："质量是产品（劳务）或工作的优劣程度"，这是广义的质量概念。国际标准 ISO 8402：1994《质量术语》对质量的定义是："反映实体满足明确和隐含需要的能力的特性总和"，这是一个相对狭义的质量概念。究其本质而言，质量是客观事物具有某种能力的属性，其内容可随着科学技术的发展和人们认识能力的提高而不断扩展和完善。以 ISO 标准为例，与 1994 版的质量定义相比，2000 版中加入了一项新的内容——"达到持续的顾客满意"，这个变化体现了人们对质量概念及含义认识的加深。鉴于质量概念所具有的丰富内涵，无论是企业的质量管理活动，或是政府部门的质量监督工作，都需要根据其管理目标和控制范围对质量的概念、属性等进行明确。从政府部门的管理职能定位来看，质量主要是指产品或服务符合法律、法令、法规、标准和规范规定的各方面特性要求。

根据《建筑法》和《建设工程质量管理条例》的有关规定，建设工程包括土木工程、建筑工程、线路管道和设备安装工程及装修工程等。土木工程具体包括矿山、铁路、公路、隧道、桥梁、堤坝、电站、码头、飞机场、运动场、营造林、海洋平台等工程；建筑工程是指房屋建筑工程，即有顶盖、梁柱、墙壁、基础以及能够形成内部空间，满足人们生产、生活、公共活动的工程实体，包括厂房、剧院、旅馆、商店、学校、医院和住宅等工程；线路、管道和设备安装工程包括电力、通信线路、石油、燃气、供水、排水、供热等管道系统和各类机械设备、装置的安装活动；装修工程包括对建筑物室内外进行美化、舒适化、增加使用功能为目的的建筑活动。综合来看，建设工程与其他工农业产品一样具有商品属性，但是同时又具有与一般商品不同的特点，具体表现在以下方面：

1）产品的固定性，生产的流动性；

2）产品的多样性，生产的单件性；

3）产品的社会性，生产的外部约束性；

4）产品的形体庞大，生产周期长。

图 3.1 旧工业建筑再生利用质量控制重点

旧工业建筑再生利用项目的质量不仅仅决定项目本身能否满足工程的设计要求和业主的使用要求，同时必定也影响着周边众多产业的发展。在旧工业建筑再生利用过程中，由于要保存原有建筑的部分风格，并保护某些工业遗产文化，导致施工过程和施工难度相对于其他建设项目略有不同，如旧工业建筑地基基础处理过程中，需要考虑是否会破坏原有结构等。在建筑施工过程中质量控制重点主要分为：钢筋工程质量控制、模板工程质量控制和混凝土工程质量控制。在旧工业建筑再生利用过程中则将质量控制重点主要集中在地基基础处理、结构加固改造和围护结构改造方面，见图 3.1。因此旧工业建筑再生利用质量控制就具体到了某一点，导致了旧工业建筑再生利用质量管理的具体化和实际化。

旧工业建筑再生利用项目进行质量控制时，其控制重点主要体现在以下三个方面：

（1）地基与基础处理

旧工业建筑再生利用项目的建造技术方案的恰当运用是实现前期设计策略的关键。旧工业建筑在进行功能置换后，不论是单纯的功能变化，还是结构加层增层以及非主体承重结构的建造装修活动都对结构整体安全提出了新的要求。

在旧工业建筑再生利用项目中地基与建（构）筑物的关系极为密切，建（构）筑物的安全与正常状态使用，地基与基础起着至关重要的作用。我国疆域辽阔，软弱土和不良土的分布范围广泛，使地基土的性质变得更为复杂。我国对软弱土和不良土作为地基的处理方法是在建设中逐步积累经验，在理论上逐步完善的。因此建成时间较早的旧工业建筑由于缺乏理论支撑和实际建设经验的支撑，使用至今在不同程度上都暴露出了地基处理时的缺陷。

随着地基处理计算理论的发展和工程实践中经验教训的积累，再加之新工法、新工艺、新材料的投入应用，地基与基础的处理都基本满足了现代工程建设的需要。与此同时，旧工业建筑地基缺陷的加固补强理论也得到了长足的进步，针对既有建筑的地基加固补强技术的施工工艺也日趋成熟。

（2）结构加固改造

旧工业建筑再生利用的结构加固是其功能重塑的必然要求。旧工业建筑再生利用中加固改造的主要原因来自两个方面，一是建筑物在之前的服役期内由于自然与人力使用的影响已经导致结构构件受损或能力下降而影响继续使用，即使新功能对原结构不再增加荷载要求，仍然需要结构加固；二是功能的变化对结构体系提出了新的要求，经检测鉴定认为原结构或构件不能满足新功能条件下的承载力要求而又通过加固可满足要求。

我国从 20 世纪 50 年代已经陆续开始了结构加固处理的理论和实践探索，但在早期的研究中多是针对中国传统的砖木结构体系在固件保护性修复方面的研究，到 70 年代末期才逐步展开对混凝土结构的研究。几十年来，结构加固工程的各个领域都积累了丰富的实践经验，继而逐步完善了理论方面的研究。目前已颁布执行的《混凝土结构加固技术规范》CECS 25：90 总结了我国已经成熟的加固技术，对多种原因引起的结构或构件损坏的加固处理方式都有涉及，基本满足了各个条件下的加固需求，推动了建（构）筑物加固技术的发展。

结构加固的主要目的是为提高建（构）筑物结构或构件的强度、稳定性、刚度及耐久性。由于加固的要求及目的不同，结构和构件的损坏程度和受损程度原因也不同，在实际结构加固施工中应根据可靠的鉴定报告结果及加固原因，结合拟加固的建（构）筑物自身的结构特点，满足使用功能要求以及施工方便、经济合理等原因综合分析，针对不同情况择优选用加固方法或补强处理措施。

（3）围护结构加固

围护结构是指建筑及房间各面的围挡物，如门、窗、墙等，能够有效地抵御不利环境的影响和破坏。围护结构的主要功能有：保温、隔热、隔声、防水防潮、耐火、耐久。由于围护结构本身特有属性和功能，导致围护结构加固原则和加固技术及采用的方法也区别于其他的结构。

旧工业建筑再生利用项目，在建造技术和材料的选用上与新建建筑的成熟做法有很大的区别。因此，参与建设的各方人员必须加强沟通协作，正确理解设计意图，结合原旧工业建筑的构造特点和施工难度，考虑经济因素，创造性地选择施工方案和建造材料。

3.1.2　质量评价与质量控制

（1）质量评价

随着我国的经济体制改革、加入世界贸易组织以及全球化等社会环境的变化和影响，建设行政管理部门的职能正经历着重大改革和转变。在当前市场经济体制下，建设行政管理部门将一方面通过建立健全建设法规体系来规范和约束责任主体的质量行为，从宏观上把握和加强工程质量监管；另一方面通过委托工程质量监督机构对建设工程的主要施工环节进行抽查和监督，从微观层次上对建设工程的使用安全和环境质量进行控制。质量评价的目标首先是反映建筑工程质量的客观现状，目的是能够为建设行政管理部门的质量监督管理工作提供信息和决策证据，从而为提高政府部门决策和行政的科学性打好基础，使其质量管理工作能够适应质量状况的变化和发展，并促使工程质量水平的进一步提高。

旧工业建筑再生利用质量评价从评价的阶段来看，属于项目中评价的范畴。其主要作用在于规范现场施工、保障工程质量、监督和预防质量事故的发生，对保证项目功能性和安全性、提高业主经济效益具有重要的意义。设立全方位的综合性项目质量评价准则，且主动引进吸收国外的先进工程项目质量评价方案，能够促进我国工程项目管理体系逐渐完善，改革创新，有效地创设一套新型的、行之有效的、管理效果科学合理的项目质量综合性评价措施。

构建旧工业建筑再生利用质量评价指标体系所依据的指导思想是：

1）旧工业建筑再生利用质量评价指标体系应紧密遵循国家工程项目质量法律法规，严格遵循《中华人民共和国建筑法》、《建筑工程质量管理条例》等国家法规与标准。

2）旧工业建筑再生利用质量评价指标体系应从国家、行业、地区不同的角度实现对其项目质量的动态分析与评价，进一步推动投资决策的科学化与信息化。

3）旧工业建筑再生利用质量评价指标体系以数字化的定量标准为主，对施工前期准备到竣工验收整个工程施工阶段的工程项目质量进行评价，突出动态指标，并与静态指标相结合。

4）旧工业建筑再生利用质量评价指标体系的可用性关键是采集的真实性与时效性，因此必须建立一套真实数据采集体系，其中包括多个数据采集渠道与交叉校核机制。

（2）质量控制

旧工业建筑再生利用质量评价的目的是进行全面的质量控制，它也是质量控制的依据和基础。质量控制，是为达到质量要求所采取的作业技术和活动的总称。质量控制有狭义和广义之分，狭义的质量管理是指施工完成之后所获得建筑产品的质量；广义的质量管理除了建筑产品质量以外还包括过程质量和工作质量，因此可以说质量就是建筑施工过程或建筑功能满足业主方要求的优劣程度。因此在建设工程中，项目质量管理就是根据项目的具体情况确立相应的质量方针的全部智能及工作内容，确保工程项目质量满足工程合同、设计文件、规范标准而采取的一些措施、手段和方法。

旧工业建筑再生利用质量管理则是在改造过程中，建立符合项目特征的动态性、持续受控、系统性的管理措施，全面有效地预防质量事故的发生，确保改造后建筑满足设计要求和使用要求，将质量方针的制定及改造后建筑的质量保证和质量控制的组织、实施等与质量管理相关的各方面组合起来。质量管理工作分为技术层面和管理层面两个部分。质量技术层面要求对现场人员进行技术培训、识别关键控制点、制定合理的质量评价方案和选取合适的质量评价系统、制定合理的检测计划、对于现场的质量问题指定初步的反应计划、管理层面则要求建立规范的质量管理制度、在质量管理过程中强调全员参与的原则、制定合理的人力物力资源配备计划。

在旧工业建筑再生利用中，质量控制管理的基础工作主要可以分为三个方面：业主单位的质量控制基础工作、监理单位的质量控制基础工作、施工单位质量控制的基础工作，见图3.2。

就业主单位而言，质量控制直接影响到业主在旧工业建筑再生利用项目中的盈利与否，业主单位需建立将项目各参与方都包含在内的良好的质量管理体系，在招投标过程中严格选取监理单位和施工单位等，保障各单位具有相应的能力完成该项目，其次对于

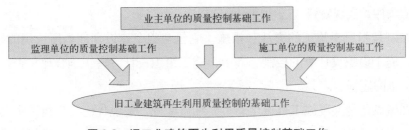

图 3.2　旧工业建筑再生利用质量控制基础工作

对于监理单位，在旧工业建筑再生利用质量控制过程中，监理单位对于现场质量控制贯穿整个施工全过程，包括设计阶段和施工阶段，具体工作如下：

1) 在设计阶段需要准确核实尺寸、选择合理的设计方案、选择恰当的改造材料；在施工阶段需认真审查施工单位上报的改造工程施工组织设计，其与施工单位明确批准的施工组织设计，包括管理人员及技术素质、施工工艺的程序、机具设备的配置、质量标准和进度计划节点及交叉，都是监理现场检查施工单位的依据。特别应注意：涉及加固的施工工艺和施工程序，首先要保证施工后的加固效果达到设计要求，其次要针对旧工业建筑的实际条件保证施工过程合理可行。

2) 改造施工中为达到改造后的功能要求，又由于原旧工业建筑的自身闲置的特点，有可能会使用新材料和非常规材料，或者将常规材料作为非常规材料使用，这就要求对改造过程中使用的施工材料、半成品和构配件严格审核有关证明文件，使改造工程质量有可靠的物质保障。

就施工单位而言，全面的质量管理必须抓好标准化、质量情报、质量责任制及质量教育等几个方面的工作。

3.2　评价指标

3.2.1　指标分析

通过现场调查与专家访谈获知，影响旧工业建筑改造再利用的质量的因素众多，对其的严格控制和评价是保证项目质量的关键。现对其影响因素进行简单的分析（见图3.3）。

人是直接参与工程建设的决策者、组织者、指挥者和操作者。人作为控制的对象是避免产生失误；作为控制的

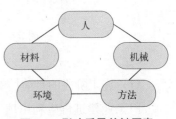

图 3.3　影响质量关键因素

动力,是充分调动人的积极性,发挥"人是第一要素"的主导作用。

材料(包括原材料、成品、半成品、构配件)是工程项目施工的物质条件,材料质量是改造项目质量的基础,加强材料的质量控制是提高工程项目质量的重要保障,是创造正常施工条件,实现投资、进度控制的前提。

方法控制是指科学施工的方法和措施,它包含整个建设周期内所选用的技术方案、工艺流程、施工组织设计等的控制。其中,施工组织设计方案正确合理与否,直接影响改造项目质量的达标。

施工机械设备是实现施工机械化的重要物质基础,是现代化工程建设中必不可少的设施,对工程项目的质量有直接影响,因此在制定改造项目质量评价指标体系时,必须综合考虑施工现场的现实条件、机械设备性能、施工组织与管理等因素,使之合理装备、配套使用、有机联系,以充分发挥机械设备的效能。

由于旧工业建筑再生利用质量控制会涉及工程施工整个生命周期的质量控制情况,所以它是一个经由对投入的资源和条件的质量控制(事前控制)进而对生产过程各环节质量进行控制(事中控制),直到对所完成的工程产出品的质量检验与控制(事后控制)为止的全过程的系统评价过程。这个过程可以根据质量形成的时间阶段来划分,分为事前控制、事中控制和事后控制三个阶段:事前控制即施工准备阶段的质量控制,是正式开展施工活动前对各项准备工作的质量管理;事中控制即施工过程中进行的所有施工质量,也包括对施工过程中的中间产品的质量控制;事后控制是对于通过施工过程所完成的具有独立的使用价值的最终产品的质量管理。上述阶段的质量控制过程所设计的主要影响因素如图3.4所示。

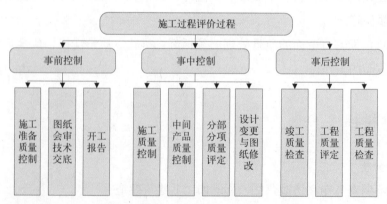

图 3.4　旧工业建筑改造再利用质量评价的影响因素

（1）施工阶段的事前控制

旧工业建筑再生利用项目事前控制过程中,包含了施工准备质量控制、图纸会审及技术交底、开工报告几部分工作。

收集、整理旧工业建筑初始设计的图纸以及相关资料和再生利用改造过程的图纸资料是施工准备阶段过程中重要的一环。施工准备阶段应掌握的信息和资料繁多，包括场地的基本情况、周围的环境、旧建筑的现状；结构状况，包括使用年限、结构类型、原有的设计荷载、现有实际可承受的负荷、结构损坏情况、地基承载力等的评估；市政设施，主要是在原基础上核算容量或改变位置、改进设备。根据所持有的资料进行综合评估，判断建筑是否存在保留价值和再利用潜力。

现场初步调查和现场详细调查、检测是第一手资料获取的关键，是反映现场实际情况最真实、最可靠的环节，也是对提供的基础资料真伪辨识最好的方法。其中，旧工业建筑可靠性的检测评定是关系到工业建筑能否继续使用或改造后使用的安全性、适用性和耐久性等问题。因此，细化初步调查和详细调查、检测的工作是必然的。另外，旧工业建筑由于改造模式的多样性和复杂性，致使现场施工准备环节的差异性和特殊性，所以必须留心改造项目的典型特点，才能防止准备工作中遗漏项的发生，避免准备不完备的情况，从而提高施工准备工作的效率和有效性。

（2）施工阶段的事中控制

旧工业建筑再生利用项目施工阶段的质量控制的重点在于要保存原有建筑的部分风格并保护某些工业遗产文化，施工阶段的质量控制分为以下四部分：施工质量控制、中间产品质量控制、分部分项工程质量评定、设计变更与图纸修改。旧工业建筑控件内部、外部的格局和意象设计，旧工业建筑的地基与基础处理，结构加固改造，围护结构改造都是各个部分质量控制的重点。

旧工业建筑再生利用中对旧工业建筑地基的加固或基础补强是由于其不能满足再生利用的建筑物功能条件要求而进行的重新处理。因此，选择的处理方法，其施工工艺必须满足在已有建筑的地基上作业的要求。可以通过改良全部或部分旧建筑地基的土体结构，提高地基土的抗剪强度，改善地基土的压缩性，来满足建筑物对地基承载力和载荷条件下变形的控制要求。

旧工业建筑的改造加固设计是依据现行标准规范还是依据原设计所采用的标准规范，至今仍存在争议。由于建筑标准规范的发展和更新，旧工业建筑在建设之初设计和施工所遵循的部分标准规范可能已经废止或改版，与现行标准规范的安全度水平设置存在差别。依据何种规范，应根据旧工业建筑在建筑功能变化后引起的荷载变化以及对原结构整体安全度评价的基础上确定。

（3）施工过程的事后控制

旧工业建筑再生利用施工过程的事后控制分为竣工质量检查、工程质量评定、工程质量检查。应按下列要求进行验收：

1）建筑工程质量应符合《建筑工程施工质量验收统一标准》和相关专业验收规范的规定。

2）建筑工程施工应符合工程勘察、设计文件的要求。

3）参加工程施工质量验收的各方人员应具备规定的资格。

4）工程质量的验收均应在施工单位自行检查评定的基础上进行。

5）隐蔽工程在隐蔽前应由施工单位通知有关单位进行验收，并应形成验收文件。

6）涉及结构安全的试块、试件以及有关材料，应按规定进行见证取样检测。

7）检验批的质量应按主控项目和一般项目验收。

8）对涉及结构安全和使用功能的重要分部工程应进行抽样检测。

9）承担见证取样检测及有关结构安全检测的单位应具有相应资质。

10）工程的观感质量应由验收人员通过现场检查，并应共同确认。

对旧工业建筑再生利用项目而言，它具备一般工程项目的特点，在寻找其针对项目质量的特有影响因素时也必须考虑人、材料、机械、方法和环境这五个因素，并结合其质量形成的不同时间（阶段），有所侧重。

通过上述分析，总结出了影响旧工业建筑再生利用项目质量的因素如表3.1所示。

影响旧工业建筑再生利用项目质量的因素 表3.1

序号	因素	序号	因素
1	质量管理目标情况	17	已完工程和隐蔽工程检查情况
2	质量管理责任制情况	18	不合格品处理检查情况
3	质量管理制度情况	19	质量事故监督处理情况
4	施工单位实际资质情况	20	重大质量事故报告情况
5	参建单位人员投入情况	21	分项工程合格情况
6	参建单位施工机械设备投入情况	22	分部工程合格情况
7	现场实验室及检测试验仪器投入情况	23	单位工程合格情况
8	按图施工情况	24	质量隐患或缺陷情况
9	材料、构配件、设备进场检验情况	25	重大质量事故发生情况
10	试块、试件检测情况	26	重大质量事故平均死亡情况
11	隐蔽工程报检情况	27	质量事故经济损失情况
12	不合格产品处理情况	28	重大质量事故上报情况
13	不合格工程处理情况	29	竣工验收报告上报情况
14	监理工作定期记录情况	30	工程获奖情况
15	监理会议记录情况	31	单位工程一次检验合格情况、工程质量优良情况
16	原材料质量抽检情况	32	工程技术档案完备情况

通过对影响大型工程项目质量的因素分析，以国家发改委制定的《国家重大项目稽查要点和工作底稿》中关于工程质量的稽查要点为参考，并结合文献、实地调研及专家访谈所得到信息确定因素的采用程度，依据以下原则构建大型工程项目质量评价指标体系的基础指标集：

1）因素采用原则。首先应考虑采用法律法规和行业标准中规定的必须履行的因素，其次要考虑采用法规和标准中未列入，但是在项目质量控制实践中通常重视的因素；最后要考虑采用作者认为重要的与建设项目质量形成有关的因素。

2）因素舍弃的原则。应舍弃重要程度较低且难以定量化和统计核算的因素。依据上述因素选取原则对大型工程项目质量影响因素进行筛选，最终确立了大型工程项目质量评价的基础指标集：

X_1 施工人员投入率 =（参建单位实际投入的人员数量 / 合同中规定的人员投入数量）× 100%

X_2 材料设备投入率 =（实际到位的材料设备数量 / 应到位的材料设备数量）× 100%

X_3 质量管理体系完备率 =（建立的质量管理制度数目 / 应建立的质量管理制度数目）× 100%

X_4 施工图纸到位率 =（实际施工图纸数目 / 应递交的施工图纸数目）× 100%

X_5 不合格产品处理率 =（已处理的不合格产品数量 / 单位下发的不合格品处理通知单数量）× 100%

X_6 不合格品处理检查率 =（不合格产品和不合格工程处理检查记录数量 / 不合格品处理通知单数量）× 100%

X_7 材料、构配件进厂检验率 =（材料、构配件、设备和商品混凝土进场检验记录数量 / 材料、构配件、设备、商品混凝土采购批次）× 100%

X_8 试块、试件检验率 =（测试报告数量 / 现场取样次数）× 100%

X_9 机械设备抽检率 =（机械设备抽检记录的数量 / 机械设备数量）× 100%

X_{10} 原材料质量抽检率 =[进场原材料质量抽检记录数量 /（材料、构配件、设备、商品混凝土采购批次 + 建筑试块、试件现场取样次数）]× 100%

X_{11} 单位工程合格率 =（合格单位工程数 / 已完成单位工程数）× 100%

X_{12} 分部工程合格率 =（合格分部工程数 / 已完成分部工程数）× 100%

X_{13} 分项工程合格率 =（合格分项工程数 / 已完成分项工程数）× 100%

X_{14} 不合格工程处理率 =（已处理的不合格工程数量 / 监理单位下发的不合格工程处理通知单数量）× 100%

X_{15} 隐蔽工程检查率 =（有监理签字的已完工程和隐蔽工程检查记录数量 / 已完工程和隐蔽工程检查记录数量）× 100%

X_{16} 已完工程检查率 =（检查的已完工程数量 / 已完工程数量）× 100%

X_{17} 隐蔽工程报检率 = （签字完备的隐蔽工程数量 / 隐蔽工程数量）×100%

X_{18} 工程质量优良率 = （质量优良的单位工程数 / 单位工程数）×100%

X_{19} 单位工程一次检验合格率 = （一次检验合格的单位工程数 / 单位工程数）×100%

X_{20} 工程技术档案完备率 = （实际归档的工程技术文件数量 / 应归档的工程技术文件数量）×100%

X_{21} 质量管理档案完备率 = （实际归档的质量管理记录数量 / 国家规定的质量档案记录数量）×100%

X_{22} 质量事故档案完备率 = （上报记录的质量事故数量 / 发生质量事故数量）×100%

3.2.2 指标筛选

旧工业建筑改造再利用质量评价的原则是针对旧工业建筑的属性而言，受改造模式的影响很大，因此在评定过程中需要遵循一定的原则来指导质量评定工作的进行。

根据旧工业建筑再生利用项目质量评价体系的设计要求，将 22 个基础指标作为评价指标体系的指标层，该层指标反映工程项目生命周期内的各种具体质量活动的状况。根据旧工业建筑再生利用项目质量形成的不同阶段，将事前准备（施工前的准备工作）、事中控制（施工过程）、事后控制（竣工验收）三部分确定为准则层，将旧工业建筑再生利用项目质量控制水平作为评价目标。详细如表 3.2 所示。

旧工业建筑再生利用项目质量评价指标　　　　　　　　　　表 3.2

目标层	指标层	准则层
旧工业建筑再生利用质量评价指标	事前控制 （施工准备工作）	X_1 施工人员投入率 X_2 材料设备投入率 X_3 质量管理体系完备率 X_4 施工图纸到位率
	事中控制 （施工过程质量）	X_5 不合格产品处理率 X_6 不合格品处理检查率 X_7 材料构配件进场检验率 X_8 试块试件检验率 X_9 机械设备抽检率 X_{10} 原材料质量抽检率 X_{11} 单位工程合格率 X_{12} 分部工程合格率 X_{13} 分项工程合格率 X_{14} 不合格工程处理率 X_{15} 隐蔽工程检查率 X_{16} 已完工程检查率 X_{17} 隐蔽工程报检率
	事后控制 （竣工验收情况）	X_{18} 工程质量优良率 X_{19} 单位工程一次检验合格率 X_{20} 质量事故档案完备率 X_{21} 质量管理档案完备率 X_{22} 技术档案完备率

（1）评价指标的赋权问题

评价指标的赋权方法多式多样，但从本质上来说可以分为两大类，即主观赋权法和客观赋权法。主观赋权法，是根据主观经验或专家评判，事先设定好综合评价指标体系中各项指标的权重，是一种定性分析法；客观赋值法是根据评价指标体系中各指标的内在联系，运用多元统计分析方法，确定各项评价指标权重的一种方法。

在实际应用中，传统上大多使用主观评价法，这种方法简单明了，优点突出，被广泛接受，但是在技术上存在着明显的缺陷。主观赋权法，权重的确定与评价指标的数字特征并无实际上的联系，权重只是对评价指标体系所反映内容的重要程度在主观上的判断。由于没有考虑评价指标之间的内在联系，往往会出现对其中某个评价指标的重要性产生过高或过低判断的后果，使得评价指标难以客观反映被评价对象的真实情况。另外，由于评价指标体系中各个评价指标的重要性是随着时间的变化而改变，且变化速率并不完全一致，而主观赋值法的权重是预先设定和基本保持不变的，这种以预先设定和不变的权重来反映处于变动中的评价指标显然是不够理想的，在客观上会极大地影响评价结果的有效性。

（2）指标之间的相关性问题

由于综合评价方法最终都以加权的形式获得被评价对象的评价结果，而这一方法要求各指标是相互独立的，只有这样才能保证评价指标之间的信息不会重叠。然而，在综合评价指标体系中，每个指标只是从某一方面、某种程度上反映了被评价对象的信息，但由于评价指标个数太多，不仅会增加评价的复杂性和工作量，而且评价指标之间往往存在着一定的相关性，这种相关性使研究数据所反映的信息在一定程度上会有所重叠，造成评价信息的重复使用，在客观上会影响评价结果的有效性，从而使评价结果缺乏足够的说服力。为此，人们总是希望找到一种合理的方法将原来的众多指标进行层次划分，要求这些新指标尽可能充分地反映原指标的信息量，使评价信息集中但并不重复使用，以简化评价的工作量，增强评价结果的有效性。

层次分析法正是解决上面两个问题的一种多元统计方法。层次分析法是基于数据分析而得到指标之间的内在结构关系，其主要目的是简化数据，能够有效地将各个层次归类分层。它通过研究中多变量之间的内部依赖关系，探索观测数据中的基本结构，将指标划分为目标层、标准层和准则层。这些层级变化能够反映原来众多的观测变量所代表的主要信息，并解释这些观测变量之间的相互依存关系。多元统计分析中的层次分析法适合本文所涉及的旧工业建筑再生利用质量评价指标体系。

3.3 评价方法

3.3.1 概念

所谓层次分析法，是指将一个复杂的多目标决策问题作为一个系统，将目标分解为多个目标或准则，进而分解为多指标（或准则、约束）的若干层次，通过定性指标模糊量化方法算出层次单排序（权数）和总排序，以作为目标（多指标）、多方案优化决策的系统方法。

层次分析法是将决策问题按总目标、各层子目标、评价准则直至具体的备择方案的顺序分解为不同的层次结构，然后用求解判断矩阵特征向量的办法，求得每一层次的各元素对上一层次某元素的优先权重，最后再加权和的方法递阶归并各备择方案对总目标的最终权重，此最终权重最大者即为最优方案。这里所谓"优先权重"是一种相对的量度，它表明各备择方案在某一特点的评价准则或子目标，标下优越程度的相对量度，以及各子目标对上一层目标而言重要程度的相对量度。层次分析法比较适合于具有分层交错评价指标的目标系统，而且目标值又难于定量描述的决策问题。其用法是构造判断矩阵，求出其最大特征值及其所对应的特征向量 W，归一化后，即为某一层次指标对于上一层次某相关指标的相对重要性权值。

3.3.2 发展

层次分析法（Analytic Hierarchy Process，简称 AHP）是将与决策有关的元素分解成目标、准则、方案等层次，在此基础之上进行定性和定量分析的决策方法。该方法是美国运筹学家匹茨堡大学教授萨蒂于 20 世纪 70 年代初，在为美国国防部研究"根据各个工业部门对国家福利的贡献大小而进行电力分配"课题时，应用网络系统理论和多目标综合评价方法，提出的一种层次权重决策分析方法。它把一个复杂问题分解成若干个组成因素，并按照支配关系形成层次结构，然后计算各因素的权重，并以此为基础实现对不同决策方案的排序。层次分析法简便、灵活而实用，是一种系统化、层次化的分析方法，它为复杂评价问题的决策和排序提供了一种简洁而实用的建模方法。

运用层次分析法有很多优点，其中最重要的一点就是简单明了。层次分析法不仅适用于存在不确定性和主观信息的情况，还允许以合乎逻辑的方式运用经验、洞察力和直觉。层次分析法最大的优点是提出了层次本身，它使得买方能够认真地考虑和衡量指标的相对重要性。

由于它在处理复杂的决策问题上的实用性和有效性，很快在世界范围得到重视。它的应用已遍及经济计划和管理、能源政策和分配、行为科学、军事指挥、运输、农业、教育、人才、医疗和环境等领域。

3.3.3 原理

层次分析法是通过对系统的深刻认识，确定该系统的总目标，弄清规划决策所涉及的范围、所要采取的措施方案和政策、实现目标的准则、策略和各种约束条件等，广泛地收集信息。继而建立一个多层次的递阶结构，按目标的不同、实现功能的差异，将系统分为几个等级层次。确定以上递阶结构中相邻层次元素间相关程度。通过构造两两比较判断矩阵及矩阵运算的数学方法，确定本层次中与相关元素相对于上一层次元素的重要性排序结果。计算各层元素对系统目标的合成权重，进行总排序，以确定递阶结构图中最底层各个元素在总目标中的重要程度。最后根据分析计算结果，考虑相应的决策。

层次分析法的整个过程体现了人的决策思维的基本特征，即分解、判断与综合，并且实现了定性与定量评价的相互结合，因而是一种十分有效的系统分析方法，目前广泛地应用在规划、分析、评价等领域。

层次分析法的基本思路与人对一个复杂的决策问题的思维、判断过程大体上是一样的。不妨用假期旅游为例：假如有 3 个旅游胜地 A、B、C 供你选择，你会根据诸如景色、费用和居住、饮食、旅途条件等一些准则去反复比较这 3 个候选地点。首先，你会确定这些准则在你的心目中各占多大比重，如果你经济宽绰、醉心旅游，自然更看重景色条件，而平素俭朴或手头拮据的人则会优先考虑费用，中老年旅游者还会对居住、饮食等条件寄以较大关注。其次，你会就每一个准则将 3 个地点进行对比，譬如 A 景色最好，B 次之；B 费用最低，C 次之；C 居住等条件较好等等。最后，你要将这两个层次的比较判断进行综合，在 A、B、C 中确定哪个作为最佳地点。层次分析法的运行流程见图 3.5。

图 3.5　层次分析法的运行流程

（1）建立层次结构模型。

在深入分析实际问题的基础上，将有关的各个因素按照不同属性自上而下地分解成若干层次，同一层的诸因素从属于上一层的因素或对上层因素有影响，同时又支配下一层的因素或受到下层因素的作用。最上层为目标层，通常只有 1 个因素，最下层通常为方案或对象层，中间可以有一个或几个层次，通常为准则或指标层。当准则过多时（譬如多于 9 个），应进一步分解出子准则层。

（2）构造成对比较阵。

从层次结构模型的第 2 层开始，对于从属于（或影响）上一层每个因素的同一层诸因素，用成对比较法和 1 ～ 9 比较尺度构造成对比较阵，直到最下层。

（3）计算权向量并做一致性检验。

对于每一个成对比较阵计算最大特征根及对应特征向量，利用一致性指标、随机一致性指标和一致性比率做一致性检验。若检验通过，特征向量（归一化后）即为权向量；若不通过，需重新构造成对比较阵。

（4）计算组合权向量并做组合一致性检验。

计算最下层对目标的组合权向量，并根据公式做组合一致性检验，若检验通过，则可按照组合权向量表示的结果进行决策，否则需要重新考虑模型或重新构造那些一致性比率较大的成对比较阵。

3.4 评价模型

（1）建立层次结构模型

旧工业建筑再生利用项目的质量指数的得出建立在对抽样项目质量进行评价、汇总的基础之上，因此建立层次结构模型显得尤为重要。

项目质量评价模型分为目标层、指标层和准则层三个层次。目标层为项目质量评价的最终结果。指标层是由项目质量的主要影响因素构成，不同因素对于项目质量的贡献或影响不尽相同，因此需要对指标的重要性程度，即指标的权重值进行分析计算。准则层为具体的评价标准，是质量评价的最基本层次。

项目质量评价阶段应充分考虑旧工业建筑再生利用项目的质量形成阶段，即项目的施工阶段。施工阶段是建设工程质量形成的主要过程，在设计阶段完成后，施工阶段质量控制的好坏直接影响着整个建筑工程产品的质量。建筑施工阶段是使前期的工程设计最终实现并形成工程实体的关键阶段，是最终形成建筑工程实体质量的过程。此处主要研究旧工业建筑再生利用项目的施工质量评价。

在项目质量评价的层次结构模型中，准则层是质量分析的最基本层次，由体现建设过程中各有关因素对项目质量水平影响和贡献的评价标准构成。本节依据现行国家有关工程质量的法律法规、管理标准和有关技术标准，参考工程建设强制性条文（房屋建筑部分）的规定确定了各评价指标所对应的各项评价标准。

表 3.3 为评价标准内容的一个具体举例，根据《混凝土结构工程施工质量验收规范》GB 50204—2015 的"5 钢筋分项工程"部分的有关强制性规定，选择 3 条标准作为"钢筋安装"指标的评价标准，分别考察受力钢筋的条件、钢筋变更手续以及钢筋安装成品质量等方面，其中考察钢筋安装成品质量的第 3 条标准下进一步设定了 3 条分标准，提出钢筋安装的具体质量要求，重点考察钢筋安装时的间距、排距和保护层厚度是否符合评价标准的要求。

评价标准举例　　　　　　　　　　　　　　　　　　　　　　表 3.3

JG2.2.3	钢筋安装
A	1. 钢筋安装时，受力钢筋的品种、级别、规格和数量是否符合设计要求
A	2. 当钢筋的品种、级别或规格需做变更时，是否办理设计变更文件

续表

JG2.2.3	钢筋安装
	3. 钢筋安装时，受力钢筋间距、保护层厚度等是否符合《混凝土结构工程施工质量验收规范》GB 50204-2015 的规定：
A	1）间距允许偏差：±10mm
A	2）排距允许偏差：±5mm
A	3）保护层厚度允许偏差：基础 ±10mm，柱、梁 ±5mm，板、墙、壳 ±3mm

（2）构造成对比较矩阵

比较第 i 个元素与第 j 个元素相对上一层某个因素的重要性时，使用数量化的相对权重 a_{ij} 来描述。设共有 n 个元素参与比较，则 $A=(a_{ij})_{n \times n}$ 称为成对比较矩阵。

成对比较矩阵中 a_{ij} 的取值可按下述标度进行赋值。a_{ij} 在 1～8 及其倒数中间取值。

$a_{ij}=1$，元素 i 与元素 j 对上一层次因素的重要性相同；

$a_{ij}=3$，元素 i 比元素 j 略重要；

$a_{ij}=5$，元素 i 比元素 j 重要；

$a_{ij}=7$，元素 i 比元素 j 重要得多；

$a_{ij}=9$，元素 i 比元素 j 极其重要；

$a_{ij}=2n$，n=1，2，3，4，元素 i 与 j 的重要性介于 $a_{ij}=2n-1$，$a_{ij}=2n+1$ 之间；

$a_{ij}=\dfrac{1}{n}$，n=1，2，…，8，当且仅当 $a_{ji}=n$。

成对比较矩阵的特点是：

$$a_{ij}>0, a_{ii}=1, a_{ij}=\frac{1}{a_{ji}}$$

其中，当 $i=j$ 时候，$a_{ij}=1$。

（3）作一致性检验

从理论上分析得到：如果 A 是完全一致的成对比较矩阵，应该有

$$a_{ij}a_{jk}=a_{ik}, \ 1 \leqslant i, j, k \leqslant n$$

但实际上在构造成对比较矩阵时要求满足上述众多等式是不可能的。因此退而要求成对比较矩阵有一定的一致性，即可以允许成对比较矩阵存在一定程度的不一致性。

由分析可知，对完全一致的成对比较矩阵，其绝对值最大的特征值等于该矩阵的维数。对成对比较矩阵 A 的一致性要求，转化为要求：A 的绝对值最大的特征值和该矩阵的维数相差不大。

检验成对比较矩阵 A 一致性的步骤如下：

计算衡量一个成对比较矩阵 A（$n>1$ 阶方阵）不一致程度的指标 CI：

$$CI=\frac{1}{(n-1)}(\lambda_{\max}-n)$$

计算 RI，对于固定的 n，随机构造成对比较阵 A，其中 a_{ij} 是从 1，2，…，9，1/2，1/3，…，1/9 中随机抽取，得到的 A 不一致，取充分大的子样得到 A 的最大特征值的平均值，计算平均随机一致性指标如表 3.4 所示。

平均随机一致性指标 表 3.4

n	1	2	3	4	5	6	7	8
RI	0	0	0.58	0.90	1.12	1.24	1.32	1.41

注：1. RI 称为平均随机一致性指标，它只与矩阵阶数 n 有关；

2. 成对比较阵 A 的随机一致性比率 $CR=CI/RI$；

3. 当 $CR < 0.1$ 时，判定成对比较阵 A 具有满意的一致性，或其不一致程度是可以接受的；否则就调整成对比较矩阵 A，直至达到满意的一致性为止。

在实践中，可采用下述方法计算对成对比较阵 $A=(a_{ij})$ 的最大特征值 $\lambda_{\max}(A)$ 和相应特征向量的近似值。

定义

$$U_k=\frac{\sum_{j=1}^{n} a_{kj}}{\sum_{i=1}^{n}\sum_{j=1}^{n} a_{ij}}, U=(u_1,u_2,\cdots,u_n)^z$$

可以近似地看作 A 的对应于最大特征值的特征向量。

计算

$$\lambda=\frac{1}{n}\sum_{i=1}^{n}\frac{(AU)_i}{u_i}=\frac{1}{n}\sum_{i=1}^{n}\frac{\sum_{i=1}^{n}}{\frac{\sum_{j=1}^{n} a_{ij}u_j}{u_i}}$$

可以近似看作 A 的最大特征值。实践中可以由 λ 来判断矩阵 A 的一致性。

（4）层次分析法应用的程序

运用 AHP 法进行决策时，需要经历以下 4 个步骤：

1）建立系统的递阶层次结构；

2）构造两两比较判断矩阵（正互反矩阵）；

3）针对某一个标准，计算各备选元素的权重；

4）计算当前一层元素关于总目标的排序权重；

5）进行一致性检验。

（5）应用层次分析法的注意事项

如果所选的因素不合理，其含义混淆不清，或因素间的关系不正确，都会降低 AHP 法的结果质量，甚至导致 AHP 法决策失败。

为保证递阶层次结构的合理性，需把握以下原则：

1）分解简化问题时把握主要因素，不漏不多；

2）注意相比较因素之间的强度关系，相差太悬殊的因素不能在同一层次比较。

（6）应用综合评分法得出总分

综合评分法的基本思想是：首先将各种不可加的指标实际值运用指标分数转换形式转换成可加的价值分数值，然后采用线性综合法求得综合分数，最后对于综合分值进行比较和排序完成综合评价工作。拟定质量评定等级如表 3.5 所示。

旧工业建筑再生利用质量评价等级 表 3.5

评判等级	不合格	合格	良好	优秀
标准分值	≤ 3.5	3.5 ~ 3.7	3.7 ~ 4.0	4.0 ~ 5.0

3.5 实证分析

3.5.1 项目概况

苏纶纺织厂始建于 19 世纪 90 年代，占地面积为 3.2 万 m^2，总建筑面积约为 40 万 m^2，厂房主要由四部分构成，分别是主厂房和东南西三面的辅房，主厂房与辅房之间由伸缩缝分开。主厂房为 3 层的单向框架结构，层高分别为 6.8m、6.8m、7.4m。2003 年苏纶厂停产，2005 年正式破产，之后苏纶厂地块进行拍卖，商业化改造原厂房，整个再生利用项目划分为北区商业、南部综合体、西部住宅区、吴门新天地四个部分。原厂房设计于1985 年，当时国内对工业建筑抗震能力关注不够，在厂房设计时未考虑抗震设计。而改造使使用功能发生改变，因此需对厂房进行抗震鉴定和加固改造。主厂房作为纺织车间使用已将近 19 年，现业主拟将其改造为大型商场，其下部为家乐福超市。在改造过程中保留建筑原有的外观风貌，加强结构的抗震能力，使其满足使用过程中的抗震要求（图3.6 ~ 图 3.9）。

图 3.6　苏纶厂标志

图 3.7　老厂房现状图

图 3.8　苏纶厂改造前内部图

图 3.9　苏纶厂改造后外观图

　　该厂房原结构为钢筋混凝土框架—钢支撑结构，在改造前先对该厂房的整体结构和工程概况进行了解，现场采集数据并对厂房进行抗震鉴定分析。由于主厂房外围部分混凝土墙被拆除，致使原厂房构件的结构刚度部分发生变化，部分区域的结构耗能能力不满足现行抗震规范。厂区内大部分机械设备已清理，但现场仍然遗留有部分设备基础数量较多、体积大的设备。对比改造前后的建筑图，发现原有框架柱及楼板与新建筑的空间布置冲突，无法满足厂房改造后新建筑的功能要求。经分析并与改造方协商拟定，将对厂房部分结构进行抗震加固。

3.5.2　质量评价

（1）地基与基础处理质量控制

　　通过调查发现，原厂房结构基础为单向柱下条基，基础承载能力相对较差，部分地方已出现不均匀沉降。考虑到基础承载能力，为保障基础能够双向传递水平力，对于单向柱下条基的另一方向，通过补充拉梁及条基，使基础形成双向稳定体系，新老基础在施工过程中采用植筋及外包混凝土的措施保证其相互之间可靠连接。如图 3.10 所示。

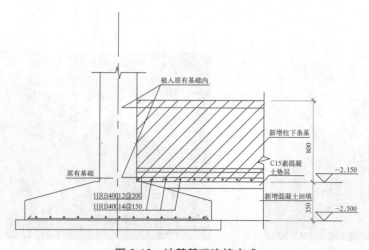

图 3.10　地基基础连接方式

（2）框架抗震加固改造工程

对厂房次框架方向改造时，原结构并未完全按照设计要求施工。因此改造设计时，拟将其按双向框架结构模式计算，并复核改造之后次框架方向梁柱的承载能力。复核结果显示，原框架柱双向均能满足构件设计的承载能力要求，但 2、3 层间框架梁存在局部支座位置承载能力不足等缺陷。考虑到主厂房改造实际情况采用碳纤维加固法加固，并按箍筋加密区要求补充碳纤维箍条。

（3）外墙加固

原有建筑的外墙经历了长时间的风吹日晒雨淋等荷载与非荷载作用，部分墙体特别是角部破坏严重。部分砂浆已呈粉末状，部分砖块出现开裂甚至脱落。经过检测，外墙砌筑砂浆的强度为 0.8 ～ 1.2MPa，砖块抗压强度标准值为 4.8MPa。对砌体结构，通常的方法是双面均采用钢筋网砂浆面层加固，钢筋网用梅花状布置的穿墙筋固定于墙体上。在工程中，为了保持建筑物的外观不变，需要对墙体的内外侧采用不同的加固方法。

通过调查和专家打分对各个指标层进行评估，得出判断矩阵如表 3.6 所示。

判断矩阵　　表 3.6

B_1	X_1	X_2	X_3
X_1	1	4	2
X_2	1/4	1	1/3
X_3	1/2	3	1

计算判断矩阵的每一行元素的乘积，并开 n 次方：

$$\omega_1 = \sqrt[3]{1 \times 4 \times 2} = 2$$

$$\omega_2 = \sqrt[3]{\frac{1}{4} \times 1 \times \frac{1}{3}} = 0.437$$

$$\omega_3 = \sqrt[3]{\frac{1}{2} \times 3 \times 1} = 1.145$$

将 ω_i 规范化

$$W_1 = \frac{\omega_1}{\sum \omega_i} = 0.558, W_2 = \frac{\omega_2}{\sum \omega_i} = 0.122, W_3 = \frac{\omega_3}{\sum \omega_i} = 0.320.$$

计算判断矩阵的最大特征值 λ_{max}。

$$A_w = \begin{pmatrix} 1 & 4 & 2 \\ \dfrac{1}{4} & 1 & \dfrac{1}{3} \\ \dfrac{1}{2} & 3 & 1 \end{pmatrix} \begin{pmatrix} 0.558 \\ 0.122 \\ 0.320 \end{pmatrix} = \begin{pmatrix} 1.69 \\ 0.37 \\ 0.96 \end{pmatrix}$$

$$\lambda_{max} = \sum_{1}^{n} \frac{(BW)_i}{n\omega_i} = \frac{1.66}{3 \times 0.558} + \frac{0.37}{3 \times 0.122} + \frac{0.96}{3 \times 0.320} = 3.018$$

计算其随机一致性比率 CR

$$CI = \frac{1}{n-1}(\lambda_{max} - n) = \frac{0.018}{2} = 0.009$$

查表 2.4 得：RI=0.58，

$$CR = \frac{CI}{RI} = \frac{0.009}{0.58} = 0.0155 < 0.1$$

因此，判断矩阵满足一致性检验要求。

同理可得判断矩阵（2），见表 3.7。

判断矩阵（2）　　　　　　　　　　　　　表 3.7

B_2	X_4	X_5	X_6	X_7
X_4	1	3	1	1/5
X_5	1/2	1	1/3	4
X_6	1	3	1	2
X_7	5	1/4	1/2	1

W_3=0.212，W_4=0.197，W_5=0.377，W_6=0.214。判断矩阵（3）见表 3.8。

判断矩阵（3）　　　　　　　　　　　　　表 3.8

B_3	X_8	X_9
X_8	1	3
X_9	1/3	1

W_8=0.75，W_9=0.25。

根据专家对该项目准则层的打分评估，得到准则层的权重矩阵，采用相同的方法计算出准则层指标权重：

$$B = (B_1, B_2, B_3, B_4) = (0.32, 0.16, 0.29, 0.23)$$

综合上述计算结果，该项目综合权系数如表 3.9 所示。

项目综合权系数　　　　　　　　　　　　　表 3.9

A	B_1	B_2	B_3	B_4	综合权重	评分
	0.32	0.16	0.29	0.23		

A	B_1	B_2	B_3	B_4	综合权重	评分
X_1	0.559	0	0	0	0.179	5
X_2	0.122	0	0	0	0.039	4
X_3	0.320	0	0	0	0.102	4
X_4	0	0.212	0	0	0.034	3
X_5	0	0.197	0	0	0.032	5
X_6	0	0.377	0	0	0.060	3
X_7	0	0.214	0	0	0.034	4
X_8	0	0	0.750	0	0.218	4
X_9	0	0	0.250	0	0.073	4
X_{10}	0	0	0	0.33	0.076	5
X_{11}	0	0	0	0.67	0.154	5

3.5.3　结论与建议

根据综合评价进行排序：$X_5 < X_4 < X_7 < X_2 < X_6 < X_9 < X_{10} < X_3 < X_{11} < X_1 < X_8$。根据分值越高即质量越好的结论，表明 X_5 是该改造项目过程中质量管理的首要问题。

依据专家评分法，假定各指标质量评估结果优秀记 5 分，评估结果良好记 4 分，次之记 3 分，较差记 2 分，很差记 1 分。总分大于 3.5 即认为该改造项目质量合格，总分大于 4.0 即认为该改造项目质量优秀。评分列于表 3.9 最右列。

总 分 $=0.179 \times 5+0.039 \times 4+0.102 \times 4+0.034 \times 3+0.032 \times 5+0.060 \times 3+0.034 \times 4+0.218 \times 4+0.073 \times 4+0.076 \times 5+0.154 \times 5=4.351$

本例中，经计算可得总分为 4.351>4.0，认为该项目再生利用质量评价结果为优秀，分析总结如下：

（1）结构设计首先要进行概念设计，每一栋建筑都有它自身的特点，针对不同的特点，首先要确定设计目标，以及相应的设计方法、技术措施。这些方法与原则是基础性、整体性、全局性和关键性的，是安全可靠的优秀设计的基本保证。

（2）既有建筑的抗震加固，首先要从结构体系上入手。原有结构由于设计时间及抗震概念上等种种原因，往往不符合现行抗震设计要求，或存在抗震薄弱环节。现有的加固方法，如增大截面法、外包碳纤维法、包钢法，均能有效提高原有构件抗震能力，形成完善的抗震体系。

（3）框架 - 钢支撑结构使得整体结构的动力特性发生了明显的改变，提高了结构的整体刚度和延性，符合抗震规范多道抗震防线的要求。钢支撑与原有构件的连接及相互协调能力，有待进一步实践。

（4）对保留外墙采用单面钢筋网砂浆面层的加固方法，既保持了建筑物外观不变，又增强了墙体的强度和刚度。

（5）对建筑的改造工程，当内部结构发生较大变化时，需充分考虑结构形式的变化对周边构件的影响，这种影响包括施工阶段和正常使用阶段。同时，应充分考虑施工的可操作性，结合施工顺序，制定完善的改造方案。

（6）在改造施工完成后，苏纶厂整体结构良好，完全满足改造后的实用功能，周边基础在之后的沉降观测中也未发现不均匀沉降，结构整体性良好。

通过对旧工业建筑项目再生利用质量控制因素、质量评价方法现状的分析，确立了项目评价指标体系的目标、原则及框架结构，其中包括能够客观地反映大型工程项目质量管理现状；要解决在不同时点对旧工业建筑再生利用项目质量进行量化评价的关键性问题；要满足不同层面对旧工业建筑再生利用项目质量评价的需求三方面。

根据上述旧工业建筑再生利用项目质量评价指标体系的目标，确立了指标体系的结构分为目标层、准则层、指标层三个层次。其中，目标层评价目标是旧工业建筑再生利用项目质量控制情况，主要是反映单一大型工程项目质量的总体水平；准则层主要反映不同种类的质量活动的管理水平；指标层（基础指标）反映项目某种质量活动下具体质量活动的状况。在此基础上通过专家访谈、现场调查的方法分析了旧工业建筑再生利用项目质量影响因素，并总结得出了旧工业建筑再生利用项目质量评价基础指标集，依据质量形成的不同阶段对指标集进行划分，建立了旧工业建筑再生利用项目质量的初始评价指标体系，接着采用综合评分法结合苏纶纺织厂项目对初始指标体系进行分析，最终确立了旧工业建筑再生利用项目质量评价指标体系及各指标的权重，并建立了旧工业建筑再生利用项目质量评价的数学模型，得出明确的评价结论。

参考文献

[1] 余强. 基于 AHP 层次分析法的建筑工程施工质量评价 [J]. 建筑与工程，2012，33：798-780.

[2] 杨婷婷. 大型工程项目质量评价指标体系指标 [D]. 大连：大连理工大学，2005.

[3] 张扬. 旧工业建筑（群）再生利用项目绿色评价指标体系研究 [D]. 西安：西安建筑科技大学，2013.

[4] 张巧玲. 建设工程质量评价体系与机制研究 [D]. 北京：清华大学，2014.

[5] 廖红强. 对应用层次分析法确定权重系数的探讨 [J]. 学术交流，2012，6：22-25.

[6] 邓雪. 层次分析法权重计算方法分析及应用研究 [J]. 数学的实践与认识，2012，42(7)：93-100.

[7]　孙成勋 . 层次分析法在管理水平综合评价中的应用 [J]. 工业技术经济，2013，9：72-78.

[8]　闫瑞琦 . 旧工业建筑（群）再生利用项目评价体系研究 [D]. 西安：西安建筑科技大学，2008.

[9]　庄简狄 . 旧工业建筑再利用若干问题研究 [D]. 北京：清华大学，2004.

[10]　郑利娜 . 建设工程施工阶段质量管理绩效评价体系研究 [D]. 西安：西安建筑科技大学，2010.

[11]　郭金玉 . 层次分析法的研究与应用 [J]. 中国安全科学学报，2008，5（18）：148-153.

[12]　徐晓敏 . 层次分析法的运用 [J]. 知识丛林，2008，01（20）：156-158

[13]　刘与愿 . 基于 AHP 的案例教学效果评价研究 [J]. 金陵科学学院学报，2010，26（1）：35-38.

[14]　骆正清 . 层次分析法中几种标度的比较 [J]. 系统工程理论与实践，2004，9：51-59.

[15]　王正好 . 建筑工程在施工阶段的质量管理浅析 [J]. 经营管理，2015，13.

第4章 旧工业建筑再生利用项目进度评价

国内旧工业建筑再生利用的规模一般不大，多为单幢建筑的改造，对于进度的管理多是凭经验进行。项目的进度评价既是进度控制的基础，又能为管理者提供决策依据。将项目进度评价与控制的相关理论有效地应用于旧工业建筑再生利用项目工程建设中，可以很好地指导工程进度计划的实施，保证工期的按时完成。针对再生利用项目的特点，开展有效的进度管理，对进度展开有效评价，找出影响进度的关键因素并实施控制，以使其顺利达到预定的目标，是业主、监理工程师和承包商进行项目管理的中心任务之一。

4.1 概念与内涵

4.1.1 基本概念

（1）进度与工期

进度是指活动或工作进行的速度，工程进度是指工程项目进行的速度。工期是指完成工程项目或其子项目所需要的时间，常用天、周或月表示，按不同的分类标准可分为建设工期与合同工期以及规定工期与计划工期。在实际工程项目中，进度安排的依据之一便是工期，进度过慢将会延误工期，导致工程不能按期发挥效益，而加快进度虽然在一定程度上节省了工期，但会增加建设成本，工程质量也容易出现问题。因此，工程项目进度应控制在一定范围内，并与工程成本和质量目标协调一致。

（2）进度计划

施工进度计划是工程设计文件的重要组成部分。在设计阶段它从施工角度论证工程的可行性，是编制工程概算的依据。在工程招投标阶段，它是招投标文件的重要内容。在工程施工阶段，它是组织和控制工程施工的指导性文件。施工进度计划的编制工作直接关系到工程的成本、工期和质量，工程的预期成本和计划工期要通过施工进度来体现。因此，合理地安排施工进度计划无论对建设单位，还是设计单位，或是施工单位都显得十分重要。

施工进度计划主要研究合理的施工期限以及在既定的条件下确定工程施工分期和施工程序，在时间安排上使各施工环节协调一致。为使旧工业建筑再生利用项目协调地运行，必须编制指导和控制该系统运行的施工进度计划。施工进度计划的安排，一方面应考虑工程所在地区的自然条件、社会经济资源、工程施工特性和施工期限要求，另一方面应与施工组织设计的其他组成部分（施工方法、技术供应、施工总体布置等）的设计密切联系，综合全面考虑，使整个施工前后兼顾，互相衔接，减少干扰，均衡生产，最大限度地合理使用建设资金、劳动力、机械设备和建筑材料。由于旧工业建筑再生利用项目受多种因素影响，建设管理者需要收集环境资料，对影响进度的各种因素进行调查、分析，预测其对进度可能产生的影响，确定科学、合理的进度总目标。根据进度总目标和资源的优化配置原则，编制可行的进度计划。进度计划的分类如图 4.1 所示。

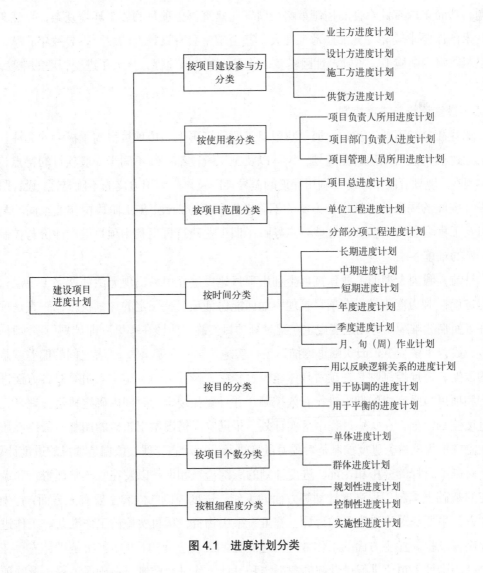

图 4.1　进度计划分类

（3）进度管理与进度评价

进度管理在设计施工招标、施工等阶段均有明确的开始与完成时间以及相应的工作内容。各个阶段都有明确的工作内容，相应的也有不同的控制标准和协调内容。每一阶段进度完成后都必须对照原进度计划进行分析并做出评价，根据评价结果做出下一阶段工作进度的安排。进度管理是项目管理的主要内容之一，其目的就是控制项目的进展，使其朝着预先设定的方向发展。当项目的实际进度与目标计划出现偏差时，就要及时做出调整。比较实际进度与目标计划是否有偏差，就是项目进度评价的过程。

进度评价就是在项目施工过程中，在保证工程质量的前提下，各个工程建设参与者在建设过程中实际完工进度与预期工程进度相比较，对影响工程项目进度的主要因素进行分析，了解工程项目进度评价内容，并得出评价信息反馈，从反馈信息中分析存在的问题，从而采取有针对性的控制策略。旧工业建筑再生项目的施工环境复杂，自然条件和技术条件要求较高，施工技术难度大，甚至常常会有设计上的变更，导致年、季、月间很难做到均衡施工，不确定性因素多，具有一定的风险性，增大了进度管理的难度。

4.1.2　进度评价与进度控制

随着社会的不断进步和发展，我国旧工业建筑再生利用项目得到了极大的关注，而旧工业建筑再生利用项目在规划、设计以及施工阶段都存在不同于一般项目的特点，具体体现在：规划阶段中厂房可利用程度的差异性以及再生利用方案的不确定性；设计阶段中设计空间的局限性以及设计方案的不确定性和不协调性；施工阶段中作业空间的局限性以及工程变更的复杂性。这些特点导致了旧工业建筑再生利用项目进度评价与控制具有一定的难度。

目前，我国大型旧工业建筑再生利用项目建设过程中易出现无法如期完工现象，对工程进度控制力度不够。在项目管理中如何能保证项目按预定的计划执行，一直是项目管理者面临的难题。计划进度规定在某时刻项目实施"应该在哪里"，即计划用多少时间、花多少钱、干多少事，而实际进度描述项目实施"实际在哪里"，二者之间的偏差就是控制的依据。进度控制则是在项目具体建设过程中，设计人员、施工人员等对各方面进展程度和项目最终完成的期限进行有效控制，并且要在规定的时间内确定科学合理又经济的进度控制计划，在实施过程中落实计划，根据实际情况做出正确的调整，最终高质有效地完成工程项目。进度控制是对项目进度进行一个动态管理，依据是项目的进度计划，包括对进度目标的分析和论证、进度计划的跟踪检查和调整以及在收集整理资料和调查研究的基础上编制工程进度计划等方面的工作。进度控制的内容主要有三方面：首先是业主方，主要是对施工阶段的设计、施工、采买物资、项目实施前工作准备等工作进度的控制，以提高业主方面的工作效率，达到控制工程进度的目的；其次是设计方，在设计阶段，设计人员要进行设计前准备工作和设计工作进度控制，在确保工程质量的前提下，有效地控制工程进度，尽量使建设项目设计符合业主方的要求和相关规范标准；最后是施工方面，现场施工人员要制定工程施工进度计划，并且在实际工作中落实进度计划，定期检查施工实际情况，及时处理施工过程中的偏差情况。

对工程进展现状的客观评价，既是项目进度控制的基础，也是项目管理决策的依据。为保证项目能够如期完成，一方面计划进度的制定应该科学合理，另一方面实际进度的评价必须客观真实，若不能对进度进行客观全面描述，就谈不上有效的进度控制。因此，旧工业建筑再生利用项目的管理参与者要加强项目进度评价和控制研究，解决工作中存在的问题，在确保工程质量的前提下，缩短项目工期，提高工作效率。工程项目进度评价和控制具有重要作用和意义，加强这方面的研究具有很大的现实作用，能不断完善进度评价体系的构建，加强对工程工期的控制，有效缩短工期，有助于节约工程成本。在项目实施过程中，相关单位要做好项目进度评价工作，充分利用评价体系所反馈的具体情况，为制定项目进度控制策略提供可靠的依据，确保工程进度控制方案的科学性、合理性以及规范性。

4.2　评价指标

4.2.1　指标分析

指标体系的建立过程是一个"具体—抽象—具体"的辩证逻辑思维过程，是人们对现象总体数量特征认识逐渐深化、求精、完善并系统化的过程。一般来说，这个过程包括四个环节：理论准备、评价指标体系初选、评价指标体系完善及评价指标体系应用。首先应进行指标的分析，找出影响旧工业建筑再生利用项目进度的因素。

（1）业主方

业主是项目资金、项目需求的实际提供者，也是最终的决策方。一旦业主方面发生变化，必将对旧工业建筑再生利用项目的进度计划产生影响。

由于目前对于旧工业建筑再生利用的经验相对缺乏，对设计、施工单位的技术要求较高，因此要规范招标程序，避免资质不够或鱼龙混杂的单位进入招标。招标过程中的程序控制不严、标书中清单项目及价目表标注不明确、在签订承包合同时，工程进度交代不清楚致使建设单位与施工单位在后期施工中出现合同纠纷等等这些都会导致招标过程中的进度延误。

资金对于一个项目的成败起着决定性作用。资金的保证是工程项目能够顺利建设的前提，是由图纸变为现实的基础。由于旧工业建筑再生利用工程较为复杂，因此资金投入额一般都比较大。随着项目的增长，资金的投入有随着时间的推移而增加的趋势规律，从历史经验进行总结，资金链跟不上是造成项目进度拖延的重要制约因素。

现代的项目管理注重于管理中的组织和协调功能，在旧工业建筑再生利用过程中涉及的方面非常多，如果组织协调不到位，将会引起参加建设过程的各个专业、各个单位、各个施工过程之间配合效率较低，极易发生错误，致使计划安排不周密，导致相关作业脱节、停工待料，出现工期延误的现象。工程项目的建设过程是一个系统性很强的开放性系统，需要综合考虑时间、资金、质量方面的因素，将采购、物资管理、生产准备、具体施工等活动最佳地组织在一起，需要高效的协调运作，如果没有一个高效的组织管理机构以及适用的组织管理方法，工程项目的施工进度将无法保证。

（2）设计方

初步设计可以计算出建设项目的投资额度，也可以提供签订总包合同的价格以及进行贷款计划、固定资产投资计划、主要设备订货、前期准备、编制施工图设计文件或技术设计等的基础性文件。由于工业建筑设计规范与民用建筑设计规范不同，设计人员在进行设计时，需要对空间进行重新分割、合并等，增加了设计的难度。因此，图纸能否按时完成及其质量的好坏直接影响着以后整个工程的施工进度。

实地勘察是设计工作必不可少的环节。施工图纸做好后，必须经过实地勘察，以防止施工图的考虑不周或有错误情况的出现，如果不经过勘察设计环节，或者草率地进行勘察设计检查，将很可能会造成施工时因为出现偏差而导致返工、窝工，或者出现原材料供应不配套、不及时的情况；勘查资料不准确造成的规范应用不恰当、设计内容不完善、设计有错误或缺陷等，都会对工程项目的施工过程带来一定程度的困难，从而延误项目工期。因此，勘察设计因素也直接影响着以后整个工程的施工进度。

在施工过程中出现设计变更是难免的，例如业主提出了新的要求，或者是由于原设计有问题需要修改。特别是对旧工业建筑再生利用项目来说，项目在进行设计之前已被加以固定约束即原有的旧工业建筑厂房，设计师们在设计前首先需要对原有厂房的结构形式和几何尺寸进行了解，在此基础上，进行旧工业建筑内外部空间的设计，但仍难以避免初步设计时有考虑不周全的地方。因此监理工程师应严格控制随意变更，加强对图纸的审查，特别应对业主的变更要求进行制约。

（3）施工方

施工过程中所采取的技术与方法将直接影响到工程项目的工期目标的实现，也会影响工程进度情况。如果施工安排措施不当，或者制定的施工方案不合理、施工工艺出现错误，都会影响工程项目进度的正常进行，给施工过程带来各种问题。旧工业建筑再生利用时需要考虑对原有结构进行加固的问题，但是由于国内现有的加固发展水平还不能满足其要求，诊断技术水平和检测手段也比较落后，因此改造过程中一旦采取不当的技术措施，不仅会影响进度，还会带来不同程度的安全隐患。

施工组织设计既要考虑到经济效果，同时又要能指导施工全过程、解决施工技术问题，不但在施工管理中发挥作用，而且在提高经济效益和经营管理上发挥作用。每一项施工组织设计，都是确保工程质量、保证工程顺利进行、有效地控制工程造价的重要工具。如果施工组织不当，如因待遇问题影响工作积极性甚至罢工，施工的目标、任务、责任不明确，施工机械和劳动力调配不当，场地布置和施工道路不合理以及各分包商和承包商之间施工干扰等，均会引起工期的延误。在旧工业建筑再生利用过程中，由于作业空间具有局限性，不能自由出入大型的施工机械，许多在新建建筑中本应由机械协助完成的工作，都需要依靠人力完成，如材料的吊装、混凝土的浇筑等工作，一旦由于工序安排不协调，将会浪费大量的人力，不仅造成成本上的浪费，还会对施工总体进度造成很大的影响。

施工队伍素质的高低直接关系着企业的核心竞争力。长期坚守在施工一线的施工人员，其技术能力水平和工作表现直接关系到项目的进一步实施，是工程项目能否顺利进展的关键因素。特别是旧工业建筑再生利用项目，国内的再生利用经验比较缺乏，因此对施工人员的技术水平具有更高的要求，施工队伍的素质高低很大程度上决定了再生利用的效果。目前来看，施工企业从业人员的整体素质仍然不高，在施工队伍中有很多农民工，而这些农民工上岗前都未进行安全教育和职业技能培训，缺乏有效的操作知识和安全技术知识。农民工队伍整体素质低下，势必对工程进展造成严重的影响。

（4）材料设备

机械设备是项目实施所不可或缺的一部分，应当按照旧工业建筑再生利用工程的施工设备及施工流程的布置图，提出在建设过程中需要用到的机械设备型号、名称和所需的数量，同时确定分批、分期进场的时间和保管方式，从而为后面机械设备的使用阶段做好准备。同时，项目所需材料的质量、品种、规格、数量以及购买时间等是否能满足工程项目的施工要求，其供应、购买环节是否通畅，都影响着工程项目能否顺利进行。

机械设备应根据作业内容、运距和道路情况、土质、气象条件以及工程量情况选择。合理选择机械设备不但会物尽其用，减少对机械的损害，还能加快施工进度，缩短工期。

（5）不可抗力

工程事故、突发事件会影响项目建设进度。如施工现场出现安全事故，处理事故必然花费较长时间；施工现场临时的停水停电断路、临时变电站的检修等都会增加工期；由于爆发流行性传染疾病导致停工等。

项目施工区域的地质、水文和周围环境条件都影响施工的进度。地表构成，土壤与岩石比例，地表的平整程度都是其中重要的因素，如有时需要对坑洼路面进行填埋、铲平，才可进行基本设施的建设工作，在增加工作量的同时，也会影响项目的进度状况。

恶劣的气候条件对工程进度的影响巨大。遇到大雨、积雪、冰冻、沙尘等恶劣天气时，不利于施工的进行，工程队只能等待符合施工条件时才可重新施工。且诸多恶劣天气对新建的建筑也有破坏作用，以至于出现质量问题，引起不必要的返工，由此导致进度拖延。

施工期间有重大政治、社会活动也会造成不同程度的停工，导致工期延长。如举办国际国内重要会议、举行大型考试期间往往都要求暂停施工，这都可能导致工期延长。

4.2.2　指标筛选

（1）指标体系建立

通过对目前文献的研究成果进行分析和总结，并结合实地调查的情况，构建科学合理的旧工业建筑再生利用进度评价指标体系。评价指标的确定是一项极其有挑战性的工作，指标确定的科学合理与否是进度控制的决定性环节。而且，从评价的角度来讲，最低一级的具体指标要尽量选择能够量化的指标以保证评价结果的客观性，同时要明确其评价标准。

根据以上评价指标体系建立的目标，经筛选后构建的旧工业建筑再生利用进度评价指标体系共分三个层次：目标层、一级指标层和二级指标层。

第一层次为目标层：评价目标是旧工业建筑再生利用进度评价；

第二层次为一级指标层，此处从业主方、设计方、施工方、监理方、材料设备、不可抗力六个方面进行分析，主要反映从不同角度看不同因素对旧工业建筑再生利用进度的影响水平；

第三层次为二级指标层（基础指标），二级指标反映项目某种具体因素影响下进度水平的状况，是对一级指标下所包含的具体因素进行描述。具体评价指标如表 4.1 所示。

旧工业建筑再生利用进度影响指标　　　　　　　　　　表 4.1

目标层	一级指标层	二级指标层
旧工业建筑再生利用进度评价	业主方	招标程序规范程度 x_1
		支付工程款是否及时 x_2
		组织协调管理能力 x_3
	设计方	实地勘察工作是否到位 x_4
		图纸提供是否及时 x_5
		是否频繁变更设计 x_6
	施工方	改造技术措施是否恰当 x_7
		组织设计能力 x_8
		施工队伍素质 x_9
	监理方	监督管理工作是否到位 x_{10}
		与项目相关各方沟通是否及时 x_{11}
	材料设备	材料设备供应是否及时 x_{12}
		机械设备选择是否合理 x_{13}
	不可抗力	是否出现工程事故、突发事件 x_{14}
		施工地质、水文及周围环境影响 x_{15}
		施工期间是否出现恶劣气候 x_{16}
		施工期间是否有重大社会活动 x_{17}

（2）评价标准

1）影响因子重要性评价标准

关于各影响因子重要性程度的评定，采取德尔菲法获得。邀请参与影响因素挖掘的资深专家参加会议，对各因素进行重要程度的评定。由调查者拟定调查表，按照既定程序，以函件的方式分别向专家组成员进行征询，而专家组成员又以匿名的方式（函件）提交意见。经过几次反复征询和反馈，专家组成员的意见逐步趋于集中，最后获得具有很高准确率的集体判断结果。

对上述指标按照影响程度分为 5 个等级，采用 5 分制打分，分别为：影响很大（5 分）、影响较大（4 分）、影响一般（3 分）、影响较小（2 分）、影响很小（1 分）。如表 4.2 所示。

指标量化表　　　　　　　　　　　　　　　　　　　　　表 4.2

影响等级	影响很大	影响较大	影响一般	影响较小	影响很小
得分	5	4	3	2	1

2）实际工程进度评价标准

根据旧工业建筑再生利用项目现场施工人员的反馈以及项目经理对实际工程进度的把握，制定评价标准，也采用 5 分制打分，具体评分标准如表 4.3 所示。

施工现场进度管理人员打分表　　　　　　　　　　　　　表 4.3

指标 \ 得分	1	2	3	4	5
招标程序规范程度 x_1	非常不规范	比较不规范	一般规范	比较规范	非常规范
支付工程款是否及时 x_2	经常拖延且时间较长	经常拖延但时间较短	偶尔拖延但时间较长	偶尔拖延且时间较短	从不拖延
组织协调管理能力 x_3	非常差	较差	一般	较好	非常好
实地勘察工作是否到位 x_4	非常不到位	不到位	一般到位	比较到位	非常到位
图纸提供是否及时 x_5	拖延且时间较长	拖延但时间较短	偶尔拖延但时间较长	偶尔拖延且时间较短	从不拖延
是否频繁变更设计 x_6	频繁变更且影响较大	频繁变更但影响较小	偶尔变更但影响较大	偶尔变更且影响较小	没有变更
改造技术措施是否恰当 x_7	非常不恰当	比较不恰当	一般恰当	比较恰当	非常恰当
组织设计能力 x_8	非常差	比较差	一般	较好	非常好
施工队伍素质 x_9	非常差	比较差	一般	较好	非常好
监督管理工作是否到位 x_{10}	非常不到位	比较不到位	一般到位	比较到位	非常到位
与项目相关各方沟通是否及时 x_{11}	非常不及时	比较不及时	一般及时	比较及时	非常及时

续表

指标 \ 得分	1	2	3	4	5
材料设备供应是否及时 x_{12}	非常不及时	比较不及时	一般及时	比较及时	非常及时
机械设备选择是否合理 x_{13}	非常不合理	比较不合理	一般合理	比较合理	非常合理
是否出现工程事故、突发事件 x_{14}	经常出现且影响较大	经常出现但影响较小	偶尔出现但影响较大	偶尔出现且影响较小	从未出现
施工地质、水文及周围环境影响 x_{15}	影响非常大	影响比较大	影响一般	影响比较小	没有影响
施工期间是否出现恶劣气候 x_{16}	经常出现且影响较大	经常出现但影响较小	偶尔出现但影响较大	偶尔出现且影响较小	从未出现
施工期间是否有重大社会活动 x_{17}	经常出现且影响较大	经常出现但影响较小	偶尔出现但影响较大	偶尔出现且影响较小	从未出现

4.3 评价方法

在处理信息时，当两个变量之间存在一定的相关关系，即可认为这些变量反映的信息有一定的重叠，减少所研究变量的个数是最简单的解决方案，但这种方案必然会导致信息丢失，并出现信息不完整等问题。为此，综合考虑数据维度、操作难易、理论支持以及模型效果等因素，认为运用主成分分析，既不会造成信息的大量丢失，还能够有效降低变量维数，大幅减少参与数据建模的变量个数等。正是由于主成分分析法的这些优点与旧工业建筑再生利用项目进度评价模型建立有着很好的契合性，通过运用该法可以确定指标体系中各因素的影响程度，工作量得到了一定的简化。

由于在对进度进行评价时，各因素对旧工业建筑再生利用的进度影响不同，其权重的确定是评价的关键，而现有的利用主成分分析的方法确定权重存在弊端，即所需样本数据量大，在实际应用中通用性不强。针对主成分分析方法缺少在指标权重确定方面的应用这一问题，提出了一种无须多组样本数据的基于主成分分析的权重确定方法，在此基础上对旧工业建筑再生利用项目的进度进行评价。

4.3.1 概念

（1）主成分

主成分是在保证最少的信息丢失的前提下，众多的原有变量综合而成的较少几个能够代表原有变量的绝大部分信息的综合指标。各个主成分之间相互独立、互不相关，能够有效地解决变量信息重叠、多重共线性等分析应用带来的诸多问题，达到方便分析的效果。根据主成分所含信息量的大小称为第一主成分、第二主成分等。

（2）主成分分析

主成分分析也称主量分析，旨在利用降维的思想，研究如何将多指标问题转化为较少的综合指标的一种重要统计方法。主成分分析法的实质在于其分析计算过程中所完成的三方面工作：消除了原始变量间的相关影响；确定了综合评价时所需的权重；减少了综合评价的指标维数即降维。通过主成分分析，将原来相关的各原始变量变换成为相互独立的主成分进而对这些主成分进行综合评价，消除了指标间的相关性，评价时可避免重复信息。

主成分分析除了降低多变量数据系统的维度以外，同时还简化了变量系统的统计数字特征。主成分分析在对多变量数据系统进行最佳简化的同时，还可以提供许多重要的系统信息，例如数据点的重心位置（或称为平均水平），数据变异的最大方向，群点的散布范围等。主成分分析作为最重要的多元统计方法之一，在社会经济、企业管理及地质、生化等各领域都有其用武之地，如在综合评价、过程控制与诊断、数据压缩、信号处理、模式识别等方向得到广泛的应用。

主成分综合评价的权重主要是信息权重，即从评价指标包含被评价对象分辨信息多少来确定的一种权数。评价指标是用来区分各被评价对象的，如果指标所含分辨信息量比较丰富，则该指标的区分能力较强，反之则无用，其权数应设为零。信息权数的确定原则为某项指标在各被评价对象间数值的离差愈大，该指标分辨信息愈多，其权数也愈大；反之，离差愈少，权数愈小。因此，该法比其他评价方法权重的获得相对更为客观，且模型通用性较强，可有效应用于各种指标权重确定问题中，为各类评估问题的进行奠定了基础。根据权重的大小确定影响因素的重要性顺序，有助于进度评价的发展。

4.3.2　发展

主成分分析最先是由英国的 Karl Pearson 于 1901 年在生物学理论研究中针对非随机变量引入的，而后美国数理统计学家 Harold Hotelling 在 1933 年将此方法推广到随机向量。主成分分析的降维思想从一开始就很好地为综合评价提供了有力的理论和技术支持。

20 世纪 80 ~ 90 年代，是现代科学评价在我国向纵深发展的年代，人们对包括主成分综合评价在内的评价理论、方法和应用开展了多方面的、卓有成效的研究，主要表现为：常规评价方法在国民经济、生产控制和社会生活中的广泛应用；多种评价方法的组合研究，综合应用及比较；新评价方法的研究和应用；评价方法的深入研究，如：评价属性集的设计、标准化变换、评价模型选择等。

主成分分析作为数据降维的有效手段，能够提高样本大小与预测量数值的比例。有学者以样本的应变量为基础，通过对两种主成分分析方法和结果的比较，来建立准确的预测方程，优化主成分分析，取得较好的降维效果。学者们从不同的角度提出 PCA 的稳健性问题，对此进行了研究，并且提出了各自的改进算法。在此基础上，有学者提出了独立主成分分析（IPCA）的概念，引入非线性 PCA 算法。也有学者从如何去除或减弱有限的样本集中少量"劣点"样本的影响从而获得准确主方向。常用的主成分分析是从样本协方差矩阵来计算的，而协方差矩阵对"劣点值"相当敏感，为了增强主成分分析的稳健性，对协方差进行算法改进，从而提高主成分分析的稳健性。为了提高稳健性，还有学者采用了贝叶斯估计方法。由此可见，主成分分析在数据的选择、标准化、向量确定等方面有待进一步研究和完善。

同时，主成分分析作为数理统计中一个常用方法已经被很多的学者研究，并且应用到包括系统分析、统计分析、证券投资、经济评价、教学质量评价、财务管理与分析等众多领域。

在系统分析运用中，邢德海（2006）将主成分应用于 EHR 系统的多个环节，使人力资源管理的决策实现定性分析与定量分析的有机结合，从而使许多多因素问题得到相对科学的解决。实践表明，系统的应用实现了与高校人员相关的数据、过程和资源的集成化管理，提高了管理效率。

在教学工作质量评价指标研究中，石娟（2008）利用主成分分析统计方法，通过对实际评价数据的分析，说明这些指标在评价教师教学工作中的影响程度。分析结果可使教师有针对性地调整和完善自身状况，以适应学生的需求，促进教师教学工作质量的进一步提高。

在投资价值分析中，韩华（2011）构建上市公司投资价值评价指标体系，选取财务指标进行主成分分析，提取主成分并依据综合评价值对公司的投资价值进行排序，运用主成分分析法得到的评价结论基本符合客观实际情况。各公司的评价得分一定程度上能够体现这些公司的内在投资价值，而且用于评价的指标体系与关乎公司价值的理论也是比较一致的，可为投资决策提供一定的参考。

Yasser Fouad Hassan（2012）提出了一种基于主成分、粗糙集理论和神经网络的人脸识别系统。在这项系统开发的研究中，特征向量的选择 是必要的，可以减少分类的成本以及提高分类的质量的潜力。减少特征向量的过程运用了主成分分析的方法，而对于选择功能，则使用了约简和核粗糙集理论的概念，人脸分类通过学习矢量化神经网络实现，这种方法已经表现出了良好的适用性。

4.3.3 原理

（1）基本思路

主成分分析法的基本思路可概述如下：借助一个正交变换，将彼此相关的原随机变量转换成彼此独立的新变量。从代数角度来说，就是将原变量的协方差阵转换成对角阵；从几何角度来说，就是将原变量系统转变为新的正交系统，使之指向样本点最分散的正交方向，进而对多维变量系统进行降维处理；若按照特征提取的思想来说，主成分分析可以看成是一种基于最小均方差的主成分提取方法。

其原理具体可解释为：

假设所研究问题中有 p 个指标，将其作为 p 个随机变量，记为 X_1，X_2，……，X_P，按主成分分析的思想就是将这 p 个指标的问题变成研究 p 个指标线性组合的问题，由此得到新的指标 F_1，F_2，……，F_P，这些新的指标能够反映出原指标的绝大部分信息，并且相互之间关系独立。用线性方程表达为：

$$F_1=a_{11}X_1+a_{12}X_2+\cdots a_{1p}X_p$$
$$F_2=a_{21}X_1+a_{22}X_2+\cdots a_{2p}X_p \tag{4-1}$$
$$\cdots$$
$$F_p=a_{p1}X_1+a_{p2}X_2+\cdots a_{pp}X_p$$

方程满足如下条件：

1）系数矩阵 A 为正交阵，且每个主成分的系数 a_{ij} 的平方和均为 1。即

$$a_{11}{}^2+a_{12}{}^2+\cdots a_{1p}{}^2=1 \tag{4-2}$$

2）主成分之间相互独立，即没有重叠的信息。即

$$\mathrm{Cov}(F_i,F_j)=0, i\neq j, i,j=1,2,\cdots,p \tag{4-3}$$

3）主成分方差依次递减，即其重要性依次递减。即

$$\mathrm{Var}(F_1)\geqslant\mathrm{Var}(F_2)\geqslant\cdots\geqslant\mathrm{Var}(F_p) \tag{4-4}$$

（2）主成分分析的几何解释

假设有 n 个样品，每个样品有两个观测变量 x_1 和 x_2，在由变量 x_1 和 x_2 所确定的二维平面中，n 个样本点所散布的情况如椭圆状。如图 4.2 所示。

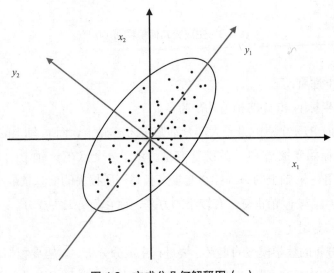

图 4.2　主成分几何解释图（a）

将坐标系进行正交旋转一个角度 θ，使其椭圆长轴方向取坐标 y_1，在椭圆短轴方向取坐标 y_2，旋转公式为：

$$\begin{cases} y_{1j} = x_{1j}\cos\theta + x_{2j}\sin\theta \\ y_{2j} = x_{1j}(-\sin\theta) + x_{2j}\cos\theta \end{cases} \tag{4-5}$$

$$j = 1, 2, \cdots, n$$

写成矩阵形式为：

$$Y = \begin{pmatrix} y_{11} & y_{12} & \cdots & y_{1n} \\ y_{21} & y_{22} & \cdots & y_{2n} \end{pmatrix} = \begin{pmatrix} \cos\theta & \sin\theta \\ -\sin\theta & \cos\theta \end{pmatrix} \cdot \begin{pmatrix} x_{11} & x_{12} & \cdots & x_{1n} \\ x_{21} & x_{22} & \cdots & x_{2n} \end{pmatrix} = U \cdot X \tag{4-6}$$

其中 U 为坐标旋转变换矩阵，是正交矩阵，即有 $U'=U^{-1}$，$UU'=I$，即满足

$$\sin^2\theta + \cos^2\theta = 1 \text{。} \tag{4-7}$$

经过旋转变换后，得到新坐标，如图 4.3 所示。

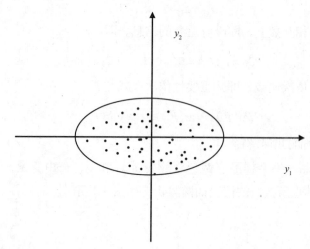

图 4.3　主成分几何解释图（b）

新坐标有如下性质：

1）n 个点的坐标 y_1 和 y_2 的相关几乎为零；

2）二维平面上的 n 个点的方差大部分都归结为 y_1 轴上，而 y_2 轴上的方差较小。

y_1 和 y_2 称为原始变量 x_1 和 x_2 的综合变量。由于 n 个点在 y_1 轴上的方差最大，因而将二维空间的点用在 y_1 轴上的一维综合变量来代替，所损失的信息量最小，由此称 y_1 轴为第一主成分，y_2 轴与 y_1 轴正交，有较小的方差，称它为第二主成分。

（3）主成分的导出

根据主成分分析的数学模型的定义，要进行主成分分析，就需要根据原始数据以及模型的要求如何，求出主成分系数，以便得到主成分模型，这也是导出主成分所要解决的问题。

1）根据主成分数学模型的条件，要求主成分之间互不相关，为此主成分之间的协方差阵应该是一个对角阵。即，对于主成分

$$F=AX$$

其协方差阵应为：

$$\text{Var}(F)=\text{Var}(AX)=(AX)\cdot(AX)'=AXX'A'=\Lambda=\begin{pmatrix}\lambda_1 & & & \\ & \lambda_2 & & \\ & & \ddots & \\ & & & \lambda_4\end{pmatrix} \tag{4-8}$$

2）设原始数据的协方差阵为 V，如果原始数据进行了标准化处理后则协方差等于相关矩阵，即有

$$V=R=XX' \tag{4-9}$$

3）再由主成分数学模型条件和正交矩阵的性质，最好要求 A 能满足正交矩阵，即：

$$AA'=I \tag{4-10}$$

于是，将原始数据的协方差代入主成分的协差阵公式得

$$\text{Var}(F)=AXX'A'=ARA'=\Lambda \tag{4-11}$$

$$ARA'=\Lambda\ RA'=A'\Lambda \tag{4-12}$$

展开上式得

$$\begin{pmatrix}r_{11} & r_{12} & \cdots & r_{1p} \\ r_{21} & r_{22} & \cdots & r_{2p} \\ \vdots & \vdots & \vdots & \vdots \\ r_{p1} & r_{p2} & \cdots & r_{pp}\end{pmatrix}\cdot\begin{pmatrix}a_{11} & a_{21} & \cdots & a_{p1} \\ a_{12} & a_{22} & \cdots & a_{p2} \\ \vdots & \vdots & \vdots & \vdots \\ a_{1p} & a_{2p} & \cdots & a_{pp}\end{pmatrix}=$$

$$\begin{pmatrix}a_{11} & a_{21} & \cdots & a_{p1} \\ a_{12} & a_{22} & \cdots & a_{p2} \\ \vdots & \vdots & \vdots & \vdots \\ a_{1p} & a_{2p} & \cdots & a_{pp}\end{pmatrix}\cdot\begin{pmatrix}\lambda_1 & & & \\ & \lambda_2 & & \\ & & \ddots & \\ & & & \lambda_p\end{pmatrix}$$

展开等式两边，根据矩阵相等的性质，这里只根据第一列得出的方程为：

$$\begin{cases}(r_{11}-\lambda_1)a_{11}+r_{12}a_{12}+\cdots+r_{1p}a_{1p}=0 \\ r_{21}a_{11}+(r_{22}-\lambda_1)a_{12}+\cdots+r_{2p}a_{1p}=0 \\ \qquad\cdots\cdots \\ r_{p1}a_{11}+r_{p2}a_{12}+\cdots+(r_{pp}-\lambda_1)a_{1p}=0\end{cases} \tag{4-13}$$

为了得到该齐次方程的解，要求其系数矩阵行列式为 0，即

$$\begin{vmatrix} r_{11} - \lambda_1 & r_{12} & \cdots & r_{1p} \\ r_{21} & r_{22} - \lambda_1 & \cdots & r_{2p} \\ \vdots & \vdots & \vdots & \vdots \\ r_{1p} & r_{p2} & \cdots & r_{pp} - \lambda_1 \end{vmatrix} = 0 \tag{4-14}$$

$$\left| R - \lambda_1 I \right| = 0$$

显然，λ_1 是相关系数矩阵的特征值，$a_1 = (a_{11}, a_{12}, \cdots, a_{1p})$ 是相应的特征向量。根据第二列、第三列等可以得到类似的方程，于是 λ_i 是方程 $\left| R - \lambda I \right| = 0$ 的 p 个根，λ_i 是特征方程的特征根，a_j 是其特征向量的分量。

4）下面再证明主成分的方差是依次递减

设相关系数矩阵 R 的 p 个特征根为 $\lambda_1 \geqslant \lambda_2 \geqslant \cdots \geqslant \lambda_p$，相应的特征向量为 a_j

$$A = \begin{pmatrix} a_{11} & a_{12} & \cdots & a_{1p} \\ a_{21} & a_{22} & \cdots & a_{2p} \\ \vdots & \vdots & \vdots & \vdots \\ a_{p1} & a_{p2} & \cdots & a_{pp} \end{pmatrix} = \begin{pmatrix} a_1 \\ a_2 \\ \vdots \\ a_{pp} \end{pmatrix}$$

相当于对 F_1 的方差为

$$\mathrm{Var}\ (F_1) = a_1 X X' a_1' = a_1 R a_1' = \lambda_1 \tag{4-15}$$

同样有：$\mathrm{Var}\ (F_i) = \lambda_i$，即主成分的方差依次递减，并且协方差为：

$$\mathrm{Cov}\left(a_i' X', a_j X \right) = a_i' R a_j$$

$$= a_i' \left(\sum_{\alpha=1}^{p} \lambda_a a_\alpha a_\alpha' \right) a_j \tag{4-16}$$

$$= \sum_{\alpha=1}^{p} \lambda_\alpha \left(a_i' a_\alpha \right) \left(a_\alpha' a_j \right) = 0, i \neq j$$

综上所述，根据证明有，主成分分析中的主成分协方差应该是对角矩阵，其对角线上的元素恰好是原始数据相关矩阵的特征值，而主成分系数矩阵 A 的元素则是原始数据相关矩阵特征值相应的特征向量，矩阵 A 是一个正交矩阵。

于是，变量 $(x_1, x_2, \cdots, x_p)$ 经过变换后得到新的综合变量

$$\begin{cases} F_1 = a_{11} x_1 + a_{12} x_2 + \cdots + a_{1p} x_p \\ F_2 = a_{21} x_1 + a_{22} x_2 + \cdots + a_{2p} x_p \\ \quad\quad\quad \cdots \\ F_p = a_{p1} x_1 + a_{p2} x_2 + \cdots + a_{pp} x_p \end{cases} \tag{4-17}$$

新的随机变量彼此不相关，且方差依次递减。

4.4　评价模型

由于采用调查问卷进行主成分分析时所需样本数据较多，在实际应用时通用性不强。现在研究一种权重确定方法，在无须指标样本数据的情况下利用主成分分析方法基本原理，采用专家打分的方法，解决权重确定问题。由于各位专家所研究方向不同，其打分也存在一定的偏向，从而给权重的确定带来一定的模糊性。研究发现，专家人数越多，得到的权重越科学，与此同时权重的确定也就越模糊。在此基础上提出以下假设，即在专家人数不变的情况下，利用各位专家评分间的线性关系对实际评分专家数进行类似的简化，从而实现权重评判的精确性。经分析得，思路符合主成分分析的基本原理，故可尝试用主成分分析方法来确定影响进度的因素权重，进而通过线性加权的方法确定综合评价值。

根据上述条件可知，基于主成分分析的权重确定过程是对旧工业建筑再生利用项目进度评价的关键。在此过程中，采用问卷调查方法的评价系统中设置的指标变为样本；现有指标为各位专家。确定权重的具体流程如图 4.4 所示。

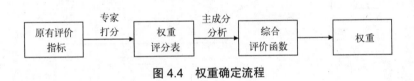

图 4.4　权重确定流程

进行评价的首要工作是整理数据，根据文献查阅、问卷调查以及专家打分的方法，收集原始数据，建立原始数据矩阵。指标数共 n 个，专家共 p 个。

专家打分表如表 4.4 所示。

专家打分表　　　　　　　　　　　　　　　　　　　表 4.4

指标＼专家	w_1	w_2	…	w_p
v_1	M_{11}	M_{12}	…	M_{1p}
v_2	M_{21}	M_{22}	…	M_{2p}
…	…	…	…	…
v_n	M_{n1}	M_{n2}		M_{np}

主成分分析的流程如图 4.5 所示。

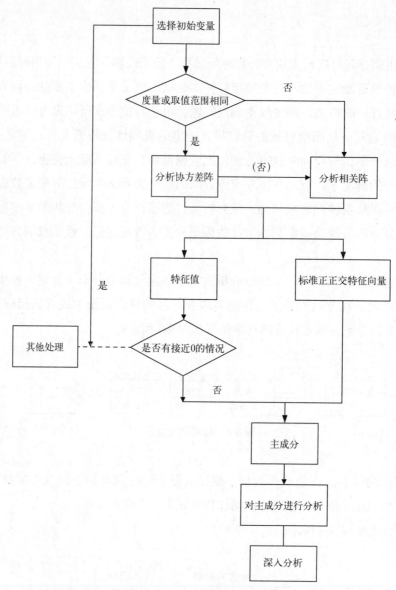

图 4.5　主成分分析流程图

其中，对于分析协方差阵与相关矩阵的选择考虑如下：相关系数矩阵就是随机变量标准化后的协方差矩阵。通过随机变量的标准化，相关系数矩阵剥离了单个指标的方差，仅保留指标间的相关性。对于度量单位不同的指标或是取值范围彼此差异非常大的指标，不直接由其协方差矩阵出发进行主成分分析，而应该考虑将数据标准化，由相关阵出发求解主成分；对同度量或是取值范围在同量级的数据，直接从协方差矩阵求解主成分。

（1）筛选有效变量

均值的大小反映影响因素的重要程度，均值越大，影响因素重要程度越高。标准差的大小反映的是统计数据稳定性的直观表现，即数据偏离平均数的程度。标准差越大，说明波动性越大；标准差越小，说明影响因素的波动性越小。有效的影响因素变量应该是标准差变化不大的变量。

对有效变量的筛选按照以下步骤进行：首先，根据计算得到所用影响因素的均值、方差的大小，对于方差变化幅度在 50% 以外的影响因素，说明影响因素的变化幅度过大，不在合理范围内，应该予以剔除；反之，在合理范围内的，为有效变量。其次，根据收集到的数据按照均值大小进行排序，排除标准差比较大的影响因素，排名靠前的影响因素则是影响旧工业建筑再生利用最主要的因素，并对这些因素进行简单的说明。

（2）主成分适用性检验

根据影响因素之间的相关性系数判断，判断原则是若影响因素之间的相关性系数足够高，说明影响因素之间具有较高的相关性，适合采用主成分分析。

原始矩阵为：

$$X = \begin{pmatrix} x_{11} & x_{12} & \cdots & x_{1p} \\ x_{21} & x_{22} & \cdots & x_{2p} \\ \vdots & \vdots & \vdots & \vdots \\ x_{n1} & x_{n2} & \cdots & x_{np} \end{pmatrix}$$

首先，对原始数据矩阵进行标准化处理

$$x_{ij}^* = \frac{x_{ij} - \bar{x}_j}{\sqrt{\mathrm{Var}(x_j)}} \quad (i = 1, 2, \cdots, n; j = 1, 2, \cdots, p) \tag{4-18}$$

其中 $\bar{x}_j = \dfrac{1}{n} \sum_{i=1}^{n} x_{ij}$ \qquad (4-19)

$$\mathrm{Var}(x_j) = \frac{1}{n-1} \sum_{i=1}^{n} \left(x_{ij} - \bar{x}_j \right)^2 \tag{4-20}$$

$$(j = 1, 2, \cdots, p)$$

得到新矩阵 $X^* = \begin{pmatrix} x_{11}^* & x_{12}^* & \cdots & x_{1p}^* \\ x_{21}^* & x_{22}^* & \cdots & x_{2p}^* \\ \vdots & \vdots & & \vdots \\ x_{n1}^* & x_{n2}^* & \cdots & x_{np}^* \end{pmatrix}$

计算相关矩阵 $R = \begin{pmatrix} r_{11} & r_{12} & \cdots & r_{1p} \\ r_{21} & r_{22} & \cdots & r_{2p} \\ \vdots & \vdots & \vdots & \vdots \\ r_{p1} & r_{p2} & \cdots & r_{pp} \end{pmatrix}$

其中 $r_{ij} = \dfrac{1}{n-1} \sum_{t=1}^{n} x_{ti} x_{tj}$ \qquad (4-21)

$$(i, j = 1, 2, \cdots, p)$$

（3）确定主成分

计算相关系数矩阵 R 的特征值（λ_1，λ_2，$\cdots$，λ_p）和相应的特征向量 $a_i=$（a_{i1}，a_{i2}，$\cdots$ a_{ip}），$i=1$，2，$\cdots$，p。

主成分分析可以得到 p 个主成分，但由于各个主成分的方差是递减的，包含的信息量也是递减的，所以实际分析时，一般不是选取 p 个主成分，而是根据各个主成分累计贡献率的大小选取前 m 个主成分，这里贡献率就是指某个主成分的方差占全部方差的比重，实际也就是某个特征值占全部特征值合计的比重，即：

$$\text{贡献率} = \frac{\lambda_j}{\sum\limits_{j=1}^{p} \lambda_j} \tag{4-22}$$

贡献率越大，说明该主成分所包含的原始变量的信息越强。主成分个数 m 的选取，主要根据主成分的累积贡献率来决定，即一般要求累计贡献率达到 85% 以上，这样才能保证综合变量能包括原始变量的绝大多数信息。

（4）主成分因子的重新命名及解释

解释是根据主成分表达式的系数结合定性分析来进行的。主成分是原来变量的线性组合，在这个线性组合中各变量的系数有大有小，有正有负，有的大小相当，因而不能简单地认为这个主成分是某个原变量的属性的作用，线性组合中各变量系数的绝对值大者表明该主成分主要综合了绝对值大的变量，有几个变量系数大小相当时，应认为这一主成分是这几个变量的总和，这几个变量综合在一起应赋予怎样的实际意义，这要结合具体实际问题和专业，给出恰当的解释，进而才能达到深刻分析的目的。

根据主成分因子荷载分布表，可以得到 k 个影响因素分别与哪个主成分因子的相关性最高，判断依据就是看主成分因子荷载分布表中，每一行的荷载值的绝对值最大的那个所在的列对应的主成分因子相关性最高，属于从属关系，该主成分能代表相应的影响因素。影响因素与主成分因子具有一一对应的关系。

根据所有主成分因子的荷载分布，对应影响因素的共同特性，可以对该主成分因子进行重新命名。命名的原则应该保证该主成分因子能够有效地解释荷载分布所在的影响因素，命名之后还要进行简单的解释，解释该命名所代表的含义。

（5）权重确定

由主成分分析法得出

$$\begin{cases} F_1 = a_{11}x_1 + a_{12}x_2 + \cdots + a_{1p}x_p \\ F_2 = a_{21}x_1 + a_{22}x_2 + \cdots + a_{2p}x_p \\ \qquad\qquad \cdots \\ F_m = a_{m1}x_1 + a_{m2}x_2 + \cdots + a_{mp}x_p \end{cases} \tag{4-23}$$

式中，F_1，F_2，$\cdots$，F_m 为分析后得到的 m 个主成分，在此基础上构建综合评价函数：

$$F_z = \sum_{j=1}^{m} \left(\frac{\lambda_j}{k} \right) F_j = a_1 x_1 + a_2 x_2 + \cdots + a_p x_p \tag{4-24}$$

$$k = \lambda_1 + \lambda_2 + \cdots + \lambda_m$$

式中，a_1，a_2，$\cdots$，a_p 即指标 x_1，x_2，$\cdots$，x_p 在主成分中的综合重要度，在此基础上，结合专家实际打分，可算出原有指标得分综合值。

$$V_{zi} = \sum_{j=1}^{p} a_j M_{ij}, i = 1, 2, \cdots, n \tag{4-25}$$

最终得各个指标权重

$$\omega_i = \frac{V_{zi}}{\sum_{i=1}^{n} V_{zi}} \tag{4-26}$$

（6）综合评价

综合评价是在确定了各项指标对进度影响的权重的基础上，依据旧工业建筑再生利用项目现场管理人员对于进度的把握，分别对各项指标在实际工程项目中的执行情况或现场情况进行客观的打分，分值为 h_i，（$i=1$，2，$\cdots$，n）。由于线性加权综合法使各评价指标间的作用得以线性补偿，保证了最终评价结果的公平性，权重大的指标对综合评价结果的影响也较大，并且计算简单，操作方便，适合推广使用，因此建立线性加权综合评价模型，对进度进行评价。综合评价值 Z 为：

$$Z = \sum_{i=1}^{n} \omega_i h_i \tag{4-27}$$

借鉴进度管理绩效评价的评级方法，将进度评价结果分为优（施工进度管理有效，工期提前）、好（施工进度管理得当，工期按时完成）、一般（施工进度管理合理，工期基本能按时完成）、较差（施工进度管理措施基本无效，工期出现拖延）和差（施工进度管理因素失控，工期拖延现象极为严重）五个等级，每个等级都反映的是进度管理水平工期目标的最可能的完成情况。这五个等级分别对应的是 V5、V4、V3、V2、V1。综合评价得分与评价等级的对应情况如表 4.5 所示。

评价等级表　　　　　　　　　　　　　　　　　　　　　　　　表 4.5

得分	$0 \sim 1$	$1 \sim 2$	$2 \sim 3$	$3 \sim 4$	$4 \sim 5$
等级	V1	V2	V3	V4	V5

4.5 实证分析

4.5.1 项目概况

　　某旧工业建筑厂房原为钢丝生产车间，是单层多跨混凝土排架结构，厂房内部跨度大，空间高，形成无柱的开敞空间。厂房临近校园，具有明显的区位优势，改造过程设计利用厂房原主体结构，以利于节约建筑成本，赋予其新的使用功能，将其定位为集时尚创意展、loft创意办公空间、创意商业集市等多功能为一体的创意产业园。由于招商工作顺利，商家急需入驻，合同工期为5个月，给旧工业建筑再生利用进度管理工作带来极大的挑战，而对进度产生影响的因素众多，在再生利用之初就抓住其中的关键因素对进度管理工作做出具体安排显得十分重要。同时，也为避免在出现进度延误问题时难以找出关键因素。在进行主成分分析，对影响进度的因素确定权重，找出影响旧工业建筑再生利用项目进度的主要因素，并提出旧厂房改造过程中的进度控制建议和措施是十分必要的。

4.5.2 进度评价

　　根据指标建立体系一节的相关分析，现对指标：招标程序规范程度 x_1、支付工程款是否及时 x_2、组织协调管理能力 x_3、实地勘察工作是否到位 x_4、图纸提供是否及时 x_5、是否频繁变更设计 x_6、改造技术措施是否恰当 x_7、组织设计能力 x_8、施工队伍素质 x_9、监督管理工作是否到位 x_{10}、与项目相关各方沟通是否及时 x_{11}、材料设备供应是否及时 x_{12}、机械设备选择是否合理 x_{13}、是否出现工程事故、突发事件 x_{14}、施工地质、水文及周围环境影响 x_{15}、施工期间是否出现恶劣气候 x_{16}、施工期间是否有重大社会活动 x_{17} 进行专家评分。

　　为了方便计算规定：专家1为 w_1、专家2为 w_2、专家3为 w_3、专家4为 w_4、专家5为 w_5、专家6为 w_6、专家7为 w_7、专家8为 w_8、专家9为 w_9、专家10为 w_{10}，专家评分结果如表4.6所示。

评价指标得分表　　　　　　　　　　　　　　　　　表 4.6

专家 指标	w_1	w_2	w_3	w_4	w_5	w_6	w_7	w_8	w_9	w_{10}
x_1	3	2	4	3	5	2	5	5	2	3
x_2	3	2	4	3	3	4	3	3	4	3
x_3	3	2	4	3	5	2	5	5	2	3
x_4	3	2	4	3	4	3	4	4	3	3
x_5	4	3	5	4	5	2	5	5	2	4

续表

专家\指标	w_1	w_2	w_3	w_4	w_5	w_6	w_7	w_8	w_9	w_{10}
x_6	3	2	4	3	5	2	5	5	2	3
x_7	4	3	5	4	5	3	5	5	3	4
x_8	3	2	4	3	4	3	4	4	3	3
x_9	3	2	4	3	4	3	4	4	3	3
x_{10}	4	3	5	4	5	2	5	5	2	4
x_{11}	3	2	4	3	4	3	4	4	3	3
x_{12}	4	3	5	4	5	2	5	5	2	4
x_{13}	4	3	5	4	5	2	5	4	2	4
x_{14}	3	2	4	3	5	2	5	5	2	3
x_{15}	3	2	4	3	4	3	4	3	4	3
x_{16}	4	3	5	3	3	4	3	3	4	4
x_{17}	3	2	4	3	3	4	3	3	4	3

注：表中：5－非常重要；4－比较重要；3－一般重要；2－不太重要；1－不重要。

使用 SPSS20.0 软件计算公因子方差，得到结果如表 4.7 所示。

公因子方差　　　　　　　　　　　　表 4.7

	初始	提取
Zscore：专家 1	1.000	0.995
Zscore：专家 2	1.000	0.995
Zscore：专家 3	1.000	0.995
Zscore：专家 4	1.000	0.882
Zscore：专家 5	1.000	0.989
Zscore：专家 6	1.000	0.966
Zscore：专家 7	1.000	0.989
Zscore：专家 8	1.000	0.929
Zscore：专家 9	1.000	0.966
Zscore：专家 10	1.000	0.995

根据表 4.7 可知专家评分提取均在 85% 以上，说明大部分评分指标可以被几个指标进行代替，适合提取主成分并进行主成分分析。

继续提取主成分，得到成分矩阵，最终提取出两个主成分。表 4.8 中分别为第一成分与第二成分在各专家指标的荷载数。需要指出的是，在用 SPSS 软件进行主成分分析时，得到的不是决策矩阵系数 a_{ij}，而是初始因子载荷 f_{ij}，二者满足如下关系：

$$a_{ij} = \frac{f_{ij}}{\sqrt{\lambda_j}}, j = 1, 2, \cdots, m \tag{4-28}$$

成分矩阵   表 4.8

	成分	
	1	2
Zscore：专家 1	0.777	0.625
Zscore：专家 2	0.777	0.625
Zscore：专家 3	0.777	0.625
Zscore：专家 4	0.867	0.359
Zscore：专家 5	0.848	-0.519
Zscore：专家 6	-0.784	0.593
Zscore：专家 7	0.848	-0.519
Zscore：专家 8	0.772	-0.576
Zscore：专家 9	-0.784	0.593
Zscore：专家 10	0.777	0.625

提取方法：主成分。

由此，计算得出指标在提取出的两个主成分线性组合中的系数为：

$$\begin{cases} F_1 = 0.3063w_1 + 0.3063w_2 + 0.3063w_3 + 0.3418w_4 + 0.3343w_5 \\ \quad -0.3031w_6 + 0.3343w_7 + 0.3045w_8 - 0.3031w_9 + 0.3063w_{10} \\ F_2 = 0.3459w_1 + 0.3459w_2 + 0.3459w_3 + 0.1987w_4 - 0.2873w_5 \\ \quad +0.3282w_6 - 0.2873w_7 - 0.3188w_8 + 0.3282w_9 + 0.3459w_{10} \end{cases}$$

计算解释的总方差如表 4.9 所示。

解释的总方差   表 4.9

成分	初始特征值			提取平方和载入		
	合计	方差的 %	累积 %	合计	方差的 %	累积 %
1	6.434	64.341	64.341	6.434	64.341	64.341
2	3.264	32.644	96.985	3.264	32.644	96.985

续表

成分	初始特征值			提取平方和载入		
	合计	方差的 %	累积 %	合计	方差的 %	累积 %
3	0.149	1.490	98.475			
4	0.124	1.239	99.713			
5	0.029	0.287	100.000			
6	0.00	0.00	100.000			
7	0.00	0.00	100.000			
8	0.00	0.00	100.000			
9	0.00	0.00	100.000			
10	0.00	0.00	100.000			

提取方法：主成分分析。

将评分表中各数值代入 F_Z 计算出与其相对应的综合得分：

$F_Z=0.3196w_1+0.3196w_2+0.3196w_3+0.2936w_4+0.1251w_5-0.0906w_6+0.1251w_7+0.0947w_8-0.0906w_9+0.3196w_{10}$

$V_{zi}=$（6.0781、5.0259、6.0781、5.5520、7.6501、6.0781、7.4689、5.5520、5.5520、7.6501、5.5520、7.6501、7.5554、6.0781、5.0259、6.3043、5.0259）

即指标集（招标程序规范程度 x_1、支付工程款是否及时 x_2、组织协调管理能力 x_3、实地勘察工作是否到位 x_4、图纸提供是否及时 x_5、是否频繁变更设计 x_6、改造技术措施是否恰当 x_7、组织设计能力 x_8、施工队伍素质 x_9、监督管理工作是否到位 x_{10}、与项目相关各方沟通是否及时 x_{11}、材料设备供应是否及时 x_{12}、机械设备选择是否合理 x_{13}、是否出现工程事故、突发事件 x_{14}、施工地质、水文及周围环境影响 x_{15}、施工期间是否出现恶劣气候 x_{16}、施工期间是否有重大社会活动 x_{17}）对应的权重集 ω 为：

（0.0574、0.0475、0.0574、0.0524、0.0723、0.0574、0.0705、0.0524、0.0524、0.0723、0.0524、0.0723、0.0714、0.0574、0.0475、0.0595、0.0475）

由此可见，图纸提供是否及时、改造技术措施是否恰当、监督管理工作是否到位、材料设备供应是否及时、机械设备选择是否合理这五个指标对旧工业建筑再生利用进度影响较大。

通过对项目经理以及现场施工人员的访问，了解实际施工过程中各项指标执行情况以及采取的各项措施是否到位，据此对旧工业建筑再生利用项目的进度管理情况进行打分，分数为 1～5 分，结合其实际含义，根据指标建立一节的打分标准进行打分，最终得到结果如表 4.10 所示。

评价指标得分表   表 4.10

指标	x_1	x_2	x_3	x_4	x_5	x_6	x_7	x_8	x_9	x_{10}	x_{11}	x_{12}	x_{13}	x_{14}	x_{15}	x_{16}	x_{17}
得分	3	4	4	4	3	4	4	3	3	4	5	4	3	5	4	5	5

经计算，综合评价值：

$$Z = \sum_{i=1}^{17} \omega_i h_i = 3.91$$

4.5.3 结论与建议

旧工业建筑再生利用过程是一个复杂多变的有机整体，施工项目的进度影响因素复杂多变，因此建设单位及其施工单位等的项目管理人员应当时刻关注项目进展情况，及时发现影响施工进度的关键因素，根据施工总进度目标要求，采取相应的措施与手段，严格依照合同管理，不断提高管理者的自身素质，增强合同理意识，真正有效实现改造工程项目的进度目标。

根据评价结果，综合评价值为3.91，结合综合评价部分对应评价结果的定级，该项目属于V4级，处于好的水平，即项目的施工进度管理得当，保证了工期的按时完成。同时，根据主成分分析的方法，确定了各指标对进度影响的程度：图纸提供是否及时、改造技术措施是否恰当、监督管理工作是否到位、材料设备供应是否及时、机械设备选择是否合理这五个指标对旧工业建筑再生利用项目的进度影响较大。因此，无论是在项目开工前对进度管理工作的安排还是在再生利用过程中解决相关进度延误问题，都应该紧紧抓住这几个关键因素进行控制。然而由于采用的是专家评分方法，对于专家们的相关进度管理经验要求较高，数据受限于专家的个人经验与偏好，因此具有一定的主观性，在实际工程项目中要灵活变通，结合实际情况，对进度进行控制，保证进度目标的顺利达成。

（1）图纸

设计方要理解设计意图、建设要求，并将其转化成设计语言。同时，设计方要通过设计自检、设计过程中的跟踪控制、施工图设计文件审查这三个方面的措施来保证设计质量。在设计过程中要积极寻求建设方要求的设计标准、技术要求、成本要求、承包商选择、材料选择等几个方面之间的平衡点，保证如期、保质、既定预算内完成设计任务。

建设方要合理规划设计进度计划，需要编制设计准备工作进度计划、方案设计进度计划、初步设计进度计划、施工图设计进度计划。严格采取事中控制措施，发现延期后及时纠偏。除了跟踪设计进度，还要重视设计过程中的投资控制，不断对设计图纸中的工程内容进行评估，如若发生投资超额，要通知设计单位及时调整。

承包商对于需要设计变更的内容要及时反馈给建设方，并跟进建设方与设计方的沟通，及时得到变更的图纸，以防影响后续施工的开展。同时，不要为了追求额外的成本回报对于无须变更的内容申请变更，增加设计方的管理难度，影响出图进度。

（2）再生利用技术措施选择

旧工业建筑再生利用项目在利用原有部分结构或者构件时，为充分满足节能、节材要求，实现改造功能需求，往往会使用新技术、新材料。为了避免新技术、新材料的不合理使用，在进行施工之前，必须组织专家对方案及技术进行充分论证，做好可行性分析，制定完整的施工方案及预防措施，由专业技术人员指导现场施工，最大程度降低新技术、新材料施工的不确定性。

旧工业建筑在再生利用之前，大多使用年代久远，随着使用年限的增加，建筑材料出现耐久性问题，结构的稳定性和可靠性也逐渐降低，必然会导致建筑的结构安全水平降低。因此，在进行旧工业建筑再生利用之前，需要对地基、基础的不均匀沉降和承载力不足，梁、柱表面露筋及承载力不足，屋架及屋顶积灰导致的承载力下降，墙体开裂等构件的结构性问题进行鉴定，根据鉴定结果对构件进行等级分类，差异化地进行耐久性和稳定性加固处理，增加主要结构构件的可靠性，减少在改造中出现的结构安全隐患，影响施工进度。

积极借鉴典型再利用项目的技术经验，获取其改造的基础资料，了解其改造设计方案，根据改造项目的功能需求，对待改造项目的设计方案、技术标准的选择进行推敲，并且组织专家对改造项目施工图纸和文件进行图纸审查，注重施工技术方案的可实施性，防止设计的重大失误，避免造成过大的损失。

（3）监督管理

加强监理人员的监督管理工作，规范工程建设参与各方的建设行为，对承包单位的建设行为监督管理。组织相关专业技术人员，加强对施工现场各种施工活动及人员的监督，及时发现改造过程存在的问题并妥善解决，及时排除现场安全隐患，降低因现场监督不力而造成的进度延误风险。重视监理内业资料的检查，检查监理内业资料是检查监理工作质量的重要依据，以往的管理都是检查承包方的资料，而监理自身的资料却无人过问，忽视了对监理自身的约束。

加强协调管理。监理工作，从专业分工上包括土建、给排水、暖通、电气及机械设备施工过程监理。因土建及安装工程由不同承包单位独立施工，往往造成土建基础与设备安装无法匹配的现象，这就要求监理单位在施工前期做好各专业队伍间的协调配合工作。在施工中，如果只考虑单个专业监理的工作，势必造成各专业施工中的矛盾，同时会影响本专业的施工进度和质量。各专业监理人员在加强沟通，协调配合的基础上，系统地掌握各专业内外联系，同时对每道工序都应掌握其控制要点，消除专业间的矛盾，实现综合管控。监理无法解决的应及时联系设计人员、业主相关人员共同商议处理。通过加强协调管理，使得整个施工处于受控状态，提高监理质量。

（4）材料设备

成立作业人员技术培训班，对项目进度管理的相关内容做系统的培训，使该项目每位作业人员都能全面掌握相关的技术。对于采用的材料、设备一定要做好培训工作，使作业人员能掌握全面的技术，合理选用材料与机械设备，达到安全作业的标准。

合理调配旧工业建筑再生利用项目材料与机械设备是加快项目进度的根本保证。对于设备的安装，更要掌握设备性能以及注意事项，只有这样才能以更安全、高质量的要求完成安装。项目实施过程中，各施工单位一定要根据施工特点，合理地对再生利用项目不同的材料和设备进行安排并科学组织进场作业，并与其他项目的施工单位配合，使所在项目人员和设备得到最大限度的发挥与利用，从而加快再生利用项目的进度，促使项目的顺利实施。

参考文献

[1] 宣以霞. 工程项目施工过程阶段评价模型及其应用 [D]. 合肥：合肥工业大学，2008.

[2] 吴春诚. 大型工程项目进度评价和控制研究 [D]. 武汉：华中科技大学，2007.

[3] 徐瑛. 大型工程项目进度评价和控制研究 [J]. 经营管理者，2013，28：309+342.

[4] 李景茹. 大型工程施工进度分析理论方法与应用 [D]. 天津：天津大学，2003.

[5] 焦天雷，叶春明. 基于"AHP-模糊评价"的项目进度控制评价 [J]. 科技资讯，2010，20：152.

[6] 姜涛. 挣值法在文化艺术中心工程项目进度与成本综合控制中的应用研究 [D]. 南京：南京理工大学，2010.

[7] 赵春雪. 基于风险管理理论的高速公路项目施工进度目标规划研究 [D]. 天津：天津理工大学，2010.

[8] 刘杨. 基于 SG-MA-ISPA 模型的区域可持续发展评价研究 [D]. 重庆：重庆大学，2012.

[9] 蔡婉莹. 基于主成分分析的陕西省工业生态化评价研究 [D]. 西安：西安建筑科技大学，2015.

[10] 杨冰. 大庆油田热电厂扩建项目进度管理研究 [D]. 大庆：东北石油大学，2013.

[11] 任常宁. 变电站建设项目进度管理多因素模糊综合评价研究 [D]. 北京：华北电力大学，2015.

[12] 肖寒. 变电改造工程项目进度管理评价研究 [D]. 北京：华北电力大学，2013.

[13] 张鹏. 基于主成分分析的综合评价研究 [D]. 南京：南京理工大学，2004.

[14] 刘剑利. 聚类分析和主成分回归在工业统计数据中的应用 [D]. 长春：吉林大学，2014.

[15] 彭玉石 . 基于主成分分析的建设工程项目延期影响因素研究 [D]. 重庆：重庆大学，
2014.

[16] 韩小孩，张耀辉，孙福军，王少华 . 基于主成分分析的指标权重确定方法 [J]. 四川
兵工学报，2012，10：124-126.

[17] 武乾，余晓松，武晓然 . 旧厂房改造项目的进度影响因素分析——以西安某创意产
业园改造项目为例 [J]. 项目管理技术，2015，03：9-14.

第5章　旧工业建筑再生利用项目成本评价

成本作为影响旧工业建筑再生利用项目的重要因素，是成本控制主体选择价格策略、进行各类决策的重要基础。随着旧工业建筑再生利用项目的广泛实现，工程单位的行业竞争日益加剧，一般旧工业建筑的再生项目根据项目财务信息确定成本管理水平，但由于再生利用项目包含的诸多不确定因素，财务信息无法对项目过程进行全面、科学的综合判断，进而影响企业的进一步发展，所以适用的成本评价对再生利用项目的成本管理尤为重要。

5.1　概念与内涵

5.1.1　基本概念

（1）旧工业建筑再生利用项目成本

旧工业建筑再生利用项目成本一般是指再生利用项目从设计到完成期间所需全部费用的总和，包括资金及项目所需的全部资源，如人、材料、机械设备等。再生利用项目按照实施过程，大致分为三个阶段，即项目前期定位决策阶段、项目勘察设计阶段及项目实施阶段。每个阶段包含的成本内容具体如表5.1所示。

旧工业建筑再生利用项目成本组成　　　　　　　　　　　　　　表5.1

序号	名称	组成
1	项目决策成本	可行性论证、调研活动、管理费用、行政成本、其他费用等
2	项目勘察设计成本	咨询成本、设计成本、勘察成本、管理费用、行政成本等
3	项目施工成本	材料成本、人工成本、机械设备使用成本、管理成本、其他建造成本等

1）项目决策阶段成本影响因素识别

决策是再生利用项目形成的第一阶段，同时对项目建成后的经济效益与社会效益有重要影响。为保证项目决策的科学性，在决策阶段应对项目进行全面的可行性研究分析，具体包括市场情况、施工环境、融资情况等的详细调查研究，项目决策阶段成本影响因素的识别如表5.2所示。

项目决策阶段成本影响因素　　　　　　　　　　　　　　　　表 5.2

序号	影响因素	影响程度
1	项目综合现状（文化背景、建筑结构、区位特点、市场需求等）	强
2	后期建筑风格的定位	强
3	增加或减少工程的数量及内容	强
4	提高或降低项目的质量标准	强
5	改变项目的工程结构	强
6	改变项目的使用用途	强
7	项目的申报、批复等手续办理不及时	中
8	征地拆迁工作的延误	中

2）项目勘察设计阶段成本影响因素识别

项目勘察设计阶段对成本的影响因素主要来自于建设单位和勘察设计单位。建设单位在项目前期决策阶段对工程项目的定位不明确，将对项目勘察设计成本产生消极的影响，同时勘察单位提供的勘测数据和监理单位对设计单位的设计成果提出的意见，会产生不同程度的工程变更，进而成为影响成本变化的潜在因素。项目勘察设计阶段成本影响因素的识别如表 5.3 所示。

项目勘察设计阶段成本影响因素　　　　　　　　　　　　　　表 5.3

序号	影响因素	影响程度
1	建筑结构可靠性检测	强
2	建筑环境检测	强
3	勘察数据不真实、可信度不高	中
4	业主提供给设计单位的数据和资料存在误差	强
5	设计任务过多、时间过紧导致设计深度不够和错误	强
6	各设计专业之间沟通不够，引起设计成果遗漏、矛盾	强
7	分期交付的设计图纸不能及时提供	中
8	设计采用新标准、新工艺、新技术来替代原有设计	中
9	工程地质勘察不详或不全导致设计不准确	中
10	监理单位进一步完善原设计的局部修改	中
11	设计单位的技术力量和专业人员的技术水平	中

3）项目实施阶段成本影响因素识别

在实际的项目实施阶段，影响项目成本的因素常来源于项目的诸多参建方，如建设单位、监理单位、施工单位、设计单位、自然环境等，项目实施阶段成本影响因素较多，大致的成本影响因素识别如表 5.4 所示。

项目实施阶段成本影响因素 表 5.4

序号	影响因素	影响程度
1	施工材料不合格，导致质量缺陷	中
2	无图或不按图施工	强
3	施工工艺落后	中
4	参建方沟通不畅通、造成理解误差	弱
5	业主和工程师指令错误或者指令存在矛盾	弱
6	未对进场材料、设备验收，导致使用了不合格材料	中
7	业主要求改变已在施工组织设计中被批准的施工方案	中
8	业主对原合同中约定由业主供应的材料或设备的种类或数量进行的增减	中
9	承包人变更投标时已被批准的施工方案	中
10	承包人为了施工方便、缩短工期、减少投入等原因，提出对施工有利，且更加经济、合理、优化的设计方案	中
11	承包人技术或管理方面的失误引起工程变更	中
12	承包人改变合同规定由业主采购的材料	中
13	业主要求加快或缩短工程进度	强
14	业主或施工单位替换建筑材料、设备	中
15	对分包单位的管理	强
16	分包单位之间工作衔接	中
17	不按施工规范组织施工	中
18	施工时不同专业管理人员之间沟通不及时	中
19	不可抗力（台风、暴雨、高温、地震）引起的变更	强
20	施工单位管理人员数量不足，监管不到位，导致工程质量低	中
21	材料设备短缺或价格变化过大	中
22	对新工艺、新材料、新设备的应用	中
23	合同费用过低、不按时支付引起的敌对行为	中
24	承包商为提高质量等级、安全度、进度等主动变更	中
25	国家建设法规发生变化	强
26	国家政局的变化	强

（2）成本评价定义

以实际选用的评价方法为基础，结合项目成本核算及其他相关资料，对再生利用项目成本构成的变动情况进行分析，挖掘影响成本升降的各种因素，揭示影响因素变动的原因，寻找降低成本的潜力，合理地评估成本计划完成情况，正确考核成本责任单位的工作业绩。

（3）成本控制定义

以再生利用项目的成本管理为目标，要求成本控制主体在其职权范围内，在生产耗费发生前及成本控制过程中，对影响成本的各种因素和条件采取一系列预防和调节措施，以保证成本管理目标实现的管理行为。成本控制的过程是对企业在生产经营过程中发生的各种耗费进行计算、调节和监督的过程，同时也是一个发现薄弱环节，挖掘内部潜力，寻找一切可能降低成本途径的过程。

5.1.2 成本评价与成本控制

（1）成本评价

1）常见成本评价方法比较

常见的成本评价方法有比较分析评价法、因素分析评价法、成本比率分析评价法、模糊评价法及数据包络分析法等，具体如表 5.5 所示。

旧工业建筑再生利用项目成本评价方法汇总表　　　　表 5.5

序号	名称	原理	优点	缺点
1	比较分析评价法	将实际成本与预算（或计划）成本进行对比，找出存在的差异，评价项目总成本预算（或计划）的执行情况	技术简单、通俗易懂、经济责任主体明确	不能总体对项目成本管理水平进行综合分析评价及解释成本发生异常变动的原因
2	因素分析评价法	依据成本分析指标与其影响因素间的关系，按照一定方法确定各因素对成本分析指标差异影响程度	可以合理评价某一方面成本管理工作的效果	不能解决总体对项目成本水平进行合理评价的问题
3	成本比率分析评价法	将反映成本状况或与成本水平相关的两个因素相联系，通过计算比率反映它们之间的关系，借以评价项目成本状况	计算简便、结果明显	比率的变动可能仅被解释为两个相关因素间的变动，有一定的局限性
4	模糊评价法	将再生利用项目中影响成本的因素分类，综合考虑相关影响因素并选择要考查的指标，评定选定指标，对其重要性进行排序	系统及实用性较强，计算简便、结果明确，便于决策者直接了解和掌握	只能从备选方案中选优，不能产生新的方案；主观因素作用较大
5	数据包络分析法	以相对效率为基础，针对多个被评价的多指标投入与产出关系进行相对有效性评价	从有利于决策单元的角度进行评价，具有较强的客观性	有效决策单元排序问题及决策单元的管理信息不够充分

2）成本评价目的

旧工业建筑再生利用项目成本评价的目的如图 5.1 所示。

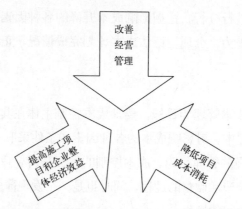

图 5.1　旧工业建筑再生利用项目成本评价目的

（2）成本控制

旧工业建筑再生利用项目成本控制模式框架如图 5.2 所示。

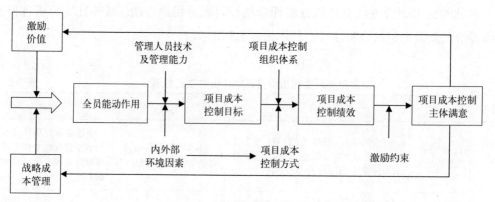

图 5.2　旧工业建筑再生利用项目成本控制模式框架图

1）成本控制特点

①成本控制是一个动态的控制过程。项目从立项到施工，经历较长的寿命周期，在此过程中会有许多因素对成本产生影响，最终只有在项目的收尾阶段形成成本决算后，才能确定最终的项目成本。

②成本控制是一种事先能动的管理。在项目起始点就对成本进行预测，制定计划，明确目标，然后以目标为出发点，进行全面的成本控制管理。项目成本控制必须在日常项目的管理过程中坚持进行，并且具有一定的能动性和自律性。

③成本控制影响项目质量与项目进度。项目成本控制管理的效率直接关系到项目的成败，高效的项目成本管理不但可以保证项目的质量和进度，还能节约资源，避免过多浪费。

2）成本控制流程

项目成本控制工作首先从确定工作范围开始，控制工作范围包括成本预算和工作进度计划，在项目具体工作开始实施后，要进行检查和跟踪工作，对检查和跟踪工作的结果进行分析，预测其发展趋势，做出成本进展情况及发展趋势报告，最后应根据成本进展报告和发展趋势报告，做出下一步行动计划的决策。具体而言，就是依据成本进展报告和发展趋势报告，采取具体的纠偏措施，其基本流程如图 5.3 所示。

3）成本控制方法

成本控制方法大致包括两类，一类是分析和预测项目影响要素的变动与项目成本发展变化趋势的项目成本控制方法，另一类是控制各种要素变动而实现项目成本管理目标的方法。成本控制的具体措施如图 5.4 所示。

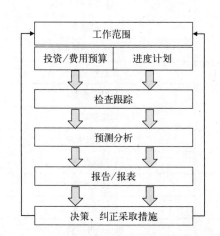

图 5.3　旧工业建筑再生利用项目成本控制流程图　　图 5.4　旧工业建筑再生利用项目成本控制具体措施

5.2　评价指标

5.2.1　指标分析

旧工业建筑再生利用项目成本评价的目标是实现各投入资源的合理配置及利用，提高再生利用项目的成本效益，所以再生利用项目成本评价指标中必须有反映项目建设产品产出数量（或产出价值）及投入各种建造资源的相关指标，既要有反映投入人力、建筑材料、施工机械、施工措施费用及项目实施过程的管理成本指标，又要有反映建设产品产出数量（或产出价值）的指标。

可设 2 个一级再生利用项目成本评价指标：再生利用项目投入建造资源水平指标及再生利用项目产出水平指标；7 个二级评估指标：检测费、人工费、建筑材料费、施工机械使用费、措施费、管理费和再生利用项目产出数量（或产出价值）；28 个三级评价指标。

需要指出的是，旧工业建筑中涉及的检测工作，包括对建筑结构可靠性的检测及建筑环境的检测，这些检测结果都会影响到再生利用项目的科学定位及项目施工过程的顺利进行，在二级评价指标中将检测费作为独立的指标，一是因为较之于普通建造项目，检测工作是旧工业建筑再生利用的一大特点；二是为了突出检测工作在再生利用项目中的重要性。

综上所述，构建的再生利用成本管理评价层次指标体系如表 5.6 所示。

再生利用成本管理评价层次指标体系　　　　　　　　　　表 5.6

一级指标	二级指标	三级指标
再生利用项目投入建造资源水平指标	检测费	检测费
	人工费	基本工资
		工资性补贴
		辅助工资
		职工福利费
		生产工人劳动保护费
	建筑材料费	原材料总价
		材料运杂费
		运输损耗费
		采购及保管费
		检验试验费
	施工机械使用费	机械使用费
		机械安拆费
		机械场外运费
	措施费	环境保护费
		文明施工费
		安全施工费
		临时设施费
		夜间施工费
		二次搬运费
	施工管理费	管理人员工资费
		办公费
		差旅交通费
		固定资产使用费
		劳动保险费
		财产保险费
再生利用项目产出水平指标	再生利用项目产出数量（或产出价值）	可用建筑面积
		总资产收益率

5.2.2 指标筛选

（1）再生利用项目成本评价投入建造资源水平指标筛选

1）检测费

检测费主要是指旧工业建筑中涉及的检测工作产生的相应费用。为实现对旧工业建筑的全面检测，需对原设计图及文件进行收集查阅，结合既有资料进行结构编号，组织原厂相关负责人、设计人员及检测机构成员开展现场踏勘及感官检测，然后进行专家论证，组织相关专家结合最初规划，以检测报告为基础，对建筑物安全使用提出相应的建议报告。最后，结合建议报告提供的可再生利用建筑的建议利用形式，展开分级检测工作，具体分级制度如下：

①不检测：水塔、后期不承重牛腿柱、烟囱等不具备使用功能的构筑物，再生利用时作为景观利用，仅进行外观缺陷检测；

②局部检测：不进行加层处理的单层厂房，只检测其屋盖支撑体系的安全性；不再承受动力荷载的牛腿柱、吊车梁等构件不做检测；对发生不均匀沉陷的非承重构件仍进行检测，并采取一定的加固措施对其进行加固；

③全面检测：对于需要加层适用的单（多）层厂房，需要按照规范要求采取严格的检测鉴定并进行荷载验算，根据检测结果采取加固措施加固后进行再生利用。

2）人工费

人工费是指直接从事建筑安装工程施工的生产工人开支的各项费用，主要是基本工资，还有相应的工资性补贴、生产工人辅助工资、职工福利费及生产工人的劳动保护费。人工费用的控制主要受施工进度、用工量和单位人工成本的影响，由于不同再生利用项目的工期及进度不同，各个项目的人工费所包含的各项费用的构成分布不一。总体而言，占据份额较大的有基本工资及生产工人劳动保护费。

3）建筑材料费

建筑材料费是指施工过程中用于构成工程实体的原材料、辅助材料、构配件、零件、半成品的费用。由于材料费用占总体工程项目成本的比重较大，所以材料控制相当重要。在材料费用中，相比于材料运杂费、运输过程损耗费及检验试验费而言，占据主要份额的是原材料总价及采购和保管费用。

4）施工机械使用费

施工机械使用费是指施工机械作业所发生的机械使用费、机械安拆费和机械的场外运输费。在正式进入施工设备需用状态前，可通过工程量清单表和参考定额，估算各种类型机械的使用台班数，并根据工期进度对使用型号和数量等进行系统规划。在机械使用费中占据比重较大的是施工机械作业产生的机械使用费。

5）措施费

措施费是指为完成再生利用项目的施工，发生于该项目施工前和施工过程中非实体项目的费用。常见的措施费如表 5.6 所示，在这些费用中占据份额较大的是临时设施费及安全施工费。

6）施工管理费

施工管理费是指再生利用项目在组织施工生产和经营管理过程中所需要的费用。具体的施工管理费如表 5.6 所示，其中最主要的是管理人员工资及固定资产使用费。

（2）再生利用项目成本评价产出水平指标筛选

1）可用建筑面积

旧工业建筑再生利用项目的主要目的是通过改造实现旧工业建筑的再利用，所以再生利用项目最终提供的可用建筑面积，作为再生利用项目的一大产出指标，充分体现了项目的产出价值，是衡量项目成功的关键。

2）总资产收益率

总资产收益率（ROTA）作为分析公司盈利能力的一个有用比率，是衡量项目收益能力的重要指标。

$$总资产收益率 = \frac{净利润}{平均资产总额} \times 100\%$$

其中，$平均资产总额 = \dfrac{年初资产总额 + 年末资产总额}{2}$。

筛选后的再生利用项目成本评价指标体系如图 5.5 所示。

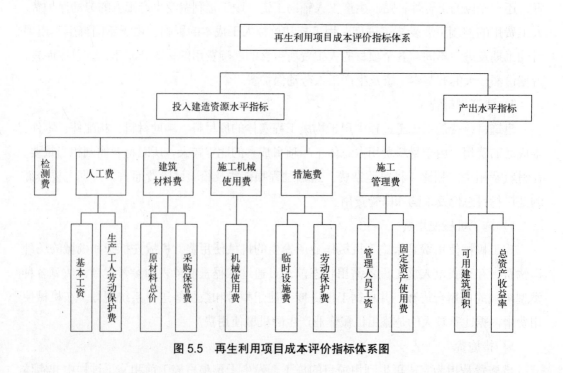

图 5.5　再生利用项目成本评价指标体系图

5.3　评价方法

数据包络分析（Data Envelopment Analysis，简称 DEA）是在"相对效率评价"概念基础上发展起来的一种新的系统分析方法。自 1978 年第一个 DEA 模型——C^2R 模型建立以来，有关的理论研究不断深入，应用领域日益广泛，已成为管理科学与系统工程领域一种重要而有效的分析工具。

5.3.1　概念

数据包络分析方法由 Charnes、Coopor 和 Rhodes 于 1978 年提出，是以相对效率概念为基础，以凸分析和线形规划为工具的一种评价方法，应用数学规划模型计算比较决策单元之间的相对效率，对评价对象做出评价。它能充分考虑决策单元本身最优的投入产出方案，能够理想地反映评价对象自身的信息和特点，同时对于评价复杂系统的多投入多产出分析具有独到之处。

（1）DEA 方法的特点

1）适用于多输入—多输出的有效性综合评价问题，在处理多输入—多输出的有效性评价方面具有绝对优势；

2）DEA 方法并不直接对数据进行综合，因此决策单元的最有效率指标与投入指标值及产出指标值的量纲选取无关，应用 DEA 方法建立模型之前无须对数据进行无量纲化处理；

3）无须任何权重假设，以决策单元输入输出的实际数据求得最优权重，排除了较多主观因素，具有较强的客观性；

4）DEA 方法假定每个输入都关联到一个或者多个输出，且输入输出之间确实存在某种联系，但不必确定这种关系的显示表达式。

（2）DEA 方法的优越性

DEA 作为一种效率评价方法，把单输入单输出的工程效率概念推广到多输入多输出同类决策单元（DMU）的有效性评价中去，极大地丰富了微观经济中的生产函数理论及其应用技术，同时在避免主观因素、简化算法、减少误差等方面有着不可低估的优越性。使用 DEA 有效性评价方法，不仅能对每个决策单元的相对效率进行综合评价，而且可以得到许多在经济学中具有深刻经济含义和背景的管理信息，用于指导决策单元输入、输出指标的改进和修正。

（3）DEA 理论的应用

DEA 方法工作步骤流程如图 5.6 所示。

1）确定评价目标。DEA 方法适用于评价多个同类型样本间的"相对有效性"、"相对优劣性"，其中需要明确可以在一起评价的决策单元，评价所需的输入—输出指标体系及 DEA 模型等一系列符合运用 DEA 方法的目的的问题。

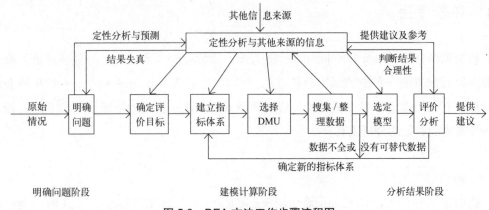

图 5.6　DEA 方法工作步骤流程图

2）建立指标体系。根据第一阶段的分析结果，确定能够全面反映评价目标的指标体系，并且把指标间的一些定性关系反映到权重的约束中。同时，考虑输入输出指标体系的多样性，将每种情况下的分析结果进行比较研究，然后获得较合理的管理信息。

3）选择决策单元。决策单元 DMU 必须同类型，这是因为 DEA 方法尤其适用于评价同类型的 DMU 之间的相对有效性、相对优劣性。

①根据 DMU 的外部环境、输入输出指标以及目标任务等，判断 DMU 的物理背景或活动空间是否相同。

②构造 DMU 活动的时间间隔。用 DMU 活动时间间隔来避免过多的 DMU 所造成的同类型受到影响。

4）收集和整理数据资料。输入正确的 DMU 的输入与输出指标值，并且不需要无量纲化处理数据，应用 DEA 方法建立模型对各决策单元 DMU 的相对有效性、相对优劣性进行评价，并得到有效的评价结果。

5）DEA 拥有多种模型，因此评价以及选用模型时需要考虑有效性分析的目的及实际问题的需要，选择合适的 DEA 模型进行评价分析计算。

6）结合指标体系及选定的 DEA 模型，对 DMU 进行相对有效性评价，并分析其评价结果，考虑如何更细致、全面的分析，以便提供尽可能多的比较信息。

5.3.2　发展

（1）DEA 模型的发展

两个最基本的 DEA 模型是 C^2R 模型和 BC^2 模型。最初是以单输入—单输出的工程效率概念为基础，以分式形式提出了第一个 DEA 模型——C^2R 模型；之后从公理化的模式出发，给出了刻画生产规模与技术有效的 DEA 模型——BC^2 模型；接着给出了评价生产技术相对有效的 DEA 模型——C^2GS^2 模型。在基础 DEA 模型上又派生出一些新的

DEA 模型，主要有以下几种类型：

1）C^2W 模型

C^2W 模型作为 C^2R 模型的推广，是一种含有偏好的 DEA 模型。它通过调整锥比率反映人的偏好，使决策更能反映人的意愿。C^2W 模型将决策单元的个数由有限多个拓展到无穷多个，不仅给出了一个精美的研究结构，而且对 DEA 随机背景的进一步研究也提供了一个简明、完善的分析基础。

2）C^2WH 模型

在 C^2R、BC^2 和 C^2W 模型中，输入指标和输出指标的权重没有任何限制，而在许多评价问题中，决策者对评价指标是有所侧重的。锥比率的数据包络模型 C^2WH 的提出解决了权重的问题，该模型可以通过锥的选取来体现决策者的偏好。

3）综合 DEA 模型

综合 DEA 模型 C^2WY 不仅包含了两个最基本的 DEA 模型外，还包含 C^2W 模型和 C^2WH 模型，综合 DEA 模型集多种常用模型及直接编程计算为一体，方便了确定参数就可以获得常用模型的建立，给使用带来了极大方便。

（2）相关理论的发展

1）对 DEA 有效性的研究

DEA 有效是 DEA 理论中最重要、最基本的概念。对 DEA 有效性的理论研究源于对 DEA 有效性的含义以及 DEA 有效单元的结构与特征的认识。近几年来，对于有效性的研究有：通过提出新的模型，使每一决策单元都达到有效的同时，在所有决策单元总输出不减的前提下，使所有决策单元总输入达到最小；从乐观和悲观两个角度去评价决策单元，得到该决策单元有效值的一个区间，从而创立区间 DEA 模型。

2）不精确数据包络分析研究

传统的数据包络分析模型，例如 C^2R 模型和 C^2GS^2 模型所涉及的输入和输出数据都是精确的，但由于事物发展的不确定性，尤其当一些决策单元含有丢失的数据、决策数据、预测数据或含偏好序信息的数据时，DEA 方法面临的数据就是一些区间数或模糊数。为了完善对含有区间数或模糊数的决策单元的相对效率评价，学者研究提出了不精确数据包络分析，把非线性规划转化成线性规划，促进了 DEA 理论和实际应用的发展。

3）灵敏度分析

针对 DEA 方法的灵敏度分析，最初从构造一个特殊的逆矩阵出发，研究有效决策单元单个产出量变化时的灵敏度分析，之后利用基础解系矩阵对加性 DEA 模型的灵敏度分析问题进行探讨。在以上研究的基础上，通过利用有关决策单元为 DEA 有效充要条件的两个定理，分析 DEA 的灵敏度问题，最后对灵敏度的分析拓展到带有参数的 C^2R 模型的灵敏度问题。

（3）DEA 应用的进展

1）在经济分析领域中的应用

DEA 作为评价经济系统相对效率的方法，与生产函数具有紧密的联系。通过介绍运用 DEA 模型建立生产函数的方法，可以证明在单输出的情况下，DEA 有效曲面就是生产函数曲面。同时 DEA 方法在刻画生产函数中的重要作用使得它在评估技术进步方面更具优势：通过由 DEA 模型确定生产前沿面的途径，给出了一种测算技术进步水平和技术进步速度的模型；借助 DEA 理论及对评估技术进步方法的分析和归纳，可以探讨技术进步与规模报酬的关联关系。

2）在效率和效益方面的应用

DEA 方法在效率和效益方面的应用大致概括如下：将 DEA 方法应用于对中国纺织工业部系统内的 177 个大中型棉纺织企业的经济效益的评价；以 DEA 对企业经济效益的评价为基础，对 DEA 方法改进并应用改进的模型对工业企业经济效益问题进行探讨；利用 DEA 方法建立求生产单元的最小成本及最大收益模型，并依据要素的市场价格，分析了投入产出最佳组合效率问题；讨论 DEA 方法与生产函数之间的内在关联，推导出生产规模收益、生产要素的产出弹性等经济指标的 DEA 计算公式；此外，DEA 方法还可以用于系统的预测预警研究并得出基于 DEA 方法的预测模型等。

5.3.3 原理

DEA 方法的原理主要是通过保持决策单元（DMU，Decision Making Units）的输入或者输入不变，借助于数学规划和统计数据确定相对有效的生产前沿面，将各个决策单元投影到 DEA 的生产前沿面上，并通过比较决策单元偏离 DEA 前沿面的程度来评价它们的相对有效性。

（1）模型介绍

假设有 n 个决策单元，每个决策单元都有 m 种类型的"输入"（表示该决策单元对"资源"的消耗）以及 s 种类型的"输出"（它们是决策单元在消耗了"资源"之后，表明"成效"的一些指标），各决策单元的输入和输出如表 5.7 所示。

决策单元的输入输出数据   表 5.7

	决策单元	1	2	3	...	j	...	n	
v_1	1	x_{11}	x_{12}	x_{13}	...	x_{1j}	...	x_{1n}	
v_2	2	x_{21}	x_{22}	x_{23}	...	x_{2j}	...	x_{2n}	
...	...	...	...	...	...	...	...	...	
v_i	...	...	...	...	...	x_{ij}	...	...	
	...	...	...	...	...	...	...	...	

续表

	决策单元	1	2	3	…	j	…	n		
v_m	m	x_{m1}	x_{m2}	x_{m3}	…	x_{mj}	…	x_{mn}		
		y_{11}	y_{12}	y_{13}	…	y_{14}	…	y_{1n}	1	u_1
		y_{21}	y_{22}	y_{23}	…	y_{24}	…	y_{2n}	2	u_2
		…	…	…	…	…	…	…	…	…
		…	…	…	…	y_{rj}	…	…	…	u_r
		…	…	…	…	…	…	…	…	…
		y_{s1}	y_{s2}	y_{s3}	…	y_{s4}	…	Y_{sn}	s	u_s

表中各字母定义如下：

n——决策单元数；

m——输入数；

s——输出数；

x_{ij}——第 j 个决策单元对第 i 种类型输入的投入总量，$x_{ij} > 0$；

y_{rj}——第 j 个决策单元对第 r 种类型输出的产出总量，$y_{rj} > 0$；

v_i——对第 i 种类型输入的一种度量，权系数；

u_r——对第 r 种类型输出的一种度量，权系数。

其中，$i=1,2,\cdots,m$，$r=1,2,\cdots,s$，$j=1,2,\cdots,n$。为方便起见，记：

$$x_j = (x_{1j},\ x_{2j},\ \cdots,\ x_{mj})^{\mathrm{T}},\ j=1,2,\cdots,n$$
$$y_j = (y_{1j},\ y_{2j},\ \cdots,\ y_{sj})^{\mathrm{T}},\ j=1,2,\cdots,n$$
$$v = (v_1,\ v_2,\ \cdots,\ v_m)^{\mathrm{T}}$$
$$u = (u_1,\ u_2,\ \cdots,\ u_s)^{\mathrm{T}}$$

对于权系数 $v \in E^m$ 及 $u \in E^s$（即 v 为 m 维实数向量，u 为 s 维实数向量），决策单位 j 的效率评价指数为：

$$h_j = \frac{\sum_{r=1}^{s} u_r y_{ri}}{\sum_{i=1}^{m} v_i x_{ij}}$$

总可以适当地选取权系数 v 和 u，使其满足 $h_j \leqslant 1$，$j=1,2,\cdots,n$。

当对第 j_0（$1 \leqslant j_0 \leqslant n$）个决策单元的效率进行评价时，以权系数 v 和 u 为变量，以第 j_0 个决策单元的效率指数为目标，以所有决策单元的效率指数 $h_j \leqslant 1$，$j=1,2,\cdots,n$ 为约束，构成如下的 C^2R 模型：

$$(\bar{P}_{C^2R}) \begin{cases} \max \dfrac{u^T y_0}{v^T x_0} = V_{\bar{P}} \\[2mm] \text{s. t. } \dfrac{u^T y_j}{v^T x_j} \leqslant 1, \ j=1, \ 2, \ \cdots, \ n \\[2mm] v \geqslant 0 \\[1mm] u \geqslant 0 \end{cases}$$

为方便起见，记 $(x_0, y_0) = (x_{j0}, y_{j0})$，"$\leqslant$"表示每个分量都小于或等于，"$\leqq$"表示每个分量都小于或等于并且至少有一个分量不等于，"$<$"表示每个分量都小于并且不等于。

将最初的分式规划 C^2R 模型使用 Charnes-Cooper 变换，可以把它化为一个等价的线性规划问题，令：

$$t = \frac{1}{v^T x_{j0}}, w = tv, \mu = tu$$

则有

$$u^T y_0 = \frac{u^T y_{j0}}{v^T x_{j0}}$$

$$\frac{u^T y_i}{w^T x_i} = \frac{u^T y_i}{v^T x_i} \leqslant 1, \ j=1, \ 2, \ \cdots, \ n$$

$$w^T x_{j0} = 1$$

故可得到以下线性规划：

$$(P_{C^2R}) \begin{cases} \max \mu^T y_{j0} = V_P \\[1mm] \text{s. t. } w^T x_j - \mu^T y_j \geqslant 0, \ j=1, \ 2, \ \cdots, \ n \\[1mm] w^T x_{j0} = 1 \\[1mm] w \geqslant 0, \ \mu \geqslant 0 \end{cases}$$

分式规划 $(\bar{P}_{C^2R})$ 与线性规划 (P_{C^2R}) 是等价的，可由以下定理得出：

定理 5.1　分式规划 $(\bar{P}_{C^2R})$ 与线性规划 (P_{C^2R}) 在下述意义下等价：

①若 v^0，u^0 为 $(\bar{P}_{C^2R})$ 的最优解，则

$$w^0 = t^0 v^0, \ \mu^0 = t^0 u^0$$

为 (P_{C^2R}) 的最优解，并且最优值相等，其中 $t_0 = \dfrac{1}{v^{0T} x_{j0}}$

②若 w^0，μ^0 为 (P_{C^2R}) 的最优解，则 w^0，μ^0 也为 $(\bar{P}_{C^2R})$ 的最优解，并且最优值相等。

(2) DEA 有效

1) 有效性定义

DEA 有效性定义及决策单元投影是 DEA 方法中的两个重要概念，通过 DEA 有效性的度量可以描述决策单元的生产效率，通过决策单元在 DEA 有效生产前沿面上的投影可以分析决策单元无效的原因。

定义 5.1　若线性规划 (P_{C^2R}) 的最优解 w^0，μ^0 满足 $V_P = \mu^{0T} y_{j0} = 1$，则称决策单元 j_0 为弱 DEA 有效 (C^2R)。

定义 5.2　若线性规划 (P_{C^2R}) 的最优解中存在 $w^0 > 0$，$\mu^0 > 0$ 满足

$$V_P = \mu^{0T} y_{j0} = 1$$

则称决策单元 j_0 为 DEA 有效 (C^2R)。

2）有效性判定

线性规划 (P_{C^2R}) 的对偶规划为

$$(D_{C^2R}) \begin{cases} \min \theta = V_D \\ \text{s.t.} \sum_{j=1}^{n} x_j \lambda_j \leqslant \theta x_{j0} \\ \quad \sum_{j=1}^{n} y_j \lambda_j \geqslant y_{j0} \\ \lambda_j \geqslant 0, \ j = 1, \ 2, \ \cdots, \ n \end{cases}$$

对线性规划 (D_{C^2R}) 分别引入松弛变量 s^- 和剩余变量 s^+，可得以下线性规划问题 $(\overline{D}_{C^2R})$：

$$(\overline{D}_{C^2R}) \begin{cases} \min \theta = V_D \\ \text{s.t.} \sum_{j=1}^{n} x_j \lambda_j + s^- = \theta x_{j0} \\ \quad \sum_{j=1}^{n} y_j \lambda_j - s^+ = y_{j0} \\ \lambda_j \geqslant 0, \ j = 1, \ 2, \ \cdots, \ n \\ s^- \geqslant 0, \ s^+ \geqslant 0 \end{cases}$$

根据线性规划的对偶理论容易证明以下结论成立。

定理 5.2　①若 $(\overline{D}_{C^2R})$ 的最优值等于 1，则决策单元 j_0 为弱 DEA 有效 (C^2R)；反之也成立。

②若 $(\overline{D}_{C^2R})$ 的最优值等于 1，并且它的每个最优解

$$\lambda^0 = (\lambda_1^0, \ \cdots, \ \lambda_n^0)^T, \ s^{-0}, \ s^{+0}, \ \theta^0$$

都有

$$s^{-0} = 0, \ s^{+0} = 0$$

则决策单元 j_0 为 DEA 有效 (C^2R)，反之也成立。

无论利用线性规划 (P_{C^2R}) 还是利用线性规划 $(\overline{D}_{C^2R})$，判断 DEA 有效性都不是较容易，于是引入非阿基米德无穷小量的概念，来判断决策单元的 DEA 有效性。令 ε 是非阿基米德无穷小量，它是一个小于任何正数且大于 0 的数，可以构造以下模型：

$$(D_\varepsilon) \begin{cases} \min \theta - \varepsilon (\hat{e}^T s^- + e^T s^+) = V_{D_\varepsilon} \\ \text{s.t.} \sum_{j=1}^{n} x_j \lambda_j + s^- = \theta x_{j0} \\ \quad \sum_{j=1}^{n} y_j \lambda_j - s^+ = y_{j0} \\ \lambda_j \geqslant 0, \ j = 1, \ 2, \ \cdots, \ n \\ s^- \geqslant 0, \ s^+ \geqslant 0 \end{cases}$$

其中

$$\hat{e}^{\mathrm{T}} = (1,1,\cdots,1) \in E^m, e^{\mathrm{T}} = (1,1,\cdots,1) \in E^S$$

定理 5.3　设 ε 为非阿基米德无穷小量，并且线性规划 (D_ε) 的最优解为 λ^0，s^{-0}，s^{+0}，θ^0，则有

①若 $\theta^0 = 1$，则有决策单元 j_0 为弱 DEA 有效（$\mathrm{C^2R}$）

②若 $\theta^0 = 1$，并且 $s^{-0} = 0$，$s^{+0} = 0$，则决策单元 j_0 为 DEA 有效（$\mathrm{C^2R}$）。

（3）决策单元在 DEA 相对有效面上的投影

输入数据和输出数据相应的集合（成为参考集）为

$$\hat{T} = \{\,(x_1,\ y_1)\ (x_2,\ y_2),\ \cdots,\ (x_n,\ y_n)\,\}$$

由集合 $\hat{T}$ 生成的凸锥为

$$C\,(\hat{T}) = \{\textstyle\sum_{j=1}^n (x_j,\ y_j)\,\lambda_j \mid \lambda_j \geqslant 0,\ j=1,\ 2,\ \cdots,\ n\}$$

它是参考集中 n 个点 $(x_j,\ y_j)$（$j=1,\ 2,\ \cdots,\ n$）数据包络。

由集合 $\hat{T}$ 生成的生产可能集为

$$T = \{(x,\ y) \mid \textstyle\sum_{j=1}^n x_j\lambda_j \leqslant x,\ \sum_{j=1}^n y_j\lambda_j \geqslant y,\ \lambda_j \geqslant 0,\ j=1,\ 2,\ \cdots,\ n\}$$

若存在 $w^0 \in E^m$，$\mu^0 \in E^s$ 满足 $w^0 > 0$，$\mu^0 > 0$，$(w^{0\mathrm{T}},\ -\mu^{0\mathrm{T}})$ 是多面锥 $C\,(\hat{T})$ 的某个平面的法平面，并且 $C\,(\hat{T})$ 在该面的法方向 $(w^{0\mathrm{T}},\ -\mu^{0\mathrm{T}})$ 的同侧，则称该平面为有效生产前沿面或 DEA 的相对有效面。

从多目标的角度看，有效生产前沿面就是 Pareto 有效点构成的面。具体而言，DEA 有效生产前沿面可以定义如下：

设 $\hat{w}$，$\hat{\mu}$，$\hat{\mu}_0$ 满足

$$\hat{w} > 0,\ \hat{\mu} > 0$$

以及超平面

$$L = \{\,(x,\ y) \mid \hat{w}^{\mathrm{T}}x - \hat{\mu}^{\mathrm{T}}y = 0\}$$

满足

$$T \subset \{\,(x,\ y) \mid \hat{w}^{\mathrm{T}}x - \hat{\mu}^{\mathrm{T}}y \geqslant 0\}$$

$$L \cap T \neq \phi$$

则 L 为生产可能集 T 的有效面，$L \cap T$ 为生产可能集 T 的生产前沿面。

由于有效生产前沿面是由观察到的 n 个点 $(x_j,\ y_j)$（$j=1,\ 2,\ \cdots,\ n$）所决定的，故也成为经验生产前沿面或 DEA 的相对有效面。

定理 5.4 设

$$\hat{x}_{j0} = \theta^0 x_{j0} - s^{-0}$$

$$\hat{y}_{j0} = y_{j0} + s^{+0}$$

其中 λ^0，s^{-0}，s^{+0}，θ^0 是决策单元 j_0 对应的线性规划问题 (D_ε) 的最优解，则 $(\hat{x}_{j0},\ \hat{y}_{j0})$

相对于原来的 n 个决策单元来说是 DEA 有效的。（证明略）

（4）DEA 有效性的含义

DEA 方法和生产函数理论之间具有密切的联系，以下从生产函数理论出发，分析 DEA 有效性的含义。

考虑投入量为 $x = (x_1, x_2, \cdots, x_n)^T$，产出量为 $y = (y_1, y_2, \cdots, y_n)^T$ 的某种生产活动。

设 n 个决策单元所对应的输入输出向量分别为

$$x_j = (x_{1j}, x_{2j}, \cdots, x_{mj})^T, j = 1, 2, \cdots, n$$
$$y_j = (y_{1j}, y_{2j}, \cdots, y_{sj})^T, j = 1, 2, \cdots n$$

以下希望根据所观察到的生产活动 (x_j, y_j)（$j=1, 2, \cdots, n$）去描述生产可能集，特别是根据这些观察数据去确定那些生产活动是相对有效的。

下面为生产可能集的公理体系。

定义 5.3　称

$$T = \{ (x, y) \mid n \text{ 产出向量 } y \text{ 可以由投入向量 } x \text{ 生产出来} \}$$

为所有可能的生产活动构成的生产可能集。

假设生产可能集 T 的构成满足下面 5 条公理，即：

①平凡性公理：

$$(x_j, y_j) \in T, (j = 1, 2, \cdots, n)$$

平凡性公理表明对于投入 x_j，产出 y_j 的基本活动 (x_j, y_j)，理所当然是生产可能集中的一种投入产出关系。

②凸性公理：对任意的 $(x, y) \in T$，和 $(\bar{x}, \bar{y}) \in T$，以及任意的 $\lambda \in [0, 1]$ 均有

$$\lambda (x, y) + (1-\lambda)(\bar{x}, \bar{y}) = (\lambda x + (1-\lambda)\bar{x}, \lambda y + (1-\lambda)\bar{y}) \in T$$

即如果分别以 x 和 $\bar{x}$ 的 λ 及 $1-\lambda$ 比例之和输入，可以生产分别以 y 和 $\bar{y}$ 的相同比例之和的输出。

③锥性定理：对任意 $(x, y) \in T$ 及数 $k \geq 0$ 均有

$$k(x, y) = (kx, ky) \in T$$

这就是说，若以投入量 x 的 k 倍进行输入，那么输出量也以原来产出的 y 的 k 倍产出是可能的。

④无效性公理

a. 对任意的 $(x, y) \in T$ 且 $\hat{x} \geq x$ 均有 $(\hat{x}, y) \in T$；

b. 对任意的 $(x, y) \in T$ 且 $\hat{y} \leq y$ 均有 $(x, \hat{y}) \in T$。

这表明在原来生产活动基础上增加投入或减少产出进行生产总是可能的。

⑤最小性公理：生产可能集 T 是满足公理①～④的所有集合的交集。

可以看出，满足上述 5 个条件的集合 T 是唯一确定的：

$$T=\left\{(x,\ y)\ |\sum_{j=1}^{n}x_{j}\lambda_{j}\leqslant x,\sum_{j=1}^{n}y_{j}\lambda_{j}\geqslant y,\ \lambda_{j}\geqslant0,\ j=1,\ 2,\ \cdots,\ n\right\}$$

（5）DEA 有效性分析

1）当 $\theta^{0}=1$ 并且 $s^{-0}=s^{+0}=0$ 时，称决策单元 j_0 为 DEA 有效。此时，该决策单元既是规模有效的，又是技术有效的。这说明，由这 n 个决策单元组成的经济系统中，决策单元 j_0 的生产要素已经达到最佳组合，并取得了最佳的产出效果。

2）当 $\theta^{0}=1$ 并且 $s^{-0}\neq0$ 或 $s^{+0}\neq0$ 时，称决策单元 j_0 为弱 DEA 有效。此时，该决策单元或不为规模有效，或不为技术有效。对于决策单元 j_0 而言，投入 x_0 可减少 s^{-0} 而保持原产出 y_0 不变，或者在投入 x_0 不变的情况下可以将产出提高 s^{+0}。

3）当 $\theta^{0}<1$ 时，称决策单元 j_0 为非 DEA 有效。说明该决策单元规模无效且技术无效。由这 n 个决策单元组成的经济系统中，DMU_{j0} 可以通过组合将投入降至原来投入 x_0 的 θ 比例而能够保持原产出 y_0 不变。

5.4　评价模型

结合旧工业建筑再生利用项目成本评价的目的，拟采用 $\mathrm{C^2R}$ 模型对项目成本进行评价，$\mathrm{C^2R}$ 模型简要介绍如下：

假定被评价的第 j_0 个项目是 DMU_{j0}，那么模型中的 x_0 和 y_0 则分别代表由该项目的输入数据构成的矩阵和输出数据构成的矩阵，w 为输入指标权重矩阵，μ 为输出指标权重矩阵。h_{j0} 为 DMU_{j0} 的相对效率。

根据 DEA 的 $\mathrm{C^2R}$ 模型（$P_{\mathrm{C^2R}}$）可以得到如下的评价模型：

$$(\overline{P}_{\mathrm{C^2R}})\begin{cases} \max\ h_{j0}=\dfrac{w^{\mathrm{T}}y_0}{\mu^{\mathrm{T}}x_0} \\[2mm] \mathrm{s.\,t.}\ \dfrac{w^{\mathrm{T}}y_j}{\mu^{\mathrm{T}}x_j}\leqslant1,\ j=1,\ 2,\ \cdots,\ n \\[2mm] w\geqslant0 \\[1mm] \mu\geqslant0 \end{cases}$$

其中：

$$x_j=(x_{1j},x_{2j},\cdots,x_{mj})^{\mathrm{T}},j=1,2,\cdots,n$$

$$y_j=(y_{1j},y_{2j},\cdots,y_{sj})^{\mathrm{T}},j=1,2,\cdots,n$$

使用 Charnes-Cooper 变换，可以把它化为一个等价的线性规划问题：

$$(P_{\mathrm{C^2R}})\begin{cases} \max\ \mu^{\mathrm{T}}y_{j0}=V_P \\[1mm] \mathrm{s.\,t.}\ w^{\mathrm{T}}x_j-\mu^{\mathrm{T}}y_j\geqslant0,\ j=1,\ 2,\ \cdots,\ n \\[1mm] w^{\mathrm{T}}x_{j0}=1 \\[1mm] w\geqslant0,\ \mu\geqslant0 \end{cases}$$

线性规划（P_{C^2R}）的对偶规划为

$$(D_{C^2R})\begin{cases} \min\theta=V_D \\ \text{s.t.}\sum_{j=1}^{n}x_j\lambda_j\leqslant\theta x_{j0} \\ \quad\sum_{j=1}^{n}y_j\lambda_j\geqslant y_{j0} \\ \lambda_j\geqslant 0,\ j=1,\ 2,\ \cdots,\ n \end{cases}$$

对线性规划（D_{C^2R}）分别引入松弛变量 s^- 和剩余变量 s^+，可得以下线性规划问题（$\overline{D}_{C^2R}$）：

$$(\overline{D}_{C^2R})\begin{cases} \min\theta=V_D \\ \text{s.t.}\sum_{j=1}^{n}x_j\lambda_j+s^-=\theta x_{j0} \\ \quad\sum_{j=1}^{n}y_j\lambda_j-s^+=y_{j0} \\ \lambda_j\geqslant 0,\ j=1,\ 2,\ \cdots,\ n \\ s^-\geqslant 0,\ s^+\geqslant 0 \end{cases}$$

无论利用线性规划（P_{C^2R}）还是利用线性规划（$\overline{D}_{C^2R}$），判断 DEA 有效性都不是较容易，于是引入非阿基米德无穷小量的概念，来判断决策单元的 DEA 有效性。令 ε 是非阿基米德无穷小量，它是一个小于任何正数且大于 0 的数，可以构造以下模型：

$$(D_\varepsilon)\begin{cases} \min\theta-\varepsilon\ (\hat{e}^{\mathrm{T}}s^-+e^{\mathrm{T}}s^+)=V_{D_\varepsilon} \\ \text{s.t.}\sum_{j=1}^{n}x_j\lambda_j+s^-=\theta x_{j0} \\ \quad\sum_{j=1}^{n}y_j\lambda_j-s^+=y_{j0} \\ \lambda_j\geqslant 0,\ j=1,\ 2,\ \cdots,\ n \\ s^-\geqslant 0,\ s^+\geqslant 0 \end{cases}$$

其中

$$\hat{e}^{\mathrm{T}}=(1,1,\cdots,1)\in E^m, e^{\mathrm{T}}=(1,1,\cdots,1)\in E^s$$

具体详见 5.3.3 节。

5.5　实证分析

5.5.1　项目概况

某旧工业建筑再生利用项目原为老钢厂，该钢铁厂建造于 1958 年，作为曾经全国十大特种钢材企业之一，为我国国防事业做出了巨大的贡献。到 20 世纪 90 年代，由于产业结构调整、设备不能及时更新、产品创新不能符合市场要求等原因，工厂效益日渐削弱，同时由于离退休员工的增多，增大了工厂的经济压力，导致老钢厂在 1999

年 1 月停产。2012 年底，在市政府牵头下，由某产业园投资管理有限公司和某产业集团进行联合开发，将老钢厂内的部分厂房改造为某创意产业园，厂房改造前如图 5.7、图 5.8 所示。

图 5.7　厂房鸟瞰图

图 5.8　厂房内部图

老钢厂作为该地区的首家设计创意产业园，充分利用原厂房特点进行改造再利用，集 LOFT 创意办公空间和花园式生态办公环境为一体。产业园的开发分营销样板工程、一期、二期三部分进行。总占地面积达 50 亩，改造后总建筑面积约为 40000m²。通过设计改造将原老钢厂厂房改造成时尚商务会展、LOFT 创意办公、企业孵化中心、产业信息交流、人才培训、企业服务、创意集市和工业景观为一体的西安首座以"设计创意"为主题的城市主题产业园。建成后可容纳企业约 100 家，员工 3000 名，年创造社会经济效益可超 10 亿元。

园区最初存有 9 栋较完整的大厂房，以及一些质量比较差的临时建筑和大量工业构架，其中完整的 9 栋大厂房中有三栋较小的木屋架厂房，其余均为大跨度的厂房车间。由于园区整体绿化环境较好，遗留有大量的老树木、厂区内的厂房在体量、空间、结构形式等方面各具特色、建筑形态充满当时苏式建筑的风格，拟在不改变原有结构体系的前提下，对大部分建筑进行保留，同时对空间进行梳理和新的功能定义，使其获得重生。

厂房改造面积约为 39857.9m²，其中包括办公面积 20497.9m²、商业面积 4177.8m²、商业配套 11602.1m²、新建综合大楼 1620m² 及园区服务管理大楼 750m²。旧工业建筑再利用比例达到总建筑面积的 94.39%。园区内共设置机动车停车位 354 辆，其中地下停车位 172 辆，地面停车位 182 辆。

现以该再生利用项目中的四项子项目为基础采集相应的评价数据，实现对再生利用项目的成本评价，对再生利用项目的成本管理提供指导及参考。其中子项目的输入输出数据如表 5.8 所示。

决策单元输入输出数据汇总表　　　　　表 5.8

	名称	DMU$_1$	DMU$_2$	DMU$_3$	DMU$_4$
投入	检测费（万元）	35	32.5	29	42
	基本工资（万元）	53.96	50.98	49.5	5.995
	工人劳保费（万元）	4.32	4.054	3.857	5.6
	原材料总价（万元）	146.882	109.908	98.97	174.006
	采购保管费（万元）	13.7953	10.902	14.067	16.009
	机械使用费（万元）	26.805	22.905	20.39	30.56
	临时设施费（万元）	17.84	14.876	12.098	20.9
	劳动保护费（万元）	7.992	6.59	6.285	8.25
	管理人员工资（万元）	24.351	20.38	19.04	26.08
	固定资产使用费（万元）	17.27	15.87	13.6	21.09
产出	可用建筑面积（m^2）	5023.67	4756.05	4587	5425.4
	总资产收益 (%)	8	10	11	9

5.5.2　成本评价

运用 DEA 方法对再生利用项目进行成本评价涉及的数据较多，为减少计算量，提高计算精度，可以用计算机进行编程计算。在此采用 MATLAB 软件编写 DEA 程序，原因在于其具备强大的矩阵运算能力和直观、方便的编程功能。相关的编程如下所示：

运行程序 1：

```
clear,
X=[35 32.5 29 42;53.96 50.98 49.5 5.995; 4.32 4.054 3.857 5.6; 146.9 109.9 98.97
174.006; 13.8 10.9 14.067 16.009; 26.81 22.91 20.39 30.56; 17.84 14.88 12.098 20.9; 7.992
6.59 6.285 8.25; 24.35 20.38 19.04 26.08; 17.27 15.87 13.6 21.09]';
Y=[5024 4756 4587 5425.4;8 10 11 9]';
n=size(X',1);m=size(X,1);s=size(Y,1);
A=[-X' Y'];
b=zeros(n,1);
LB=zeros(m+s,1);UB=[];
For i=1:n;
    f=[zeros(1,m) –Y(:,i)'];
    Aeq=[X(:,i)' zeros(1,s)];beq=1;
    w(:,i)=linprog(f,A,b,Aeq,beq,LB,UB);
```

```
    E(i,i)=Y(:,i)'*w(m+1:m+s,i);
end
w
E
omega=w(1:m,:)
mu=w(m+1:m+s,:)
```

程序 1 的运行结果如表 5.9 所示。

线性规划（P_{C^2R}）的相对效率 θ 及投入产出权重表　　　　　　　　　　表 5.9

名称	DMU$_1$	DMU$_2$	DMU$_3$	DMU$_4$
相对效率值	0.9874	1	1	1
投入权重 w	0	0.0021	0.0021	0.0016
	0.0035	0.0016	0.0003	0.0927
	0.1799	0.0262	0.0537	0.0001
	0	0.0003	0.0004	0.0023
	0.0024	0.0323	0.0155	0.0017
	0	0.0032	0.0047	0.0017
	0	0.0045	0.0059	0.0084
	0	0.0104	0.0136	0.0023
	0	0.0041	0.0048	0.0019
	0	0.0041	0.0084	0.0023
产出权重 μ	0.0002	0.0001	0	0.0002
	0	0.0509	0.0892	0.0097

为进一步确认决策单元的有效性及分析决策单元非有效性的原因，须利用模型进行进一步的分析计算。接下来运行程序 2：

```
clear
X=[35 32.5 29 42;53.96 50.98 49.5 5.995; 4.32 4.054 3.857 5.6; 146.9 109.9 98.97
174.006; 13.8 10.9 14.067 16.009; 26.81 22.91 20.39 30.56; 17.84 14.88 12.098 20.9; 7.992
6.59 6.285 8.25; 24.35 20.38 19.04 26.08; 17.27 15.87 13.6 21.09]';
Y=[5024 4756 4587 5425.4;8 10 11 9]';
n=size(X', 1);m=size(X,1);s=size(Y,1);
epsilon=10^-10;
```

```
f=[zeros(1,n) –epsilon*ones(1,m+s) 1];
A=zeros(1,n+m+s+1);b=0;
LB=zeros(n+m+s+1,1);UB=[];
LB(n+m+s+1)=-inf;
for i=1:n;
Aeq=[X eye(m) zeros(m,s) –X(:,i)
      Y zeros(s,m) –eye(s) zeros(s,1)];
beq=[zeros(m,1)
      Y(:,i)];
w(:,i)=linprog(f,A,b,Aeq,beq,LB,UB);
end
w
lambda=w(1:n,:)
s_minus=w(n+1：n+m,:)
s_plus=w(n+m+1:n+m+s,:)
theta=w(n+m+s+1,:)
```

程序 2 的运行结果如表 5.10 所示。

各决策单元评价结果表　　　　　　　　　　　　　　　　　　表 5.10

名称	DMU$_1$	DMU$_2$	DMU$_3$	DMU$_4$
$\sum\limits_{j=1}^{4}\lambda_j$	0.7802	4.9474	3.7047	8.8095
	0.2895	0	0	0
	0.4464	0	0	0
	0.0357	0	0	0
	1.2151	0	0	0
s^-	0.1141	0	0	0
	0.2217	0	0	0
	0.1476	0	0	0
	0.0661	0	0	0
	0.0074	0	0	0
	0.1429	0	0	0
s^+	0.8721	2.6383	1.9936	3.7249
	0.0017	0.0044	0.0033	0.0062

5.5.3 结论与建议

（1）结论

根据表 5.8 可知，DMU_2、DMU_3、DMU_4 是弱有效的，DMU_1 是非弱有效的。

根据表 5.9 可知，子项目 2、3、4 的各项成本投入较合理，相应的产出略低。对于子项目 1 而言，应采取适当地成本管理措施，调整相关成本指标的投入，使投入成本与产出达到平衡，实现项目成本的最优化。

运用计算公式：

$$\hat{x}_0 = \theta^0 x_0 - s^{-0}；\hat{y}_0 = x_0 + s^{+0}$$

对 DMU_1 的投入及产出指标值进行调整。DMU_1 投入指标调整结果如表 5.11 所示，DMU_2、DMU_3、DMU_4 产出指标调整如表 5.12 所示。

DMU₁ 投入指标调整表　　　　　　　　　　　　　　表 5.11

序号	名称	实际成本值	s	评价减小值	评价目标值
1	检测费（万元）	35	0.2895	10.133	24.87
2	基本工资（万元）	53.96	0.4464	24.088	29.87
3	工人劳保费（万元）	4.32	0.0357	0.154	4.166
4	原材料总价（万元）	146.882	1.2151	178.476	-31.6
5	采购保管费（万元）	13.7953	0.1141	1.574	12.22
6	机械使用费（万元）	26.805	0.2217	5.943	20.86
7	临时设施费（万元）	17.84	0.1476	2.633	15.21
8	劳动保护费（万元）	7.992	0.0661	0.528	7.464
9	管理人员工资（万元）	24.351	0.0074	0.180	24.17
10	固定资产使用费（万元）	17.27	0.1429	2.468	14.8

由表 5.11 可知，该子项目的原材料成本低于最优值 31.6 万元，说明原材料成本管理良好。其余指标的实际值均超出最优值，相应的评价减少值如表 5.11 所示。

DMU₂、DMU₃、DMU₄ 产出指标调整表　　　　　　　表 5.12

序号	DMU₂		DMU₃		DMU₄	
名称	可用建筑面积（m²）	总资产收益（%）	可用建筑面积（m²）	总资产收益（%）	可用建筑面积（m²）	总资产收益（%）
实际产出	4756.05	10	4587	11	5425.4	9
s^+	2.6383	0.0044	1.9936	0.0033	3.7249	0.0062
评价目标值	4758.7	10.0044	4589	11.0033	5429.12	9.0062

（2）建议

1）人工费控制

人工费的控制主要表现在劳务承包方式及劳务队伍的选择、用工效率的控制、重复用工的控制、变更用工的调整和控制。

为了更好地控制工程成本和选择施工班组，项目部应结合新型的劳务清包模式和传统的单项分包模式的相关内容向劳务公司发包，应注意以下内容：项目考察与组织推荐相结合确定各劳务公司的专业施工班组，做到优中选优，保证劳务班组满足项目要求；内部劳动定额与市场价格相结合确定人工单价，做到价格合理，确保劳资双方的权益；定额含量与目标成本计划相结合确定消耗材料的消耗比率，确定主材的损耗率控制指标，确保限额领料成果的最大实现；包死单价与合理调整相结合确定和区分额外用工量及其责任。确保合同单价内工程量的全面实现，提高用工效益，确保额外用工和重复用工的可追索性；激励与处罚相结合确定进度、质量、安全管理成果。确保项目目标的全面实现。人工费的控制是一个动态的过程，它要求全员参与，上至项目经理，下到工人，本工程通过上下齐心协力，人工费的控制达到预期的目标。

2）机械设备费的控制

准确计算项目所需机械设备的数量并编制相应的设备选型方案，在设备选型方案确定后，确保设备进场后的完好率，保证进场设备质量，并做好设备的维护保养工作。同时确保设备的利用率，最大限度地控制机械设备费用在计划范围内。

3）加强工期控制

工期的合理安排对降低机械设备使用费、材料的保管费、临时设施费、管理人员工资、固定资产使用费等具有明显的作用。一般来讲，工期与成本是正相关关系，工期越长，成本越高，同时随着时间的延长，固定成本的消耗额与日俱增。为降低项目成本，缩短工期是较常见的方法，但应该注意，若人为缩短工期，造成加班赶工，导致有效资源合理调配不足或机械设备不能反复利用而导致成本急剧上升。所以应该选择适当的管理方式，保证在不增加成本的前提下，缩短工期，以降低工人工资、机械设备、管理成本等费用。

4）做好月度成本核算

在施工期间，成本管理人员应及时对原始成本资料进行收集和整理，正确计算月度成本，分析月度预算成本与实际成本的差异。对于一般的成本差异要在充分注意不利差异的基础上，认真分析有利差异产生的原因，以防对后续作业成本产生不利影响或因低劣而造成返工损失；对于盈利比例异常的现象，则要重视，并在查明原因的基础上，采取果断措施，尽快加以纠正。

参考文献

[1] 李慧民.旧工业建筑再生利用管理与实务 [M].北京：中国建筑工业出版社，2015.

[2] 陈旭.旧工业建筑（群）再生利用理论与实证研究 [D].西安：西安建筑科技大学，2009.

[3] 闫昱婷.既有大型公共建筑节能改造成本评价研究 [D].西安：西安建筑科技大学，2012.

[4] 李佳凌.旧工业建筑再利用的项目管理模式研究 [D].西安：西安建筑科技大学，2011.

[5] 张静.旧工业建筑改造再利用的价值研究与评价 [D].西安：西安建筑科技大学，2011.

[6] 段燊.A 房地产公司项目建设阶段成本控制流程再造研究 [D].长春：吉林大学，2013.

[7] 游飞.建筑工程项目成本过程管理控制——以寺头安置小区项目为例 [D].南京：南京理工大学，2013.

[8] 阳林.工程变更因素对成本的影响评价及控制研究 [D].重庆：重庆大学，2012.

[9] 卢天柱.基于改进挣值法的工程项目成本控制研究与应用 [D].重庆：重庆大学，2012.

[10] 吉利.工程项目成本评价方法对比分析 [J].财会通讯，2012（4）.

[11] 袁俊杰.工程项目全面成本管理理论与实证研究 [D].长沙：中南大学，2007.

[12] 杨国梁.数据包络分析方法 (DEA) 综述 [J].系统工程学报，2013-12（6）.

[13] 马占新.数据包络分析模型与方法 [M].北京：科学出版社，2004.

[14] 马占新.数据包络分析及其应用案例 [M].北京：科学出版社，2013.

[15] 马立杰.DEA 理论及应用研究 [D].济南：山东大学，2007.

[16] 简志峰.数据包络分析（DEA）及其在成本收益分析中的应用 [D].天津：天津大学，2003.

[17] 喻登科.DEA 方法应用的若干思考 [J].现代管理科学，2012（10）.

[18] 俞国凤.建筑工程造价的基本原理与计价 [M].上海：同济大学出版社，2010.

[19] 张扬.旧工业建筑（群）再生利用项目绿色评价指标体系研究 [D].西安：西安建筑科技大学，2013.

[20] 徐英.施工项目成本动态管理 [D].北京：北京交通大学，2009.

第6章　旧工业建筑再生利用项目安全评价

旧工业建筑再生利用作为房屋使用的一种新的业态形式，其改造全过程既具有一般改造工程安全管理的共性，又具有必须单独强化的个性。与其他改建项目相同，旧工业建筑再生利用项目设计、施工的不到位易造成先天质量缺陷，服役环境的影响、使用过程的维护也均为必须重视的安全管理问题；但旧工业建筑改建后的使用功能相较原始设计发生了巨大的变化，其建筑结构、构造、装修也不同程度需要进行较大的改变，这成为旧工业建筑再生利用在安全管理方面须单独研究的个性问题。

6.1　概念与内涵

6.1.1　基本概念

《安全评价通则》（AQ 8001—2007）中定义"安全评价（Safe Assessment）"是以实现安全为目的，应用安全系统工程原理和方法，辨识与分析工程、系统、生产经营活动中的危险、有害因素，预测发生事故或造成职业危害的可能性及其严重程度，提出科学、合理、可行的安全对策建议，做出评价结论的活动。

旧工业建筑再生利用项目的安全评价，则是以保证项目具体实施各项活动中人、物、环境的安全为目的，运用安全系统工程理论与评价方法，对项目实际改造再利用过程中的安全管理现状进行评价，以明确项目自身的安全生产状态，从而为项目继续保持良好状态或针对现有安全隐患制定改进措施提供科学的参考依据。

6.1.2　安全评价与安全控制

（1）安全控制

安全控制的根本性目的在于预防安全生产事故的发生，所以建设项目安全评价与控制的基础是分析事故起因与事故处理的方式。

一般情况下，将建设项目安全事故划分为 5 个阶段：潜伏期、孕育期、发生期、发展期、结束期（如图 6.1 所示）。其中，潜伏期与孕育期为前期，发生期与发展期为中期，结束期为后期。

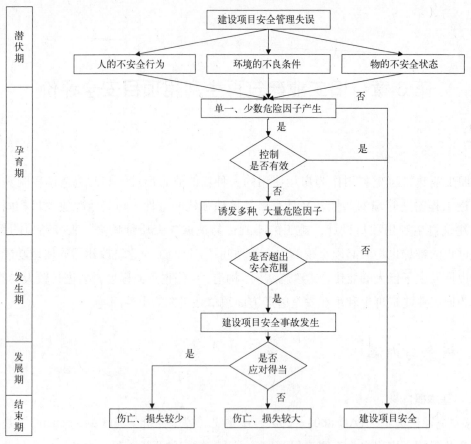

图 6.1　建设项目安全事故致因模型

事故前期，安全控制主要是为保证建设项目各项活动在有序稳定的状态下进行，通过管理措施对偏离既定安全标准的人、物、环境进行偏差纠正的工作（事前控制）；事故中期，安全控制主要是为尽可能减少人员伤亡与财产损失，通过及时高效的管理措施使事故发生中断或避免二次事故的发生（事中控制）；事故后期，安全控制主要是通过管理措施及时处理已发生事故造成的影响，并进行经验教训的总结，进一步完善安全管理系统（事后控制）。因此，为确保人员生命与财产的安全，应将事故控制在萌芽状态，即将事前控制作为安全控制工作的重中之重，但由于建设项目施工的复杂性、阶段性以及不安全问题出现的随机性，所以安全控制的过程体现为现场管理措施与人、物、环境的不安全因素相互动态的博弈过程。

安全控制的步骤为：①确定建设项目安全控制的目标与控制对象；②根据影响安全控制的因素确定安全控制的指标；③根据安全控制指标制定控制标准与评测方法；④对实际状态进行评价；⑤找出偏差存在的原因，选择恰当的纠偏措施；⑥对纠偏后的状态再次进行评价与纠偏，直至实际状态符合制定的安全控制标准。

（2）安全评价

安全评价是对系统危险情况的客观评价，它通过对系统中危险源和控制措施的评价来客观地描述系统的危险程度，最终指导人们采取预先的防范措施来降低系统的危险性。其主要内容见表 6.1。

建设工程项目安全评价内容　　　　　　　　　　　　　表 6.1

安全评价	确认危险源	查找危险源：是否有新的危险源出现，危险源有哪些变化
		危险性定量：确认发生概率、发生后果等
	评价危险性	危险源的控制能力：降低危险性的措施是否可行，能否落实；消除危险性的可能性，有没有采取的措施等
		允许（危险）界限：社会对危险性的允许界限、企业对危险性的允许界限、部门对危险性的允许界限、专业组对危险性的允许界限

安全评价的工作程序一般包括：①前期准备；②危害因素与事故隐患的识别；③定性与定量评价；④安全管理现状综合评价；⑤确定安全对策措施及建议；⑥完成安全现状评价报告，如图 6.2 所示。

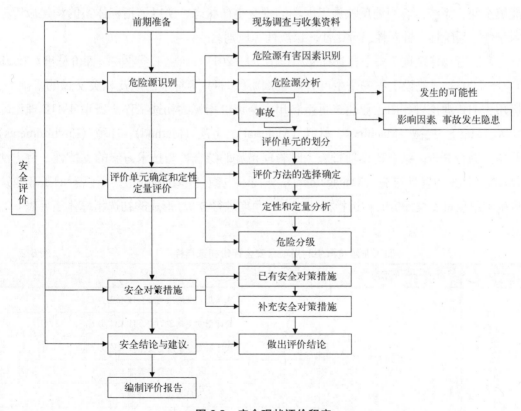

图 6.2　安全现状评价程序

（3）安全评价与控制的关系

在建设项目实施过程中，为使管理人员能够采取科学、合理、有效的安全控制措施，实现施工现场安全技术、安全管理的标准化，则需要通过合理的评价标准与评价模型对建设项目的安全生产现状与管理现状进行全面系统客观的评价，并将评价结论作为制定安全控制对策与整改建议的重要参考依据。因此，安全评价是管理人员对施工现场进行良好安全控制的重要基础。

6.2 评价指标

6.2.1 指标分析

在旧工业建筑加固改造过程中，相较一般施工项目，其施工场地为旧工业厂区与部分功能受损的旧工业建筑，具有地下障碍物繁多、遗留工业垃圾冗杂、施工场地狭窄、部分结构拆换、大型机械使用受限等特点，应严格注重防倒塌、防火灾、防高处坠落、防污染以及减少对周边的影响等安全措施。

旧工业建筑再生利用安全评价指标体系是评价现场安全状况的基础工作。指标体系的合理性将对评价数据采集与评价结论产生直接影响，从理论基础上决定评价结论是否能够全面、系统、客观地反映施工现场的安全生产状态，所以该指标体系的构建应遵循科学性、系统性、针对性、可比性、层次性等原则。

在参考《建筑施工安全检查标准》（JGJ 59—2011）、《施工企业安全评价标准》（JGJ/T 77—2003）、《建设工程安全生产管理条例》（2004）等标准法规及相关文献的基础上，运用 4M1E 理论进行旧工业建筑再生利用安全评价指标的初选工作。所谓 4M1E 理论即从人（Man）、机械（Machine）、材料（Material）、方法（Method）、环境（Environments）的角度进行分析。结合建设项目施工时管理措施的综合性与技术方案的支撑性，将方法（Method）分为管理措施（Management）与技术方案（Technology），所以对旧工业建筑再生利用项目安全评价的初选指标从 4M1E 角度进行分析，形成的初选指标体系见表 6.2。

旧工业建筑再生利用项目安全评价初选指标　　　　　　　　　　　表 6.2

目标	一级指标	二级指标
旧工业建筑再生利用安全评价 A	人员 B_1	决策层安全素质与安全技术能力 C_{11}
		管理层安全素质与安全技术能力 C_{12}
		操作层安全素质与安全技术能力 C_{13}
		从业人员资格管理 C_{14}
		人员劳动防护管理 C_{15}
		人员生活条件 C_{16}

续表

目标	一级指标	二级指标
旧工业建筑再生利用安全评价 A	机械 B_2	大型施工机械设备安全控制 C_{21}
		常用机械设备安全管理 C_{22}
		施工机械可靠性检验与保养 C_{23}
		施工机械适用性 C_{24}
		施工机械设备先进性 C_{25}
	材料 B_3	材料供应商管理 C_{31}
		材料进场质量验收 C_{32}
		材料场内运转装卸 C_{33}
		材料的存储与保护 C_{34}
	管理 B_4	安全生产责任制度及执行 C_{41}
		安全生产资金保障制度及执行 C_{42}
		安全教育培训制度及执行 C_{43}
		安全检查制度及执行 C_{44}
		安全生产事故应急救援制度及执行 C_{45}
		安全管理机构 C_{46}
		安全管理考核 C_{47}
		安全生产目标的制定与分解 C_{48}
	技术 B_5	安全技术法规标准及操作流程 C_{51}
		拆除、加固、改造方案设计 C_{52}
		危险源控制技术 C_{53}
		安全技术交底 C_{54}
	环境 B_6	安全标识与防护设施管理 C_{61}
		当地天气变化应对能力 C_{62}
		旧工业建筑结构加固 C_{63}
		再利用对周边的无害化 C_{64}
		旧工业遗留有害物质清理 C_{65}
		施工现场垃圾清运 C_{66}
		现场照明条件 C_{67}
		施工现场噪声及扬尘控制 C_{68}

6.2.2　指标筛选

首先，通过访谈 12 位参与旧工业建筑再生利用项目改造施工且工作经验 10 年以上的管理人员，对初选 34 项指标进行经验分析和初步修改：管理因素维度中，将"安全生产目标的制定与分解 C_{48}" 合并到 "安全生产责任制度及执行 C_{41}"，因为各级人员安全生产责任的划分基于结合安全生产目标的分解；环境因素维度中，将 "现场照明条件 C_{67}" 与 "施工现场噪声及扬尘控制 C_{68}" 合并为 "现场工作基本条件 C_{67}"，因为二者均属于现场施工环境基本条件的范畴。此外，在技术维度中加入 "施工障碍物识别 C_{55}"，因为专家提出旧工业建筑再生利用现场施工经常因未识别的障碍物产生停滞，并由此发生设计变更与施工方案变更。

然后，对各指标的重要性分析采用专家调查法，将指标的重要性划分为五个级别：①非常不重要——赋值 1 分；②不重要——赋值 2 分；③一般考虑——赋值 3 分；④重要——赋值 4 分；⑤非常重要——赋值 5 分。受访专家根据问卷提示信息，对各二级指标的重要程度做出判断，每个指标对应的一组数据用 x_{ij} 表示，其中 $i=1$，2，3，$\cdots$，m（m 表示指标的数量），$j=1$，2，3，$\cdots$，n（n 表示专家的数量）。

各指标的重要程度分析依据重要程度指数 RII_i 进行比较，RII_i 的表达式：

$$RII_i = 100 \times \frac{N_{i1} \times 1 + N_{i2} \times 2 + N_{i3} \times 3 + N_{i4} \times 4 + N_{i5} \times 5}{5N} \qquad (6\text{-}1)$$

其中，$i=1$，2，3，$\cdots$，m；$N_{i1} \sim N_{i5}$ 分别表示问卷对第 i 个指标赋值为 1，2，3，4，5 时所对应的反馈人数数量；N 为问卷总数量。

对于影响因素的离散程度主要根据统计数据计算所得的变异系数 δ_i 进行分析，δ_i 值越大，表明专家对该指标的意见分歧较大，数据可信度不高。变异系数 δ_i 的计算式为：

$$\delta_i = \frac{\sigma_i}{\mu_i} \qquad (6\text{-}2)$$

其中，

$$\mu_i = \frac{1}{n} \sum_{j=1}^{n} x_{ij} \qquad (6\text{-}3)$$

$$\sigma_i = \sqrt{\frac{1}{n-1} \sum_{j=1}^{n} (x_{ij} - \mu_i)^2} \qquad (6\text{-}4)$$

本次调研在发放后回收的有效问卷为 56 份，其中：项目施工管理人员 14 份、安全管理人员 13 份、质量监督站人员 17 份以及高校科研人员 12 份，最终分析结果见表 6.3。

旧工业建筑再生利用项目安全评价初选指标重要指数计算　　　　表 6.3

序号影响因素	反馈问卷所赋分值					μ_i	σ_i	δ_i	RII_i
	1	2	3	4	5				
决策层安全素质与安全技术能力 C_{11}	0	0	5	18	33	4.50	0.66	0.15	90.00
管理层安全素质与安全技术能力 C_{12}	0	0	2	23	31	4.52	0.57	0.13	90.36
操作层安全素质与安全技术能力 C_{13}	0	0	4	21	31	4.48	0.63	0.14	89.64

续表

序号影响因素	反馈问卷所赋分值					μ_i	σ_i	δ_i	RII_i
	1	2	3	4	5				
从业人员资格管理 C_{14}	0	0	0	27	29	4.52	0.50	0.11	90.36
人员劳动防护管理 C_{15}	0	0	0	22	34	4.61	0.49	0.11	92.14
人员生活条件 C_{16}	0	2	22	18	14	3.79	0.87	0.23	75.71
大型施工机械设备安全控制 C_{21}	0	0	0	18	38	4.68	0.47	0.10	93.57
常用机械设备安全管理 C_{22}	0	0	6	22	28	4.39	0.68	0.15	87.86
施工机械可靠性检验与保养 C_{23}	0	0	6	17	33	4.48	0.69	0.15	89.64
施工机械适用性 C_{24}	0	0	8	22	26	4.30	0.74	0.17	86.48
施工机械设备先进性 C_{25}	0	5	22	13	16	3.71	0.99	0.27	74.29
材料供应商管理 C_{31}	1	10	22	12	11	3.39	1.06	0.31	67.86
材料进场质量验收 C_{32}	0	0	2	18	36	4.61	0.56	0.12	92.14
材料场内运转装卸 C_{33}	0	0	10	27	19	4.16	0.71	0.17	83.21
材料的存储与保护 C_{34}	0	0	9	21	26	4.30	0.74	0.17	86.07
安全生产责任制度及执行 C_{41}	0	0	2	19	35	4.59	0.56	0.12	91.79
安全生产资金保障制度及执行 C_{42}	0	0	0	19	37	4.66	0.48	0.10	93.21
安全教育培训制度及执行 C_{43}	0	0	3	19	34	4.55	0.60	0.13	91.07
安全检查制度及执行 C_{44}	0	0	1	21	34	4.59	0.53	0.12	91.79
安全生产事故应急救援制度及执行 C_{45}	0	0	1	23	32	4.55	0.54	0.12	91.07
安全管理机构 C_{46}	0	0	1	18	37	4.64	0.52	0.11	92.86
安全管理考核 C_{47}	0	0	3	18	35	4.57	0.60	0.13	91.43
安全技术法规标准及操作流程 C_{51}	0	0	0	17	39	4.70	0.46	0.10	93.93
拆除、加固、改造方案设计 C_{52}	0	0	0	18	38	4.68	0.47	0.10	93.57
危险源控制技术 C_{53}	0	0	0	17	39	4.70	0.46	0.10	93.93
安全技术交底 C_{54}	0	0	9	22	25	4.29	0.73	0.17	85.71
施工障碍物识别 C_{55}	0	0	4	18	34	4.55	0.60	0.13	91.02
安全标识与防护设施管理 C_{61}	0	0	2	18	36	4.61	0.56	0.12	92.14
当地天气变化应对能力 C_{62}	0	0	3	18	35	4.57	0.60	0.13	91.43
旧工业建筑结构加固 C_{63}	0	0	0	17	39	4.70	0.46	0.10	93.93
再利用对周边的无害化 C_{64}	0	0	0	19	37	4.66	0.48	0.10	93.21
旧工业遗留有害物质清理 C_{65}	0	0	2	19	35	4.59	0.56	0.12	91.79
施工现场垃圾清运 C_{66}	0	0	2	22	32	4.54	0.57	0.13	90.71
现场工作基本条件 C_{67}	0	0	1	19	36	4.63	0.52	0.11	92.50

通过比较初选指标的重要程度指数，发现：人员生活条件 C_{16} 重要性指数为 75.71，施工机械设备先进性 C_{25} 重要性指数为 74.29，材料供应商管理 C_{31} 重要性指数为 67.86，均 <80，说明这三项指标重要性较低，且离散指数均 >0.2，说明专家们对这三项指标存在较大争议，因此，将这三项指标剔除，并最终形成旧工业再生利用项目安全评价指标体系，见表 6.4。

旧工业建筑再生利用项目安全评价指标体系　　　　　　　　　　　　表 6.4

目标	一级指标	二级指标
旧工业建筑再生利用安全评价 A	人员 B_1	决策层安全素质与安全技术能力 C_{11}
		管理层安全素质与安全技术能力 C_{12}
		操作层安全素质与安全技术能力 C_{13}
		从业人员资格管理 C_{14}
		人员劳动防护管理 C_{15}
	机械 B_2	大型施工机械设备安全控制 C_{21}
		常用机械设备安全管理 C_{22}
		施工机械可靠性检验与保养 C_{23}
		施工机械适用性 C_{24}
	材料 B_3	材料进场质量验收 C_{31}
		材料场内运转装卸 C_{32}
		材料的存储与保护 C_{33}
	管理 B_4	安全生产责任制度及执行 C_{41}
		安全生产资金保障制度及执行 C_{42}
		安全教育培训制度及执行 C_{43}
		安全检查制度及执行 C_{44}
		安全生产事故应急救援制度及执行 C_{45}
		安全管理机构 C_{46}
		安全管理考核 C_{47}
	技术 B_5	安全技术法规标准及操作流程 C_{51}
		拆除、加固、改造方案设计 C_{52}
		危险源控制技术 C_{53}
		安全技术交底 C_{54}
		施工障碍物识别 C_{55}

续表

目标	一级指标	二级指标
旧工业建筑再生利用安全评价 A	环境 B_6	安全标识与防护设施管理 C_{61}
		当地天气变化应对能力 C_{62}
		旧工业建筑结构加固 C_{63}
		再利用对周边的无害化 C_{64}
		旧工业遗留有害物质清理 C_{65}
		施工现场垃圾清运 C_{66}
		现场工作基本条件 C_{67}

现对各二级指标说明如下:

(1) 人员

1) 决策层安全素质与安全技术能力:主要体现为决策层人员对工程项目安全现状的洞察力、安全事故的处理决策能力、安全态势的宏观控制力、安全生产的社会责任感与职业使命感、安全生产方针政策的掌握、现代安全管理技能方面。

2) 管理层安全素质与安全技术能力:主要体现为管理层人员遵守安全规章制度、参加安全生产活动、参与安全生产教育培训的情况、发现安全和查找安全隐患的能力、对基层员工在作业现场的安全保护、对生产条件和作业环境的重视、现场安全工作的控制能力、现场工序技术要求的熟悉程度、现场组织协调能力方面。

3) 操作层安全素质与安全技术能力:主要体现为操作层人员安全生产法律法规的执行情况、安全生产活动的参与情况、进场作业安全的意识培养、突发事件的应急自救能力、心理素质方面。

4) 从业人员资格管理:主要体现在项目现场人员是否具有合格的从业资质、是否进行严格的资格审查等方面,尤其是对项目现场进行特种作业施工人员的资格管理。

5) 人员劳动防护管理:主要体现在进场人员劳动防护用品穿戴的自觉性、规范性,劳动防护用品穿戴管理的严格性,劳动防护用品质量的合格与相应的检查工作方面。

(2) 机械

1) 大型施工机械设备安全控制:由于大型施工机械设备具有蕴含能量大、涉及范围广、安装拆卸要求高、易受雾风雨雪天气影响的特点,所以大型机械设备的安装、使用、拆除等相关的安全控制工作显得尤为重要。主要体现在大型机械安装与拆卸的安全控制是否严格依据相应的拆装规范要求来进行,并且按照一定要求设置防护装置进行防护。

2) 常用机械设备安全管理:主要体现在常用机械设备的使用、存储、搬运的规范性,使用时防护措施的全面合理性方面。

3) 施工机械可靠性检验与保养:主要考察现场施工机械设备的正常运转情况,在安装设备之前和设备投入正常运转之前都要对其进行可靠性分析和检验，只有检测合格取得相应的设备运行许可证之后，才可以投入正常使用。此外，在使用过程中还要定期进行复检工作，主要考察施工机械设备在运行使用过程中是否会出现各种各样的故障，导致设备无法正常运转，影响施工安全。所以，应该对施工设备定期进行检查和保养，使设备处于最优工作状态。

4）施工机械适用性：由于旧工业再生利用建筑项目的施工作业条件很大程度上依托于既有旧工业建筑，但由于年代历史久远，建筑结构的性能存在一定的弱化，所以选择适于在既有旧工业建筑内部使用、对既有建筑结构影响较小的机械设备显得尤为重要。

(3) 材料

1）材料进场质量验收：考察在材料检验规范的规定下，原材料在使用前是否采用合理的检验方式进行抽样复试，只有复试合格的材料才能用于施工。材料到场验收应确认实物与货单相符。检验标准的制定，主要考察所用材料的品种、规格、数量、生产厂名、生产日期、出厂日期和规范规定的主要技术指标等内容是否满足现场施工的要求和有无遗漏。

2）材料场内运转装卸：主要考察在原材料在质量合格的前提下，是否能够保证使用过程的正确、规范和可溯源，是否能做到运转的规范。

3）材料的存储与保护：主要体现在材料入库手续、材料存放的保护措施、材料在保存过程中的损坏情况方面。

(4) 管理

1）安全生产责任制度及执行：主要体现在安全生产责任制度的全面性与合理性、安全目标分解的详细与实际性、安全责任设置的合理性、责任缺失相应的处罚措施方面。

2）安全生产资金保障制度及执行：主要体现在项目安全生产资金保障制度的全面性与合理性、安全生产资金的保障措施、安全生产资金使用的审查措施、安全生产资金的投入配比方面。

3）安全教育培训制度及执行：安全生产教育培训工作承担着传递安全生产经验的任务，安全教育培训可以使员工的安全素质得到不断提升，从而使员工从安全培训中认识到生产活动中安全工作的重要性，更好地掌握安全技能，促进生产顺利进行。主要体现在安全教育培训制度的全面性与合理性、教育工作的规范性、教育活动的开展、实际操作的安全生产培训方面。

4）安全检查制度及执行：主要体现在安全检查制度的全面性与合理性、安全检查方法的选择，安全检查内容的设置，安全检查结果的处理方面。

5）安全生产事故应急救援制度及执行：主要体现在安全生产事故应急救援制度的全面性与合理性、各类事故应急处理方案的编制，事故应急演练工作的开展，应急组织结构的设置，已发生事故的处理情况方面。

6）安全管理机构：主要体现在安全管理机构的人员配备、安全施工方针的制定、机构设置的合理性、现场工作管控的主动性与协调性方面。

7）安全管理考核：主要体现在对项目现场安全生产工作的绩效考核，重点在于考核标准的合理性、考核方式的综合性、考核结果的客观性与奖惩措施的有效性方面。

（5）技术

1）安全技术法规标准及操作流程：主要体现在项目施工依据的安全技术法规标准与操作流程是否具有科学性、先进性、详细全面性，是否足以指导项目施工过程中的各项作业活动。

2）拆除、加固、改造方案设计：旧工业建筑再生利用项目主要涉及原设备、结构的拆除工作，既有建筑结构的加固工作，为满足新生功能的改造工作，因此拆除、加固、改造方案设计应体现出考虑全面、步骤详尽、衔接顺畅、易于施工方面的要求。

3）危险源控制技术：由于项目实际施工时，现场人员、材料、机械较多，交叉作业频繁，因此危险源识别的全面、危险等级评审的客观性、主次有序的管控工作非常重要。

4）安全技术交底：主要体现在施工前，每道工序是否都进行安全技术交底工作，安全技术交底工作是否足以让施工班组、作业人员准确理解施工流程、标准、潜在的安全风险与安全防护措施方面。

5）施工障碍物识别：由于旧工业建筑在曾经建造、使用过程中，存在诸多历史经历，使得现场存在大量施工障碍物，尤其是地下施工障碍物，不易直接明确，所以在项目方案设计前，应尽可能对施工障碍物进行识别，以避免因疏漏导致施工过程中发生大量方案设计变更与施工难度的增加。

（6）环境

1）安全标识与防护设施管理：主要体现在安全标识设置数量是否达标、标识是否设置在明显部位且表面清晰易于辨识、"四口""临边"安全防护设施的标准化方面。

2）当地天气变化应对能力：主要体现在项目对大风、大雨、大雾、炎热、寒冷等环境变化是否进行天气变化可能性预测，并提前做出相应的安全防护措施，以及实际应对过程中既有设施能否良好应对天气变化的能力。

3）旧工业建筑结构加固：旧工业建筑部分构件功能弱化较大，因此，应在旧工业建筑结构检测鉴定的基础上，明确损伤较大的构件，并采取合理的加固措施以保证施工现场的安全性，主要体现在损伤构件识别的全面性与结构加固方案施工的规范性等方面。

4）再利用对周边的无害化：旧工业建筑再生利用过程中，有时需做出较大的改造工作，尤其是地基基础的施工改造或地下辅助设施的新建工作，这些工作必然会对临近建构筑物、周边环境产生影响，主要体现在临近建构筑物的变形与周边环境的污染方面。

5）旧工业遗留有害物质清理：旧工业建筑因其原有工艺会遗留较多有害物质，如：酸洗车间、化工车间等，因此，改造施工前应对建筑内部存留的有害物质进行检测与清理，清理工作的全面到位与否将直接影响后续施工作业人员的安全。

6）施工现场垃圾清运：由于旧工业建筑再生利用过程中，存在大量拆除工作，因此现场的垃圾清运工作相较其他项目重要性较为突出，主要体现在垃圾的堆放、清理与运输方面。

7）现场工作基本条件：主要体现在生产现场的采光、照明条件、防尘降噪的处理措施等满足作业人员正常工作的基本条件设置是否合理。

6.3 评价方法

目前，建设工程项目安全现状评价常用的方法有：安全检查表、专家评议等方法，此类方法操作简便易于理解，但对现场的认识不够系统全面；模糊综合评价、灰色关联度等评价法，此类方法基于模糊数学理论，良好地解决了定性指标无法量化的问题，但评价结果受专家主观影响较大；BP神经网络等方法，此类方法基于人脑工作的神经网络原理，通过对大量数据内在规律进行总结并具有随着数据增加不断自学习的特点，但该方法计算量大、可操作性较差，评价结果对模型的稳定性依赖较强。由于旧工业建筑再生利用安全评价指标体系中定性指标较多，且部分指标涉及范围较广，使得诸多指标存在未确知性（具体说明见6.3.3节），所以选择使用未确知测度理论综合评价方法，该方法可以有效弥补模糊综合评价方法的不足，且与BP神经网络相比较，既可对评价指标进行优劣排序，又可进行综合等级评定，评价结果合理、精细、分辨率高。

6.3.1 概念

设有 m 个样本 $\{x_1, x_2, \cdots, x_m\}$，每个样本有 n 个指标，则 x_{ij} 表示样本 i 的指标 j 的值（$i=1, 2, \cdots, m; j=1, 2, \cdots, n$）。每个指标有 k 个评价等级：$c_1, c_2, \cdots, c_k$，构成评价空间 $U=\{c_1, c_2, \cdots, c_k\}$。若 k 个评价等级满足 c_1 优于 c_2，c_2 优于 c_3，$\cdots$，c_{k-1} 优于 c_k，简记为 $c_1 > c_2 > \cdots > c_k$，则称 $\{c_1, c_2, \cdots, c_k\}$ 为评价空间上的一个有序分割类。

设 $\mu_{ijk} = \mu(x_{ij} \in c_k)$ 表示测量值 x_{ij} 属于第 c_k 评价等级的程度，要求 μ 满足以下性质：
①非负有限性，即 $0 \leqslant \mu(x_{ij} \in c_k) \leqslant 1$（$i=1, 2, \cdots, m; j=1, 2, \cdots, n; k=1, 2, \cdots, p$）；
②归一性，即 $\mu(x_{ij} \in U) = 1$（$i=1, 2, \cdots, m; j=1, 2, \cdots, n$）；
③可加性，即 $\mu(x_{ij} \in \bigcup_{l=1}^{k} c_l) = \sum_{l=1}^{k} \mu(x_{ij} \in c_l)$（$k=1, 2, \cdots, p$）。
这时称满足以上性质的 μ 为未确知测度，简称测度。

称矩阵 $(\mu_{ijk})_{n \times p} = \begin{pmatrix} \mu_{i11} & \mu_{i12} & \cdots & \mu_{i1p} \\ \mu_{i21} & \mu_{i22} & \cdots & \mu_{i2p} \\ \vdots & \vdots & \vdots & \vdots \\ \mu_{in1} & \mu_{in2} & \cdots & \mu_{inp} \end{pmatrix}$（$i=1,2,\cdots,m$）为样本 i 的单指标测度评价矩阵。

6.3.2　发展

关于"不确定性"一词，在 1836 年詹姆斯·穆勒发表的《政治经济学是否有用》一文中就已明确提出。实际上，作为不确定性的第一种——随机性，荷兰著名数学家惠更斯早在 1657 年就提出并进行了研究，但随机性问题真正为人类所重视，是在苏联数学家柯尔莫哥洛夫提出并建立了概率论与公理化方法之后。1965 年，美国学者扎德创建模糊集合论，给出了模糊信息的概念，发展了不确定性的研究领域。随后于 1982 年由我国学者邓聚龙教授创立了灰色系统理论间，在此基础上建立了灰色集合，产生了灰色数学。又于 1990 年由我国工程院院士王光远教授提出了未确知信息，产生了未确知数学。后经有关专家和学者研究，逐步形成了"未确知数学"的基本理论与框架，为未确知信息的表达和处理做出了基础性研究。

未确知数学是一种主要研究、表达和处理未确知信息的理论与方法。未确知这一新的数学理论，首先把不能表达未确知信息的实数进行推广，形成了包括实数在内的新数系——未确知数系，这一新数系不但是实数系的推广，而且以拓广实数系为契机，接着把原数学的许多领域，如集合、顺序、函数、极限等一一拓广，从而出现了"未确知集合"、"未确知顺序"、"未确知函数"、"未确知极限"等相关的数学内容，由此建立起称之为"未确知数学"的数学内容。另外，关于未确知概率、未确知测度、未确知拓扑空间、未确知群等内容也在趋于完善。还有未确知系统理论设想，未确知数学的应用理论，未确知运算程序，未确知数学在专家系统理论中的应用，未确知数学在煤矿建筑中的应用，未确知数学在区间分析中的应用等正在进一步研究中。

未确知数学目前的研究与应用现状为：①"未确知数学"已初步形成了比较成熟的一套理论体系，并且在人工难以实现的运算方面已经完成了在计算机上实现的问题；②"未确知数学"已经应用于专家系统理论，讨论了"理想证据合成公式"的不存在性问题，这是专家系统论中的一个重要问题；③"未确知数学"，目前已经运用于结构软件设计理论、广义可靠性理论、结构维修理论、河流纳污能力计算、股票短期操作、市场预算、水电站发电量计算、地震地面运动等方面。

总体而言，"未确知数学"的研究刚刚开始，许多问题还没有来得及研究，随着研究的深入和问题的解决，其在各种科技领域中的应用，将会更加广泛。

6.3.3　原理

信息是人类认识事物的基本依据，它分为源信息和宿信息。源信息反映了事物的本质，它具有独立于人的认识之外的确定性和客观性。信息的传输是主、客体相互作用过程的体现。信息过程包括三个环节：源信息—信道—宿信息，即源信息是通过信道传输给接受系统的。人类所能获得和掌握的信息只能是宿信息。可见，宿信息不仅决定于事物固有的源信息和信道的传播过程，还受到接受系统的制约和人的辨识能力的限制。这表明宿信息不仅具有客体性、主体性,同时还具有在主客体相互作用中各种噪声干扰的交融性,它是这三方面相互作用的综合结果。源信息的载体——信道的复杂性影响信源的发射状态;各种噪声的干扰影响信息的真实传输;接受系统的能力(含人的辨识能力)的限制影响人类对信息真实度的认知。所以,人类所获得的信息会有不同方面、不同程度的失真。失真的信息不能确切地、本源地反映事物的本质,这就导致信息产生了不确定性,这种失真的信息就是"不确定性信息"。

信息的不确定性发生形式大体可分为两类:①不确定性发生在未来,其发生概率大小是不确定的,即随机性,如即将投掷硬币正反面的结果、即将加工零件的实际尺寸;②不确定性来自对某些客观事物主、客观认识上的不确定性,即模糊性和未确知性。其中,客观认识是指人们对某些事物和普遍概念的共同认识;主观认识是指决策者对个别具体事物的认识。对客观认识的不确定性定义为模糊性,如:毛发的浓密程度、风力等级的大小;对主观认识的不确定性定义为未确知性,如:建筑物场地附近某断层是活断层还是死断层、A拜访B,B不在家,A对B去向的判断。需要说明的是,在生产生活中常常遇到主、客观认识并存的情况,即问题的不确定性是随机性、模糊性与未确知性的组合,如:对某项管理措施在某个系统中的适用性,在适用性评判标准上存在模糊性;在适用性判别上决策者可通过部分实际情况或感官认知进行判断,但并不能够对方法的适用性进行全面识别,所以存在未确知性;所以在这项问题中,模糊性与未确知性并存。

因此,未确知信息是指由于条件的限制,在进行决策时尚无法确知的信息,它是由于决策者所掌握的证据不足以确定事物的真实状态和数量关系而带来的纯主观的认识上的不确定性。但此类问题不包括"近似信息",所谓近似信息是指由于外界的干扰和计量设备精度不高而使所得数据具有近似性,这类信息应该作为确定性信息看待,因为数据的近似性是普遍存在的,没有绝对精确的数据。当测量数据与真值误差较大时,应作为错误信息,而信息具有未确知性。

对某一对象进行多指标综合评价,若其指标具有较强的未确知性,则首先可进行单个指标未确知测度计算,即通过未确知测度理论构造单个指标的主观隶属函数,并运用函数对该指标不完整测量信息进行未确知测度计算;然后,进行多指标未确知测度计算,这时需要明确各指标相对于评价目标的权重,通过各指标权重与单指标未确知测度进行计算得出多指标综合未确知测度评价矩阵;最后对评价结果运用置信度方法进行识别,判断出对象的综合评价等级,具体评价程序见图6.3。

6.4 评价模型

(1) 旧工业建筑再生利用安全等级划分

在建立旧工业建筑再生利用安全评价模型过程中,需要对安全管理现状进行等级划

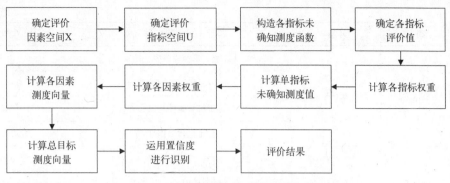

图 6.3　未确知测度模型综合评价流程

分，以等级作为参照标准来衡量现场安全管理的状态。通过参考《建筑施工安全检查标准》(JGJ 59—2011)，将旧工业建筑再生利用项目安全等级划分为 3 级：$c_1=\{$ 不合格 $\}$，$c_2=\{$ 合格 $\}$，$c_3=\{$ 优良 $\}$，依照标准采取百分制，等级间分界线为 a（70 分）与 b（80 分）。

（2）指标体系权重确定

层次分析法是定性与定量结合的方法，它能将定性因素定量化，将人的主观判断用数学方法来表达处理，并能在一定程度上检验和减少主观影响，使评价更趋科学化。为充分利用专家经验，且尽可能地减少主观随意性，采用层次分析法来确定指标的权值，其实施步骤如下：

①在指标体系建立的基础上，对一级指标、一级指标下设的二级指标两两构造判断矩阵。采用1-9重要性评价标度，对两两指标比较，确定下一层级对上一层级的相对重要性，并给予标度值。

②根据矩阵理论，对判断矩阵进行一致性检验，以确定该矩阵是否具有令人信服的一致性，若满足一致性要求，则进行下一步；若不满足要求，则需专家调整打分，直至符合要求。

③根据二级指标判断矩阵，求出二级指标相对于所属一级指标的权重；根据一级指标判断矩阵，求出一级指标相对于目标的权重。

通过以上步骤，运用层次分析法得出旧工业建筑再生利用项目安全评价体系中各级指标的权重，见表 6.5。

旧工业建筑再生利用项目安全评价指标体系权重确定　　　　表 6.5

目标	一级指标	权重	二级指标	权重
旧工业建筑再生利用安全评价 A	人员 B_1	0.227	决策层安全素质与安全技术能力 C_{11}	0.285
			管理层安全素质与安全技术能力 C_{12}	0.220
			操作层安全素质与安全技术能力 C_{13}	0.106
			从业人员资格管理 C_{14}	0.163
			人员劳动防护管理 C_{15}	0.226

目标	一级指标	权重	二级指标	权重
旧工业建筑再生利用安全评价 A	机械 B_2	0.181	大型施工机械设备安全控制 C_{21}	0.385
			常用机械设备安全管理 C_{22}	0.168
			施工机械维护与保养 C_{23}	0.242
			施工机械适用性 C_{24}	0.205
	材料 B_3	0.115	材料进场质量验收 C_{31}	0.500
			材料场内运转装卸 C_{32}	0.250
			材料的存储与保护 C_{33}	0.250
	管理 B_4	0.200	安全生产责任制度及执行 C_{41}	0.187
			安全生产资金保障制度及执行 C_{42}	0.138
			安全教育培训制度及执行 C_{43}	0.101
			安全检查制度及执行 C_{44}	0.136
			安全生产事故应急救援制度及执行 C_{45}	0.092
			安全管理机构 C_{46}	0.208
			安全管理考核 C_{47}	0.138
	技术 B_5	0.163	安全技术法规标准及操作流程 C_{51}	0.301
			拆除、加固、改造方案设计 C_{52}	0.279
			危险源控制技术 C_{53}	0.188
			安全技术交底 C_{54}	0.121
			施工障碍物识别 C_{55}	0.111
	环境 B_6	0.114	安全标识与防护设施管理 C_{61}	0.204
			当地天气变化应对能力 C_{62}	0.140
			旧工业建筑结构加固 C_{63}	0.204
			再利用对周边的无害化 C_{64}	0.126
			旧工业遗留有害物质清理 C_{65}	0.112
			施工现场垃圾清运 C_{66}	0.102
			现场工作基本条件 C_{67}	0.112

（3）指标测度函数构造

用未确知集合描述"不确定性"现象时，关键在于构造合理的未确知测度函数。未确知测度定义中虽然明确了构造未确知测度函数需要满足的准则，但并没有给出具体的构造方法。较为常用的未确知测度函数有：直线形分布、抛物线形分布、指数分布、正弦分布等。其中，直线形未确知测度函数是应用最广、最简单的测度函数，可操作性强，在各个领域方面均得到了广泛应用，故对旧工业建筑再生利用项目安全评价也采用直线形未确知测度函数。

在已建立的旧工业建筑再生利用项目安全评价指标体系中，各二级指标均为极大型指标，即指标的评分值越大，则说明该指标安全状态越好。因此，根据直线性未确知测度函数构造方法，构建极大型指标的未确知测度函数为：

$$\begin{cases} \mu_{ij1} = \mu\left(x \in c_1\right) = \begin{cases} 1 & x < a \\ \dfrac{a+b-2x}{b-a} & a \leqslant x < \dfrac{a+b}{2} \\ 0 & x \geqslant \dfrac{a+b}{2} \end{cases} \\[2em] \mu_{ij2} = \mu\left(x \in c_2\right) = \begin{cases} 0 & x < a\,或\,x \geqslant b \\ \dfrac{2x-2a}{b-a} & a \leqslant x < \dfrac{a+b}{2} \\ \dfrac{2b-2x}{b-a} & \dfrac{a+b}{2} \leqslant x < b \end{cases} \\[2em] \mu_{ij3} = \mu\left(x \in c_3\right) = \begin{cases} 0 & x < \dfrac{a+b}{2} \\ \dfrac{2x-a-b}{b-a} & \dfrac{a+b}{2} \leqslant x < b \\ 1 & x \geqslant b \end{cases} \end{cases} \tag{6-5}$$

将该函数绘制于直角坐标系中，见图 6.4。

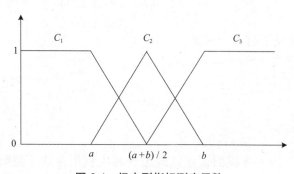

图 6.4　极大型指标测度函数

（4）单指标测度模型

通过评测得出各二级指标的测量值 x_{ij}，将测量值代入式（6-5）可得出该二级指标的未确知测度值 μ_{ij1}、μ_{ij2}、μ_{ij3}，进而得出各一级指标 B_i 的未确知测度矩阵：

$$B_i = \begin{bmatrix} \mu_{i11} & \mu_{i12} & \mu_{i13} \\ \vdots & \vdots & \vdots \\ \mu_{ij1} & \mu_{ij2} & \mu_{ij3} \end{bmatrix} \qquad (6\text{-}6)$$

由于安全评价指标体系已确定，所以根据其一级、二级指标的数量，式（6-6）应满足条件（$i=1$，$j=5$；$i=2$，$j=4$；$i=3$，$j=3$；$i=4$，$j=7$；$i=5$，$j=5$；$i=6$，$j=7$）。

（5）多指标测度模型

根据已得出的二级指标权重 W_i 与单指标测度矩阵 B_i，可利用式（6-7）得出各一级指标的未确知测度向量 A_i：

$$A_i = W_i \cdot B_i \qquad (6\text{-}7)$$

进而得到综合测度矩阵 A：

$$A = \begin{bmatrix} A_1 \\ A_2 \\ A_3 \\ A_4 \\ A_5 \\ A_6 \end{bmatrix} = \begin{bmatrix} \mu_{11} & \mu_{12} & \mu_{13} \\ \mu_{21} & \mu_{22} & \mu_{23} \\ \mu_{31} & \mu_{32} & \mu_{33} \\ \mu_{41} & \mu_{42} & \mu_{43} \\ \mu_{51} & \mu_{52} & \mu_{53} \\ \mu_{61} & \mu_{62} & \mu_{63} \end{bmatrix} \qquad (6\text{-}8)$$

最后由一级指标权重 ω 与 A 得出综合测度向量 μ：

$$\mu = \omega \cdot A = \begin{bmatrix} \mu_1 & \mu_2 & \mu_3 \end{bmatrix} \qquad (6\text{-}9)$$

（6）置信度识别

对于有序评价空间，不适合采用"最大隶属度"识别准则，而应采用"置信度"识别准则。设 λ 为置信度（$\lambda \geq 0.5$，一般取 0.6 或 0.7），取 λ 值为 0.6，令：

$$k_0 = \min \left\{ k : \sum_{k=1}^{3} \mu_k \geq \lambda, (k=1,2,3) \right\} \qquad (6\text{-}10)$$

则判定安全等级属于第 k_0 个等级。

6.5 实证分析

6.5.1 项目概况

对某废置钢铁厂区内 8 幢旧工业建筑进行再生利用，这 8 幢旧工业建筑均为单层混凝土排架结构，其中 5 幢为单跨结构，3 幢为双跨结构。旧工业建筑再生利用前，经符合资质要求的检测公司进行结构可靠性检测鉴定，鉴定结果：其中 2 幢单跨结构建筑可靠性等级为 4 级，建议拆除；2 幢单跨结构建筑与 1 幢双跨结构建筑可靠性等级为 2 级，1 幢单跨结构建筑与 2 幢双跨结构建筑可靠性等级为 3 级，均具有较大的可改造性。

　　该项目部建立了以项目经理为首的安全管理组织机构，能够正常进行现场安全管理工作，但存在除项目经理外的安全管理人员话语权薄弱的问题；项目部建立有安全生产责任制度、安全生产例会制度、安全资金保障制度、安全检查制度、安全教育培训制度以及安全生产事故应急救援制度，制度规定相对充实，能够满足现场管理的需要，但其中也存在诸多不足，如：安全生产责任制划分较为笼统，不够细致；安全教育培训实际频率低于制度要求，且培训形式较为单一；安全检查频率虽然符合制度要求，但检查方式较为固定；现场事故应急救援设施齐全，但缺乏应急救援演练。

　　在项目实际施工过程中，对旧工业建筑进行部分结构的拆除工作基本符合要求，形成的建筑垃圾能够正常清理运输（见图 6.5），但未注意拆除过程中扬尘的控制；对结构的加固工作，主要涉及的加固对象有地基基础、围护结构、屋面防水、屋架支撑、锈蚀的梁柱，其中在地基基础加固过程中，产生大量工程变更，造成图纸多次更改，在一定程度上拖延了项目整体的施工进度，其他部位加固改造效果较好，但存在部分松动的砖块（见图 6.6 ～ 图 6.8）。

图 6.5　垃圾集中清运

图 6.6　洞口封砌

图 6.7　破损墙体加固图

图 6.8　部分松动砖块

　　项目现场施工机械多为小型机械，使用过程中对建筑结构的影响较小，但在机械正常能够使用的情况下较少进行检查维护，同时存在个别机械在作业后遗漏现场的情况。

项目现场对材料的进场检查较为严格,对性能不合格的材料拒绝接收,材料存储空间为建筑内部已完工区域,具有较好的存储条件,但材料堆放较为散乱。

项目现场主要出入口、危险区域均设有安全警示标识;但厂区道路未做硬化处理(见图 6.9),且旧工业建筑四周未做排水设施,基础加固改造时正值雨季,建筑四周、基坑内部存在较多积水(见图 6.10)。

图 6.9 道路未硬化

图 6.10 基坑内积水

6.5.2 安全评价

对该旧工业建筑再生利用项目进行安全评价,此时该项目拆除、加固工作基本完成,主要进行主体结构施工。参与评价工作人员有:安全管理研究人员 12 名,质量监督站监督人员 4 名,施工单位安全管理人员 10 名,监理人员 5 名,建设单位安全管理人员 7 名,设计单位人员 4 名。实际发放评价调查问卷 42 份,实际收到有效问卷 38 份,对各二级指标得分做均值处理,得出各二级指标的得分,见表 6.6。

二级指标得分   表 6.6

二级指标	得分	二级指标	得分
决策层安全素质与安全技术能力 C_{11}	74.23	安全生产事故应急救援制度及执行 C_{45}	67.62
管理层安全素质与安全技术能力 C_{12}	73.75	安全管理机构 C_{46}	73.57
操作层安全素质与安全技术能力 C_{13}	72.44	安全管理考核 C_{47}	69.32
从业人员资格管理 C_{14}	71.03	安全技术法规标准及操作流程 C_{51}	70.11
人员劳动防护管理 C_{15}	75.38	拆除、加固、改造方案设计 C_{52}	72.83
大型施工机械设备安全控制 C_{21}	73.24	危险源控制技术 C_{53}	74.52
常用机械设备安全管理 C_{22}	72.15	安全技术交底 C_{54}	74.36
施工机械维护与保养 C_{23}	69.86	施工障碍物识别 C_{55}	65.32

续表

二级指标	得分	二级指标	得分
施工机械适用性 C_{24}	76.35	安全标识与防护设施管理 C_{61}	70.32
材料进场质量验收 C_{31}	77.48	当地天气变化应对能力 C_{62}	68.78
材料场内运转装卸 C_{32}	73.45	旧工业建筑结构加固 C_{63}	73.45
材料的存储与保护 C_{33}	68.25	再利用对周边的无害化 C_{64}	82.32
安全生产责任制度及执行 C_{41}	70.32	旧工业遗留有害物质清理 C_{65}	84.53
安全生产资金保障制度及执行 C_{42}	74.53	施工现场垃圾清运 C_{66}	73.26
安全教育培训制度及执行 C_{43}	69.57	现场工作基本条件 C_{67}	72.88
安全检查制度及执行 C_{44}	72.12		

将各二级指标的测量值代入式（6-5），得出各一级指标的未确知测度矩阵：

$$
B_1 = \begin{bmatrix} 0.15 & 0.85 & 0 \\ 0.25 & 0.75 & 0 \\ 0.51 & 0.49 & 0 \\ 0.80 & 0.20 & 0 \\ 0 & 0.92 & 0.08 \end{bmatrix} \quad
B_2 = \begin{bmatrix} 0.35 & 0.65 & 0 \\ 0.57 & 0.43 & 0 \\ 1 & 0 & 0 \\ 0 & 0.73 & 0.27 \end{bmatrix} \quad
B_3 = \begin{bmatrix} 0 & 0.50 & 0.50 \\ 0.31 & 0.69 & 0 \\ 1 & 0 & 0 \end{bmatrix}
$$

$$
B_4 = \begin{bmatrix} 0.94 & 0.06 & 0 \\ 0.09 & 0.91 & 0 \\ 1 & 0 & 0 \\ 0.58 & 0.42 & 0 \\ 1 & 0 & 0 \\ 0.29 & 0.71 & 0 \\ 1 & 0 & 0 \end{bmatrix} \quad
B_5 = \begin{bmatrix} 0.98 & 0.02 & 0 \\ 0.43 & 0.57 & 0 \\ 0.09 & 0.91 & 0 \\ 0.12 & 0.88 & 0 \\ 1 & 0 & 0 \end{bmatrix} \quad
B_6 = \begin{bmatrix} 0.94 & 0.06 & 0 \\ 1 & 0 & 0 \\ 0.31 & 0.69 & 0 \\ 0 & 0 & 1 \\ 0 & 0 & 1 \\ 0.35 & 0.65 & 0 \\ 0.42 & 0.58 & 0 \end{bmatrix}
$$

通过表 6.4 中的权重与一级指标未确知测度矩阵，代入式（6-7）进行计算：

$$
A_1 = W_1 \cdot B_1 = (0.285, 0.220, 0.106, 0.163, 0.226) \cdot \begin{bmatrix} 0.15 & 0.85 & 0 \\ 0.25 & 0.75 & 0 \\ 0.51 & 0.49 & 0 \\ 0.80 & 0.20 & 0 \\ 0 & 0.92 & 0.08 \end{bmatrix} = [0.28, 0.7, 0.02]
$$

$$
A_2 = W_2 \cdot B_2 = (0.385, 0.168, 0.242, 0.205) \cdot \begin{bmatrix} 0.35 & 0.65 & 0 \\ 0.57 & 0.43 & 0 \\ 1 & 0 & 0 \\ 0 & 0.73 & 0.27 \end{bmatrix} = [0.47, 0.47, 0.06]
$$

$$A_3 = W_3 \cdot B_3 = (0.5, 0.25, 0.25) \cdot \begin{bmatrix} 0 & 0.50 & 0.50 \\ 0.31 & 0.69 & 0 \\ 1 & 0 & 0 \end{bmatrix} = [0.33, 0.42, 0.25]$$

$$A_4 = W_4 \cdot B_4 = (0.187, 0.138, 0.101, 0.136, 0.092, 0.208, 0.138) \cdot \begin{bmatrix} 0.94 & 0.06 & 0 \\ 0.09 & 0.91 & 0 \\ 1 & 0 & 0 \\ 0.58 & 0.42 & 0 \\ 1 & 0 & 0 \\ 0.29 & 0.71 & 0 \\ 1 & 0 & 0 \end{bmatrix} = [0.66, 0.34, 0]$$

$$A_5 = W_5 \cdot B_5 = (0.301, 0.279, 0.188, 0.121, 0.111) \cdot \begin{bmatrix} 0.98 & 0.02 & 0 \\ 0.43 & 0.57 & 0 \\ 0.09 & 0.91 & 0 \\ 0.12 & 0.88 & 0 \\ 1 & 0 & 0 \end{bmatrix} = [0.56, 0.44, 0]$$

$$A_6 = W_6 \cdot B_6 = (0.204, 0.140, 0.204, 0.126, 0.112, 0.102, 0.112) \cdot \begin{bmatrix} 0.94 & 0.06 & 0 \\ 1 & 0 & 0 \\ 0.31 & 0.69 & 0 \\ 0 & 0 & 1 \\ 0 & 0 & 1 \\ 0.35 & 0.65 & 0 \\ 0.42 & 0.58 & 0 \end{bmatrix} = [0.48, 0.28, 0.24]$$

由此，可得出综合测度矩阵 A：

$$A = \begin{bmatrix} 0.28 & 0.7 & 0.02 \\ 0.47 & 0.47 & 0.06 \\ 0.33 & 0.42 & 0.25 \\ 0.66 & 0.34 & 0 \\ 0.56 & 0.44 & 0 \\ 0.48 & 0.28 & 0.24 \end{bmatrix}$$

进而得出综合测度向量 μ：

$$\mu = \omega \cdot A = [0.227, 0.181, 0.115, 0.200, 0.163, 0.114] \cdot \begin{bmatrix} 0.28 & 0.7 & 0.02 \\ 0.47 & 0.47 & 0.06 \\ 0.33 & 0.42 & 0.25 \\ 0.66 & 0.34 & 0 \\ 0.56 & 0.44 & 0 \\ 0.48 & 0.28 & 0.24 \end{bmatrix} = [0.46, 0.46, 0.08]$$

最后进行置信度识别，由式（6-10）可得出，当 $K_0=2$ 时，有 0.46+0.46=0.92>λ=0.6，因此可判定该旧工业建筑再生利用项目安全等级为 2 级，即合格。

6.5.3　结论与建议

通过综合评价的结果可知，该项目安全等级为合格，说明项目现场安全管理工作整体符合基本要求。此外，还需对各二级指标进一步分析，以明确安全管理工作改进的重点。

由一级指标人员 B_1 下各二级指标的得分可知，各指标均属于合格区间，但整体分数偏低，尤其是操作层安全素质与安全技术能力 C_{13}、从业人员资格管理 C_{14}，因此，在人员方面，项目部决策层人员应加大对安全管理的重视力度，管理层人员应严格落实安全管理制度，操作层人员则首先应加强从业人员的资格管理，确保进场人员的基本从业素质。

由一级指标机械 B_2 下二级指标的得分可知，施工机械围护保养 C_{23} 属于不合格区间，应进行彻底的整改，加强机械安全使用的检查与维修工作；此外，二级指标常用机械设备安全管理 C_{22} 得分较低，主要体现在作业后部分机械未入库保存方面，所以应加强机械的使用管理工作。

由一级指标材料 B_3 下的二级指标得分可知，各指标均属于合格区间，材料方面安全管理工作处于正常状态，考虑到现场存在材料堆放散乱的情况，建议材料可通过分区堆放、统一调配、安全标识提醒的方式改进。

由一级指标管理 B_4 下的二级指标得分可知，安全教育培训制度及执行 C_{43}、安全生产事故应急救援制度及执行 C_{45}、安全管理考核 C_{47} 得分属于不合格区间，应进行彻底的整改工作，安全教育方面建议采取多元化的方式，如：安全教育图册的发放、安全教育视频的播放，并严格落实安全教育培训制度；安全生产事故救援方面，则应按规定落实应急救援演练工作，提高现场人员的事故应急处理能力；安全管理考核方面，应严格执行考核工作，切忌得过且过，流于形式。

由一级指标技术 B_5 下的二级指标得分可知，施工障碍物识别 C_{55} 得分属于不合格区间，说明在项目施工前期，施工障碍物识别工作非常不到位，但对项目安全评价时，项目拆除、加固工作已完成，后期施工障碍物较少，所以建议进行经验总结，在进行其他旧工业建筑再生利用项目时加以重视；此外，安全技术法规标准及操作流程 C_{51} 得分较低，说明现场施工过程中，对安全技术法规标准的贯彻力度不够，存在部分经验施工的情况，对此应予以重视，严格按标准执行。

由一级指标环境 B_6 下的二级指标得分可知，当地天气变化应对能力 C_{62} 得分属于不合格区间，对该项目建议在旧工业建筑四周安设排水设施，并对附近道路进行硬化处理，防止雨水流入基坑对地基与结构产生浸泡；此外，安全标识与防护设施管理 C_{61} 得分较低，应在现场依据标准补充增加安全标识，并对个别未封堵洞口进行封堵。

参考文献

[1] 赵耀江 . 安全评价理论与方法第 2 版 [M]. 北京：煤炭工业出版社，2015.

[2] 王光远 . 工程软设计理论 [M]. 北京：科学出版社，1992.

[3] 梁红 . 未确知数学在地铁工程施工安全评价中的应用研究 [D]. 北京：中国地质大学，2010.

[4] 王超 . 基于未确知测度理论的冲击地压危险性综合评价模型及应用研究 [D]. 北京：中国矿业大学，2011.

[5] 张芳燕，史秀志，陈沅江 . 基于未确知测度模型的非煤矿山安全标准化运行状况评价 [J]. 中国安全科学学报，2012，22（8）：144-149.

[6] 石华旺，高爱坤，妞俊萍 . 一种基于熵权的未确知测度评价方法及应用 [J]. 统计与决策，2008，（12）：162-164.

[7] 李勤，郭海东，樊胜军 . 旧工业建筑再生利用安全控制要素 ISM-AHP 分析 [J]. 工业安全与环保，2016，42（02）：73-78.

[8] 陆宁，刘静 . 建筑施工企业合理安全投入的动态优化控制 [J]. 中国安全科学学报，2014，24（09）：141-145.

[9] 王根霞，张海蛟，王祖和 . 基于风险偏好信息的建筑施工现场安全评价指标权重 [J]. 系统工程理论与实践，2015，35（11）：2866-2873.

[10] 胡兴俊，严小丽 . 基于风险耦合机理的建设项目施工安全评价 [J]. 安全与环境工程，2015，22（06）：134-138.

第 7 章　旧工业建筑再生利用项目绿色评价

调研结果显示,旧工业建筑再生利用项目普遍存在改造模式不合理、能耗大、造价高、使用舒适性差等问题,与建设资源节约型、环境友好型社会的目标相悖;同时,随着生活水平的不断提高,人们对建筑健康舒适的要求也进一步增大,结合能源危机、环境污染的环境背景,简单的功能变更已不能满足业主的使用需求,绿色再生成为旧工业建筑再生利用项目发展的必然。

7.1　概念与内涵

7.1.1　基本概念

（1）绿色建筑

根据《绿色建筑评价标准》（GB/T 50378—2014）的定义,绿色建筑是指"在建筑的全寿命周期内,最大限度节约资源,节能、节地、节水、节材、保护环境和减少污染,提供健康适用、高效使用,与自然和谐共生的建筑。"[1]

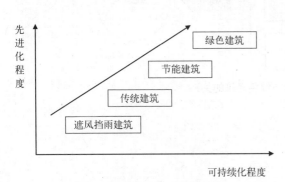

图 7.1　人类建筑发展阶段划分

绿色建筑是人类建筑发展的第四个阶段（如图 7.1 所示）。随着经济能力、生活层次的逐步提高,绿色建筑将是建筑发展的必然方向。

（2）绿色再生

绿色再生主要是指在建筑再生过程中,从决策、设计、施工及后期运营这一建筑全寿命周期内,结合绿色建筑的标准要求,在满足新的使用功能要求、合理的经济性的同时,最大限度节约资源、保护环境、减少污染,为人提供健康、高效和适用的使用空间,和社会及自然和谐共生,以此为基础对既有建筑进行改造而形成的一种绿色理念以及所实施的一系列活动。

相较于一般的改造再生,绿色再生为达到节约资源、健康舒适、回归自然的要求,同时需要兼顾质量、费用、工期、环境、资源和人文等内容。将建筑的环保性能、舒适度、健康性作为必要目标进行全局把控。以把建筑打造为绿色建筑为最终目标；强调在不以牺牲生态环境代价的前提下，做到各方利益的协调统一，以功能适用、节能环保、健康舒适为控制要点，更为全面、细致。

（3）绿色评价

绿色评价是一个应用较广的概念，应用于建筑、生产加工、教育等多个领域。其核心是强调平衡自然健康的理念。本书中的"绿色评价"即为绿色建筑评价，主要利用科学手段建立健全可行的评价指标体系和评分标准，对建筑是否属于绿色建筑进行判断的一套标准。该标准中包括了绿色建筑的基本要求、发展目标、关键技术和管理方法等。

7.1.2 绿色评价与绿色建筑

绿色建筑以其节能、环保、与自然和谐共生等特性成为现阶段建筑发展的一大目标，同时各省市也出台各项奖励政策来推动绿色建筑的普及，过程中，明确绿色建筑的评判标准显得至关重要。科学合理的评价方法与评价手段即是评价的标尺，同时也是指导绿色建筑开展的工具，是保证绿色建筑实现的技术依据与理论手段。绿色评价与绿色建筑的关系如图 7.2 所示。

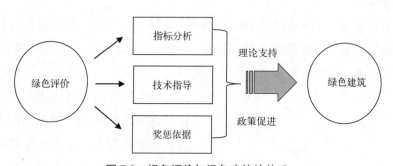

图 7.2　绿色评价与绿色建筑的关系

7.2　评价指标

7.2.1　指标分析

（1）指标来源

为了增强旧工业建筑绿色再生评价标准的执行力度，需要保证建立的针对旧工业建筑再生利用项目绿色评价标准体系与现行标准相呼应。即，拟建立的标准体系起码应符合《绿标》的标准要求，《绿标》的评价指标可作为旧工业建筑再生项目绿色评价指标建立的基础来进行分析。

评价指标是以《绿标》的评价指标为基础，结合旧工业建筑再生利用项目评价的其他成果，根据绿色再生旧工业建筑的特点进行科学选择得到的。进行指标分类时，参考其他类似研究评价指标分类方法，结合图 7.3 及图 7.4 的研究结果，将指标分为经济因素、社会因素和环境因素三个大类。

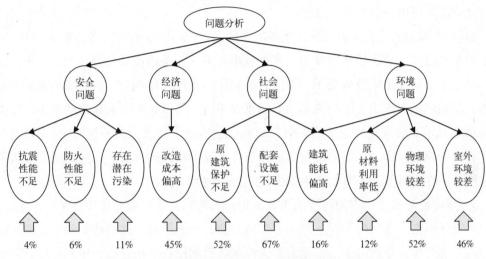

图 7.3　我国旧工业建筑再生利用项目存在问题分析

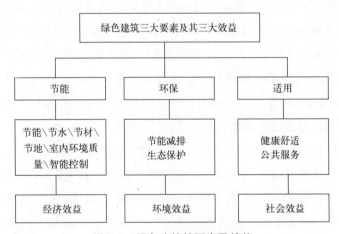

图 7.4　绿色建筑的要素及效益

（2）旧工业建筑绿色再生特点剖析

与新建建筑和民用既有建筑不同，旧工业建筑在建筑结构、使用环境等方面具有一定的特殊性。相对于现行《绿色建筑评价标准》，旧工业建筑再生利用项目绿色评价时应注意以下五方面的问题。

1）结构的科学检测加固应作为再生的必要前提。因为已经经过一定年限的使用，且工业建筑在正常使用期内往往存在承受较大的动荷载的情况，所以在改造前的结构检测十分重要。通过检测结构的强度和材料的耐久性，考察其与现行规范的达标程度，作为改造模式、改造规模等的决策依据。不同于新建建筑的是，旧工业建筑的改造很多是使用权所有者自发的行为，在改造时往往规避了政府职能部门的审查，相比新建项目建筑过程中政府部门的审核干预，旧工业建筑再生过程中的质量是以自控为主的，这在一定程度上为建筑使用安全埋下了隐患。

2）再生项目的社会价值应作为重要的评价因素。相比推倒重建高层建筑，由于容积率的限制等原因，从经济性角度看，再生利用并不一定是最佳的选择。但是，旧工业建筑再生是在全球资源短缺背景下对资源合理利用的体现，是响应可持续发展政策的具体举措，是铭刻城市历史、深化城市内涵的重要手段，所以，旧工业建筑的再生，不仅仅是简单地对建筑的重复利用，而同时应该展现它的社会意义，充分发挥它的教育作用、体现其社会效益。所以，在旧工业建筑绿色再生评价指标的设置上，应该适当放大能够凸显社会价值的因素，以期充分发挥旧工业建筑再生的意义。

3）环境检测修复应作为再生的重要前提。因为原工业产业对环境通常有一定影响，是产生空气污染、噪声污染、水污染等环境问题的一大原因，如冶炼车间的酸洗池就会对周边土壤产生重金属污染。首先需要进行环境监测检查并恢复改善生态环境，避免土壤中有毒有害物质的存在，保证有着适宜的地温、地下水清洁纯净。

4）以充分利用既有材料，避免对结构的大幅改造为重要评价因素。旧工业建筑的绿色再生主要强调既有资源的合理利用和结构安全性能的保证，以及原有结构、材料、设备、管线及基础设施的利用。充分利用既有资源是节约材料、提高环保性和经济性的重要手段。同时，改造时建筑外壳体量改变较小，亦能降低对建筑周边热环境、风环境、日照影响等物理环境的影响以及周边居民的心理影响。因此，原有资源的利用率应作为评价旧工业建筑再生利用项目绿色性的重要指标。

5）现行绿色建筑评价标准不适用于旧工业建筑绿色再生项目。①现行《绿标》部分指标不适用于旧工业建筑绿色再生项目。如建筑已存在，如4.2.1中设定容积率越大，得分越高，而旧工业建筑容积率直接受原建筑结构影响，单层工业厂房的再生功能项目甚至低于0.5，很难依据《绿标》标准进行评价；类似的7.1.2中规定混凝土结构梁、柱中纵向受力普通钢筋应采用HRB400及以上钢筋，明显也不适用于旧工业建筑再生项目，对于经检测安全性能良好、能满足正常使用的旧工业建筑混凝土，其受力钢筋强度不应受限制。②应将一些适用于旧工业建筑再生项目的环保材料和绿色技术作为加分项加入规范，如平屋顶厂房在进行屋面改造时可以利用植被进行屋面绿化等。③既有《绿标》在指标分数及权重设置上，缺乏对旧建筑改造的鼓励意义。在2014版的《绿标》中，涉及旧建筑利用的指标为11.2.9一项，分值为1分；涉及材料再利用的指标7.2.13一项，分值为0.95分。两项共计总分1.95分，相比100分的满分，分值设置偏低，不利于鼓励旧建筑再生项目的开展。

7.2.2　指标筛选

（1）基于 SEM 的指标框架的确定

根据前文的分析，可认为旧工业建筑再生项目的绿色度主要由经济因素、社会因素、环境因素进行控制，并提出假设：H_1：经济因素对旧工业建筑再生项目绿色度具有显著正向影响；H_2：社会因素对旧工业建筑再生项目绿色度具有显著正向影响；H_3：环境因素对旧工业建筑再生项目绿色度具有显著正向影响。将这三大因素和绿色度均设为潜变量，利用结构方程模型来分析变量之间的关系，以变量间的因子荷载来确定各因素对旧工业建筑再生项目绿色度的影响效力。

针对实地调研的 106 个项目走访的专家发放调查问卷，初步发放 50 份问卷进行预调查以考察问卷的科学性。根据预调研数据分析，对问卷题项进行删改得到正式问卷。对获得的正式问卷经过三轮筛选：第一轮，筛除对项目熟悉度为不熟悉及不太熟悉的问卷；第二轮，筛除对项目定量指标填写错误的问卷；第三轮，筛除空题率大于 15% 的问卷 [3]。对得到的有效问卷信度效度进行分析，并利用 AMOS 软件分析计算结构方程模型。

1）问卷设计

问卷中变量设置分定量变量和定性变量两种，定量变量数据来源为项目开发、设计、施工、运营中的各相关文件；定性变量为被调研人主观感受的体现，采用 Likert 5 级评分法打分，从 1 到 5 表示从"极其不符合"到"极其符合"。通过 50 份预调研数据对 23 个题项进行独立样本 T 检验、信度及效度等分析，删除未达一般标准的 R_{13}（地下空间合理开发）、R_{14}（土地利用合理性）、R_{33}（生态保护）。将 3 项题项删除修正后的问卷中包括 4 个潜变量和 20 个测量变量，见表 7.1 第 1、2 列。

变量设置及其分析　　　　　　　　　　　　　　　　　　　　　表 7.1

潜变量	测量变量	分量表 Cronbach α 值	总量表 Cronbach α 值	SMC (R^2)	标准化 因子载荷	CR	AVE
经济 因素 R_1	绿色技术投资增量 R_{11}			0.417	0.646***		
	合理的开发模式 R_{12}	0.734		0.506	0.712***	0.739	0.486
	建筑外观简洁化设计 R_{16}			0.534	0.731***		
社会 因素 R_2	文化遗产保护 R_{21}			0.608	0.78***		
	公共服务能力 R_{22}		0.887	0.354	0.595***		
	交通便捷度 R_{23}	0.838		0.512	0.715***	0.841	0.471
	公共设施开放度 R_{24}			0.402	0.634***		
	配套设施齐全度 R_{25}			0.487	0.698***		
	无障碍设计 R_{26}			0.461	0.679***		

续表

潜变量	测量变量	分量表 Cronbach α 值	总量表 Cronbach α 值	SMC (R^2)	标准化 因子载荷	CR	AVE
环境 因素 R_3	既有建材使用率 R_{15}			0.481	0.694***		
	环境检测治理效果 R_{31}			0.437	0.661***		
	室内外物理环境优度 R_{32}			0.561	0.749***		
	绿化方式合理度 R_{34}	0.869		0.524	0.724***	0.871	0.459
	水资源节约与利用度 R_{35}		0.887	0.405	0.637***		
	被动节能措施利用率 R_{36}			0.466	0.682***		
	主动节能措施利用率 R_{37}			0.356	0.596***		
	材料的合理使用度 R_{38}			0.442	0.665***		
绿色度 G_1	建筑能耗 G_{11}			0.589	0.767***		
	建筑观感 G_{12}	0.820		0.692	0.832***	0.822	0.606
	舒适度 G_{13}			0.539	0.734***		

注：SMC 为多元相关平方的数值；AVE 为平均变异萃取量；CR 组成信度。*** 表示在 $P < 0.001$ 上显著。

2）样本分析

本次调查共发放问卷 450 份，回收问卷 250 份（回收率 55.6%），其中有效问卷 211 份（有效率 84.4%）。有效问卷中，施工单位 12 人（6%），监理公司 14 人（7%），房地产公司 62 人（29%），设计院 42 人（20%），政府机构 23 人（11%），高校 58 人（27%）。其中，87% 以上具备 3 年以上相关项目的工作经验，符合利用 SEM 的基本要求。运用 SPSS20.0、AMOS21.0 软件进行分析。

（2）信度与效度分析

利用 Cronbach α 系数、校正的项总计相关性、项删除后的 Cronbach α 系数来检验各分量表与总量表的信度，结果如表 7.1 第 3～4 列所示，各个因素分量表均具有较好的信度。根据 KMO 和 Bartlett 球体检验（见表 7.2），量表数据适合做因子分析。

KMO 和 Bartlett 球体检验 表 7.2

取样足够度的 Kaiser-Meyer-Olkin 度量		0.884
Bartlett 的球形度检验	近似卡方	1731.348
	df	190
	Sig.	0.000

通过 KMO 及 Bartlett 球体检验后，运用主成分分析法进行因子分析，以特征值大于 1 为抽取原则，结合 Kaiser 标准化的最大方差法进行正交旋转，共得到 4 个特征值大于 1 的公因子，4 个因子的方差贡献率分别为 21.617%、16.647%、11.294%、10.498%，累计

方差贡献率为 60.056%，表示 4 个因子共解释了量表 60.056% 的信息，达到 60% 的最低标准，而且每个题项在各自维度上的因子载荷都大于 0.5，说明所提取的因子可以被接受。

通过以上的因子分析可知，本研究的两个量表具有较好的建构效度。

（3）结构方程模型分析

1）测量模型

结构方程模型方法（Structural Equation Modeling，SEM）是基于路径分析的一种多元数据分析工具。通过建立定的结构模型来分析变量间因果关系，对研究对象的内在结构进行验证分析。SEM 容许自变量和因变量含测量误差，能够同时估计因子结构和因子关系，容许更大弹性的测量模型，能够估计整个模型的拟合程度，得出各因素与项目绿色度之间的关系。SEM 包括两部分——结构模型和测量模型[6]。

测量模型主要处理观测指标与潜变量之间的关系，也称为验证性因子分析（CFA）。运用 AMOS21.0 软件进行验证性因子分析，并对测量模型的信度效度进行检验。测量模型的信度与效度指标组合信度、个别条目信度、标准化因子载荷、平均变异萃取量见表7.1 第 5 ~ 8 列所示，测量模型通过潜变量和指标题项的信度、效度检验，表明本研究的测量是可靠的，测量模型质量较好。

模型拟合指数也是判定模型质量的重要标准，测量模型的主要拟合指标如表 7.3 所示。

模型拟合指数　　　　　　　　　　　　　　　　　　　表 7.3

	χ^2/df	GFI	RMR	RMSEA	CFI	TLI	IFI
建议值	1 ~ 3 之间	> 0.9	< 0.05	< 0.08	> 0.9	> 0.9	> 0.9
拟合值	1.431	0.902	0.043	0.045	0.956	0.949	0.957
是否达标	是	是	是	是	是	是	是

由表 7.3 可知，本研究的测量模型的主要拟合指数都达到标准，说明该模型拟合优度良好。

2）路径分析和假设检验

对测量模型检验过后，需要对结构模型进行路径分析，并根据研究的假设构造结构模型图，如图 7.5 所示。

研究假设可以通过各个潜在变量之间的路径系数进行验证。基于统计显著性（$P < 0.05$）为前提对各假设的路径进行评价。在 AMOS 中运行以上的结构模型，得到的结构模型的研究假设、路径参数以及假设结果见表 7.4，假设 H_1、H_2、H_3 均得到支持。

根据调研取得的数据通过 SEM 分析各变量间的内在关系，进行指标的筛选和分类，得到绿色再生旧工业建筑评价指标框架如表 7.5 所示。通过对标准化因子荷载的归一化处理，就可以进一步得出指标的权重。

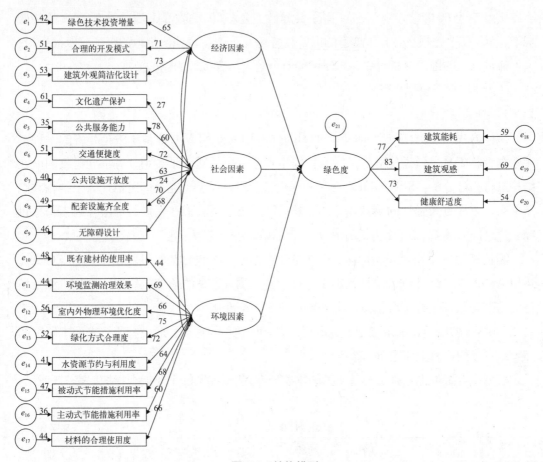

图 7.5　结构模型

假设结果
表 7.4

假设	路径	标准化路径系数	P 值	结论
H_1	经济因素→绿色度	0.321	***	支持
H_2	社会因素→绿色度	0.350	***	支持
H_3	环境因素→绿色度	0.387	***	支持

注：*** 表示 $P < 0.001$ 达到显著。

绿色再生旧工业建筑评价指标框架
表 7.5

潜变量（一级指标）	测量变量（二级指标）
经济	绿色技术投资增量 R_{11}
	合理的开发模式 R_{12}
	建筑外观简洁化设计 R_{16}
社会	文化遗产保护 R_{21}

续表

潜变量（一级指标）	测量变量（二级指标）
社会	公共服务能力 R_{22}
	交通便捷度 R_{23}
	公共设施开放度 R_{24}
	配套设施齐全度 R_{25}
	无障碍设计 R_{26}
环境	既有建材使用率 R_{15}
	环境检测治理效果 R_{31}
	室内外物理环境优度 R_{32}
	绿化方式合理度 R_{34}
	水资源节约与利用度 R_{35}
	被动节能措施利用率 R_{36}
	主动节能措施利用率 R_{37}
	材料的合理使用度 R_{38}

7.3　评价方法

7.3.1　概念

（1）可拓学内涵[4]

可拓学是一门新兴的学科，它主要用于研究事物拓展的可能性和开拓创新的规律，其主要手段是建立形式化的模型。它以可拓数学和物元理论为基础，通过引入不相容问题，通过将定性与定量的方法结合，分析事物内在的矛盾机理，拓宽了现有解决问题的思维和途径，其学科体系如图 7.6 所示。

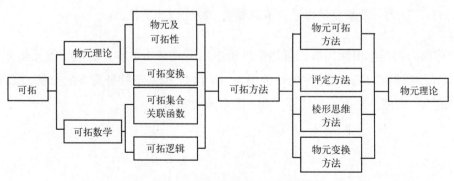

图 7.6　可拓学学科体系结构图

（2）可拓学理论 [5][6]

可拓优度评价方法的理论支撑是可拓学。可拓学是以矛盾问题为研究对象、以矛盾问题的智能化处理为主要研究内容、以可拓方法论为主要研究方法的新兴学科，其核心内容是可拓学理论和可拓方法。可拓学理论以可拓论、可拓方法论为框架的理论体系见表 7.6。

可拓学理论体系 表 7.6

序号	理论体系	详细内容
1	可拓论	以基元理论、可拓集合理论、可拓逻辑为三大核心体系构成可拓学的理论基础
2	可拓方法论	将可拓论应用于科学实践活动工具，主要包括可拓分析方法、可拓变换方法、共轭分析方法和可拓几何方法等
3	可拓工程	将可拓学的基本理论与方法和各领域的专业知识技术相结合所形成的应用技术

可拓学研究中的逻辑细胞称为基元，基元包括物元、事元、关系元。基元概念把质与量、动作与关系的相应特征分别统一在三元组中，利用基元描述万事万物和矛盾问题，以及信息、知识和策略；并通过研究基元的拓展性和变换运算的规律，建立可拓模型来表示矛盾问题及解决过程，从而作为处理矛盾问题的形式化工具；研究基元的拓展分析理论和共轭分析理论，提出可拓变换理论，以上统称为基元理论。

（3）物元

以物 O_m 为对象，c_m 为特征，v_m 为关于 c_m 的量值构成的有序三元组，$M=(O_m,\ c_m,\ v_m)$ 作为描述物的基本元，成为一维物元，O_m、c_m、v_m 三者称为物元 M 的三要素。一般物会具有多个特征，物 O_m 的 n 个特征 c_{m1}，c_{m2}，$\cdots$，c_{mn} 及 O_m 关于 c_{mi}（$i=1$，2，$\cdots$，n）所对应的量值 v_{mi}（$i=1$，2，$\cdots$，n）构成的阵列

$$M=\begin{bmatrix} O_m, & c_{m1}, & v_{m1} \\ & c_{m2}, & v_{m2} \\ & \vdots & \vdots \\ & c_{mn} & v_{mn} \end{bmatrix}=(O_m,C_m,V_m)\ 称为\ n\ 维物元，其中\ C_m=\begin{bmatrix} c_{m1}, \\ c_{m2}, \\ \vdots \\ c_{mn} \end{bmatrix},\ V_m=\begin{bmatrix} v_{m1}, \\ v_{m2}, \\ \vdots \\ v_{mn} \end{bmatrix}$$

物可以随着时间、空间或其他条件变化，设定参数 t，则物元可以表示为 $M(t)=(O_m(t),$ $c_m,\ v_m(t))$，称为一维参变量物元。多维参变量物元以此类推。

（4）事元

物与物的相互作用称为事，可拓学理论中用事元来描述事。类似于物元将 $A=(O_a,$ $c_a,\ v_a)$ 作为描述事的基本元，称为一维事元。动作 O_a 的基本特征有支配对象、施动对象、时间、地点、程度、方式、工具等，则 n 维事元表示为

$$A=\begin{bmatrix} O_a, & c_{a1}, & v_{a1} \\ & c_{a2}, & v_{a2} \\ & \vdots & \vdots \\ & c_{an} & v_{an} \end{bmatrix}=(O_a,C_a,V_a)$$

同样事元也有参变量事元 $A(t) = (O_a(t),\ c_a,\ v_a(t))$。

（5）关系元

现实世界中，任何物、事、人、信息、知识等之间都有着千丝万缕的关系。这就需要通过关系元进行描述，关系往往是复杂的、多特征的，故一般只有 n 维关系元，

$$R = \begin{bmatrix} O_r, & c_{r1}, & v_{r1} \\ & c_{r2}, & v_{r2} \\ & \vdots & \vdots \\ & c_{rn} & v_{rn} \end{bmatrix} = (O_r, C_r, V_r)$$。关系 O_r 随参数 t 变化则有参数关系元。

物元、事元、关系元统称为基元，可以把基元记作：

$$B = (O, C, V) = \begin{bmatrix} Object, & c_1, & v_1 \\ & c_2, & v_2 \\ & \vdots & \vdots \\ & c_n & v_n \end{bmatrix}$$

（6）物元可拓

物元可拓是可拓学的一个分支，物元可拓综合评定方法是针对单级或多级评定指标体系，建立评判关联函数计算关联度和规范关联度，根据预先设定的衡量标准，确定评价对象的综合优度值，从而完成单级或多级指标体系的综合评估的一种评价方法。物元可拓主要用于评估一个对象（事物、策略、方案、方法等）优劣程度，评价时采用定性与定量分析相结合的方式，具有适用范围广等优点。

7.3.2　发展

物元可拓综合评定方法由我国蔡文教授始创于 20 世纪 80 年代，主要用于研究及处理不相容问题的理论及方法，是贯穿于自然科学和社会科学的横断学科。目前已广泛应用于优化决策、控制、识别评价、新产品构思与设计等各个领域[7]。随着物元分析理论的进一步成熟及其与其他学科领域的交叉融合，使其应用范围日渐广泛。

7.3.3　原理

物元可拓方法是针对物元（包括评价对象、特征及其量值这一整体）的整体研究。它根据直接收集的实际数据来计算关联度，从而获取结论，极大程度上排除了人为因素分析及评定的干扰，有效改进了传统算法的近似性。同时物元可拓方法具备定量严密、计算简便、规范性强的特点。通过对综合关联度的计算，能够将多指标的评价简化为单目标决策[8~10]。具体步骤为：

（1）建立各总体和待判样品的物元模型

m 个总体的事物元模型为

$$R_{oi} = (X_{oi}, C, V_{oi}) = \begin{bmatrix} X_{oi} & c_1, & V_{oi1} \\ & c_2 & V_{oi2} \\ & \vdots & \vdots \\ & c_p & V_{oip} \end{bmatrix} = \begin{bmatrix} X_{oi} & c_1, & \langle a_{oi1}, b_{oi1} \rangle \\ & c_2 & \langle a_{oi2}, b_{oi2} \rangle \\ & \vdots & \vdots \\ & c_p & \langle a_{oip}, b_{oip} \rangle \end{bmatrix} \tag{7-1}$$

其中 X_{oi} 表示第 i（$i=1$，2，$\cdots$，m）个总体的名称，c_j（$j=1$，2，$\cdots$，p）表示 X_{oi} 的特征，V_{oij} 为 X_{oi} 关于特征 c_j 所规定的量值范围，在可拓学理论中称为经典域。

所有样品 X 的节域事物元模型为：

$$R_{oX} = (X, C, V_{oX}) = \begin{bmatrix} X & c_1, & V_{oX1} \\ & c_2 & V_{oX2} \\ & \vdots & \vdots \\ & c_p & V_{oXp} \end{bmatrix} = \begin{bmatrix} X & c_1, & \langle a_{oX1}, b_{oX1} \rangle \\ & c_2 & \langle a_{oX2}, b_{oX2} \rangle \\ & \vdots & \vdots \\ & c_p & \langle a_{oXp}, b_{oXp} \rangle \end{bmatrix} \tag{7-2}$$

其中 X 表示所有样品的名称，c_j（$j=1$，2，$\cdots$，p）表示 X 的特征，V_{oXj} 为 X 关于特征 c_j 所规定的量值范围，在可拓学理论中称为节域。

于是待判样品 x 的事物元模型为

$$R_x = \begin{bmatrix} x & c_1, & v_1 \\ & c_2 & v_2 \\ & \vdots & \vdots \\ & c_p & v_p \end{bmatrix} \tag{7-3}$$

由于 x 是由特征和量值所确定，其中 v_j 为 x 关于 c_j 的特征量值，即通过统计分析待判样品所得的具体数据。

（2）确定各特征指标的权系数

对非满足不可的特征 c_k，记其权系数为 Λ，若待判样品 x 的相应量值 $v_k \notin V_{olk}$，则样品 x 不属于 R_{oi}，$0 \leqslant i \leqslant m$，此时将其排除。对于非满足不可的特征 c_j（$j \neq k$）的权系数记为 λ_j，λ_j（$j=1$，2，$\cdots$，p，$j \neq k$），则显然 $\sum\limits_{\substack{j=1 \\ j \neq k}}^{p} \lambda_j = 1$。

（3）确定关联度进行判别

对 $v_k \in V_{oik}$，$i=1$，2，$\cdots$，m，$i \neq 1$，待判样品 x 的各特征指标关于各总体的相应指标的关联度为

$$K_i(v_j) = \frac{\rho(v_j, V_{oij})}{\rho(v_j, V_{Xj}) - \rho(v_j, V_{oij})} \tag{7-4}$$

根据距的定义，其中

$$\rho(v_j, V_{oij}) = \left| v_j - \frac{a_{oij} + b_{oij}}{2} \right| - \frac{b_{oij} - a_{oij}}{2} \tag{7-5}$$

$$\rho\left(v_j, V_{Xj}\right) = \left|v_j - \frac{a_{oXj} + b_{oXj}}{2}\right| - \frac{b_{oXj} - a_{oXj}}{2} \tag{7-6}$$

$i=1$, 2, $\cdots$, m；$j=1$, 2, $\cdots$, p。

于是待判样品 x 关于总体 R_{oi} 的关联度

$$k_i(x) = \sum_{j=1}^{P} \lambda_j k_i(v_i), \quad (i=1, 2, \cdots, m) \tag{7-7}$$

如果 $K_{i_0}(x)$ 符合规定的条件，则将样品 x 判属 R_{oi_0}。

利用物元可拓方法可以进行阶段指标划分和指标模型的建立。

7.4　评价模型

（1）建立指标体系

通过对旧工业建筑绿色再生项目全寿命周期各阶段的研究和划分，明确各个阶段的工作内容和特点，进而利用物元方法将各指标划分到合理的阶段中，建立旧工业建筑绿色再生项目评价指标体系。

1）评价阶段指标可拓判别的一般程序可分为五个步骤：

①评价阶段的总体事物元的设定

旧工业建筑再生项目评价阶段设定为：开发阶段、设计阶段、施工阶段、运营阶段，故这四个阶段为总体事物元 R_{o1}，R_{o2}，R_{o3}，R_{o4}。

结合对各个评价阶段的特征分析，实施主体、时间阶段、接收对象和实施方式对于每个评价阶段来说都属于本质特征，因此选取这四个特征作为可拓判别方法中描述总体事物元的主要特征指标。建立总体经典域事物元模型为：

$$R_{oi} = \left(X_{oi}, C, V_{oi}\right) = \begin{bmatrix} X_{oi} & c_1 & V_{oi1} \\ & c_2 & V_{oi2} \\ & c_3 & V_{oi3} \\ & c_4 & V_{oi4} \end{bmatrix} = \begin{bmatrix} X_{oi} & c_1 & \langle a_{oi1}, b_{oi1}\rangle \\ & c_2 & \langle a_{oi2}, b_{oi2}\rangle \\ & c_3 & \langle a_{oi3}, b_{oi3}\rangle \\ & c_4 & \langle a_{oi4}, b_{oi4}\rangle \end{bmatrix} \quad (i=1, 2, 3, 4)。$$

其中 c_1, c_2, c_3, c_4 分别表示实施主体、时间阶段、接受对象和实施方式四个特征，$\langle a_{oi1}, b_{oi1}\rangle$，$\langle a_{oi2}, b_{oi2}\rangle$，$\langle a_{oi3}, b_{oi3}\rangle$，$\langle a_{oi4}, b_{oi4}\rangle$ 分别表示四个特征的经典域。

②样本事物元建立

将表 7.5 中指标 R_x 作为评价阶段的 n 个样品 x（n 为 1，2，3，$\cdots$）。同样考虑对于样品事物元，实施主体、时间阶段、接受对象和实施方式作为四个特征指标。

建立样本 x 的节域事物元模型：

$$R_{oX} = (X, C, V_X) = \begin{bmatrix} X & c_1 & V_{oX1} \\ & c_2 & V_{oX2} \\ & c_3 & V_{oX3} \\ & c_4 & V_{oX4} \end{bmatrix} = \begin{bmatrix} X & c_1 & \langle a_{oX1}, b_{oX1} \rangle \\ & c_2 & \langle a_{oX2}, b_{oX2} \rangle \\ & c_3 & \langle a_{oX3}, b_{oX3} \rangle \\ & c_4 & \langle a_{oX4}, b_{oX4} \rangle \end{bmatrix}$$

则待判别样品 x 事元为，$R_n = \begin{bmatrix} X & c_1 & V_{n1} \\ & c_2 & V_{n2} \\ & c_3 & V_{n3} \\ & c_4 & V_{n4} \end{bmatrix}$。

③确定特征指标的权重系数

分析实施主体、时间阶段、接受对象和实施方式四个特征指标，根据特征对所描述事物元的必要性和重要性，通过专家问卷打分的形式确定特征指标的权重系数分别为：$\lambda_1 = 0.3$，$\lambda_2 = 0.2$，$\lambda_3 = 0.3$，$\lambda_4 = 0.2$。

④评价阶段总体事物元经典域赋值

对于评价阶段总体事物元经典域的赋值原则如下：

a. 实施主体比较集中明确，则简单地分别赋值为（0，1），（1，2），（2，3），（3，4）；

b. 时间阶段以 0 ~ 1 为时间轴，对四个阶段分别划分；

c. 接受对象比较离散，各阶段也有一定的相容，所以赋值为（0，1.2），（1，2），（1.8，3），（2.7，4）；

d. 实施方式的赋值也等同于接受对象，简单赋值为（0，1），（1，2），（2，3），（3，4）。

因此仅时间阶段需要通过征求专家意见，综合评价阶段的特征赋值见表7.7。

各评价阶段特征赋值　　　　　　　　　　　　　　　　表 7.7

特征赋值／评价阶段	实施主体	时间阶段	接受对象	实施方式
开发阶段 R_{o1}	（0，1）	0 ~ 0.25	（0，1.2）	（0，1）
设计阶段 R_{o1}	（1，2）	0.25 ~ 0.4	（1，2）	（1，2）
施工阶段 R_{o1}	（2，3）	0.4 ~ 0.9	（1.8，3）	（2，3）
运营阶段 R_{o1}	（3，4）	0.9 ~ 1.0	（2.7，4）	（3，4）

根据各评价阶段的特征赋值，总体事物元的经典域可以表示如下：

$$R_{o1} = \begin{bmatrix} X_{o1} & c_1 & \langle 0,1 \rangle \\ & c_2 & \langle 0,0.25 \rangle \\ & c_3 & \langle 0,1.2 \rangle \\ & c_4 & \langle 0,1 \rangle \end{bmatrix}, \quad R_{o2} = \begin{bmatrix} X_{o2} & c_1 & \langle 1,2 \rangle \\ & c_2 & \langle 0.25,0.4 \rangle \\ & c_3 & \langle 1,2 \rangle \\ & c_4 & \langle 1,2 \rangle \end{bmatrix}$$

$$R_{o3} = \begin{bmatrix} X_{o3} & c_1 & \langle 2,3 \rangle \\ & c_2 & \langle 0.4,0.9 \rangle \\ & c_3 & \langle 1.8,3 \rangle \\ & c_4 & \langle 2,3 \rangle \end{bmatrix}, \quad R_{o4} = \begin{bmatrix} X_{o4} & c_1 & \langle 3,4 \rangle \\ & c_2 & \langle 0.9,1 \rangle \\ & c_3 & \langle 2.7,4 \rangle \\ & c_4 & \langle 2.8,4 \rangle \end{bmatrix}$$

由此得出的节域为：

$$R_{oX} = \begin{bmatrix} X_{o4} & c_1 & \langle 0,4 \rangle \\ & c_2 & \langle 0,1 \rangle \\ & c_3 & \langle 0,4 \rangle \\ & c_4 & \langle 0,4 \rangle \end{bmatrix}$$

⑤评价内容样本事物元特征赋值

对于评价内容样本事物元特征赋值同样是通过专家问卷调研的形式，对四个特征进行打分。经过大量专家问卷打分计算各特征的赋值，并根据式（7-4）、式（7-5）、式（7-6）、式（7-7）计算各评价内容对于四个评价阶段的关联度 $K_i(x)$，结合表 7.5 中的各指标标准化因子负荷归一化确定权重，得到旧工业建筑绿色再生项目评价指标体系，括号中标注该项最高得分值。

2) 结合旧工业建筑再生利用项目的阶段特征，按照以上步骤将旧工业建筑再生利用项目绿色评价指标划分为四个阶段评价指标体系：

①开发阶段评价指标体系

开发阶段评价指标体系如表 7.8 所示。

开发阶段评价指标体系　　　　　　　　　　　　表 7.8

一级指标	二级指标	权重	指标释义
经济指标	绿色技术投资增量 R_{11}	0.056	绿色技术单位面积投资增量成本应进行合理控制，参考当年发布的各星级绿色建筑的投资增量结合绿色目标进行合理决策，保证投资增量投入（5）
	合理的开发模式 R_{12}	0.061	综合考虑建筑结构特点、历史价值、周边环境等因素，以最大化利用既有建筑为前提确定合理的开发模式（5）
	建筑外观简洁化设计 R_{16}	0.063	充分依据原建筑结构及风格进行简化设计以降低造价（8）
社会指标	文化遗产保护 R_{21}	0.067	制定合理方案对原建筑具备的历史价值进行科学保护（8）
	公共服务能力 R_{22}	0.051	建筑兼容两种以上功能（5）
	交通便捷度 R_{23}	0.062	合理规划使场地和公共交通具备便捷的联系（9）
	公共设施开放度 R_{24}	0.055	配套辅助设施资源共享（2），公共空间免费开放（4）
	配套设施齐全度 R_{25}	0.060	合理设置停车场所（6）
	无障碍设计 R_{26}	0.059	项目初步设计中充分考虑无障碍设计（3）

续表

一级指标	二级指标	权重	指标释义
环境指标	既有建材使用率 R_{15}	0.060	充分利用原建筑中经检测加固结构完好的结构及材料（10）
	环境检测治理效果 R_{31}	0.057	对环境进行检测，结合检测结果科学治理（5）
	室内外物理环境优度 R_{32}	0.065	不使用玻璃幕墙（2）；有改善室内外物理环境的方案（10）
	绿化方式合理度 R_{34}	0.062	合理规划绿地率，30% ≤ R_g < 35%（2），35% ≤ R_g < 40%（5），R_g ≥ 40%（7）；科学配置绿化植物（3）；采用屋顶绿化、垂直绿化等方式提高绿地率（3）
	水资源节约与利用度 R_{35}	0.055	制定合理的节水措施和水资源利用方案，雨水控制、回收利用方法（9）
	被动节能措施利用率 R_{36}	0.059	制定包括窗墙比合理优化设计、自然通风等科学合理的被动节能技术利用方案（5）
	主动节能措施利用率 R_{37}	0.051	制定科学合理的主动节能技术利用方案（5）
	材料的合理使用度 R_{38}	0.057	对加固方案及新增构建的优化设计（5）；制定合理的材料使用计划（10）

说明：R_g 为绿地率。

②设计阶段评价指标体系

设计阶段评价指标体系如表 7.9 所示。

设计阶段评价指标体系 表 7.9

一级指标	二级指标	权重	指标释义
经济指标	绿色技术投资增量 R_{11}	0.063	绿色技术单位面积投资增量成本应进行合理控制，设计时通过所用技术材料对绿色技术投资增量进行计算，参考当年发布的各星级绿色建筑的投资增量进行评分（5）
	建筑外观简洁化设计 R_{16}	0.071	充分依据原建筑结构及风格进行简化设计（8）
社会指标	文化遗产保护 R_{21}	0.076	制定合理设计方案对原建筑具备的历史价值进行科学保护（8）
	公共服务能力 R_{22}	0.058	设计时保证建筑兼容两种以上功能（5）
	交通便捷度 R_{23}	0.070	设计时充分考虑场地与公共交通联系便捷：L_{EW} ≤ 500m 或 L_{SW} ≤ 800m（3），L_W=800m 范围内有两条以上线路的公共交通站点（3），有人行通道联系公共交通站点（3）
	公共设施开放度 R_{24}	0.062	配套辅助设施资源共享（2），公共空间免费开放（4）
	配套设施齐全度 R_{25}	0.068	红线范围内户外活动场地遮阴面积 ≥ 10%（1）、≥ 20%（2）；合理设置停车场所等配套设施（6）
	无障碍设计 R_{26}	0.066	设计中充分考虑无障碍设计（3）
环境指标	既有建材使用率 R_{15}	0.068	充分利用原建筑中经检测加固结构完好的结构及材料，70% ≤ R_{ru} < 80%（5）、80% ≤ R_{ru} < 90%（8）、90% ≤ R_{ru} < 100%（10）；20% ≤ R_{rc} < 30%（5）、30% ≤ R_{rc} < 40%（8）、R_{rc} ≥ 40%（10）

续表

一级指标	二级指标	权重	指标释义
环境指标	室内外物理环境优度 R_{32}	0.073	不使用玻璃幕墙（2）；室外夜景照明光污染限制符合规范规定（2）；场地内噪声环境符合标准规定（4）；合理进行建筑改造，保证室外良好风环境，冬季人行分区风速小于 5m/s，且室外风速放大系数小于 2（2），迎风面背风面风压差≤5Pa（1）；夏季过渡季人行活动区不出现涡旋或无风区（2），一半以上可开启外窗室内外表面风压差大于 0.5Pa（1）；70% 以上的路面屋面太阳辐射反射系数≥0.4（2）；采用有效减少噪声干扰措施（4）；能通过外窗看到室外自然景观（3）；采光系数满足标准要求（8）
	绿化方式合理度 R_{34}	0.071	合理规划绿地率，30%≤R_g<35%（2），35%≤R_g<40%（5），R_g≥40%（7）；科学配置绿化植物（3）；采用屋顶绿化、垂直绿化等方式提高绿地率（3）
	水资源节约与利用度 R_{35}	0.062	雨水科学回收利用，S_{GW}≥30%（3），合理衔接、引导雨水进入地面生态设施（3），S_{HW}≥50%（3）；合理径流控制规划，控制雨水外排总量，R_{FY}≥55%（3），R_{FY}≥70%（6）；科学利用雨水进行景观水体设计（7）；采取有效措施避免管网漏损（7）；给水系统无超压出流（8），设置用水计量装置（6）；节水绿化灌溉（10）；空调设备采用节水冷却技术（10）；其他用水采用节水措施（5）；合理使用非传统水源（15）
	被动节能措施利用率 R_{36}	0.067	对于设置玻璃幕墙且不设外窗的，R_{go}≥5%（4）、R_{go}≥10%（6），对于设外窗且不设幕墙的，R_{wo}≥30%（4）、R_{wo}≥35%（6）；围护结构热工性能 R_{wh}≥5%（5）、R_{wh}≥10%（10）；优化建筑空间布局，改善自然通风效果，60%≤R_R<65%（6）、65%≤R_R<70%（7）、70%≤R_R<75%（8）、75%≤R_R<80%（9）、80%≤R_R<85%（10）、85%≤R_R<90%（11）、90%≤R_R<95%（12）、R_R≥95%（13）；合理设计保证室内天然采光效果（14）；采取可调节遮阳措施，降低太阳辐射热（12）
	主动节能措施利用率 R_{37}	0.058	供暖空调系统冷热源机组能效优于国标能效定值要求（6），空调冷热水循环水泵耗电输冷（热）比低于国标标准值 20%（6）；5%≤D_e<10%（3），10%≤D_e<15%（7），D_e≥15%（10）；采用分区降低能耗措施，分朝向等分区控制（3）、合理台数及容量等（3）、水/风系统变频技术（3）排风能量回收系统合理可靠（3）；合理采用蓄热蓄冷系统（3）；合理利用余热废热（4）；合理利用可再生能源（10）
	材料的合理使用度 R_{38}	0.065	对加固方案及新增构建的优化设计（5）；使用可重复隔断（墙），30%≤R_{rp}<50%（3）、50%≤R_{rp}<80%（4）、R_{rp}≥80%（5）；采用整体化定型设计的厨卫（6）；合理采用高耐久性结构材料（3）；采用耐久性好、易维护的装饰装修建材（5）

说明：表中 L_{EW} 为场地出入口到公共汽车站的步行距离；L_{SW} 为场地出入口到轨道交通站的步行距离；L_W 为场地出入口的步行距离；R_{ru} 为既有结构的利用率；R_c 为既有材料的利用率；R_g 为绿地率；S_{GW} 为有蓄水功能的绿地及水体总面积占绿地面积的比例；S_{HW} 为硬质铺装地面中的透水铺装面积的比例；R_{FY} 为场地年径流总量控制率；R_{go} 为玻璃幕墙透明部分可开启面积比例；R_{wo} 为外窗可开启面积比例；R_{wh} 为围护结构热工性能相较国家现行相关建筑节能设计标准规范值提高幅度；R_R 为过渡季典型工况下主要功能房间自然通风面积占总建筑面积的比例；R_{rp} 为可重复使用隔断（墙）的比例；D_e 为供暖、通风和空调系统能耗降低幅度。

③施工阶段评价指标体系

施工阶段评价指标体系如表 7.10 所示。

施工阶段评价指标体系 表 7.10

一级指标	二级指标	权重	指标释义
经济指标	绿色技术投资增量 R_{11}	0.118	控制设计文件变更，避免绿色技术的重大变更及对绿色性能的影响（0~4）；施工中使用绿色技术的增量成本（0~5）
社会指标	文化遗产保护 R_{21}	0.143	施工中注意对既有建筑的保护，避免对原结构构件的破坏（0~8）
	配套设施齐全度 R_{25}	0.128	进行绿色重点内容专项交底（0~2），施工日志记录绿色建筑重点内容实施情况（0~2）
环境指标	既有建材使用率 R_{15}	0.127	可回收施工废弃物回收率 ≥ 80%（3），SW_C ≤ 300t（4），300t < SW_C ≤ 350t（3），350t < SW_C ≤ 400t（1）
	室内外物理环境优度 R_{32}	0.137	采用降尘（0~6）、降噪（0~6）措施
	水资源节约与利用度 R_{35}	0.117	制定实施施工节水、用水方案（0~2），监测记录水耗数据（0~4）；监测记录基坑降水抽取量、排放量及利用量数据（0~2）
	主动节能措施利用率 R_{37}	0.109	制定实施施工节能和用能方案（0~1），能耗监测（0~3）竣工验收进行机电系统综合调试及联合试运转，结果符合设计要求（0~8）
	材料的合理使用度 R_{38}	0.122	现浇混凝土采用预拌混凝土（5），建筑砂浆采用预拌砂浆（3）；减少预拌混凝土损耗，损耗率 ≤ 1.5%（3），损耗率 ≤ 1%（6）；专业化生产钢筋使用率 ≥ 80%(8)或 3% < LR_{sb} ≤ 4%(1)、1.5% < LR_{sb} ≤ 3%（6）、LR_{sb} ≤ 1.5%（8）；使用工具定型模板，50% < R_{sf} ≤ 70%（6），70% < R_{sf} ≤ 85%（8），R_{sf} ≥ 85%（10）；选用本地生产的建材，60% ≤ R_{lm} < 70%（6）、70% ≤ R_{lm} < 90%（8）、R_{lm} ≥ 90%（10）

说明：表中 SW_C 为每 1 万平方米建筑面积施工固体废弃物排放量；LR_{sb} 为现场加工钢筋损耗率；R_{sf} 为工具式定型模板使用面积占模板工程总面积的比例；R_{lm} 表示施工现场 500km 内生产的建筑材料重量占总建材重量的比例。

④运营阶段评价指标体系

运营阶段评价指标体系如表 7.11 所示。

运营阶段评价指标体系 表 7.11

一级指标	二级指标	权重	指标释义
经济指标	绿色技术投资增量 R_{11}	0.059	运营期间投入合理的费用进行绿色设备的日常运营及维护（5）
	建筑外观简洁化设计 R_{16}	0.067	运营中保持原建筑结构及风格，不对建筑进行过度二次装修（8）
社会指标	文化遗产保护 R_{21}	0.072	原建筑具备的历史价值得到了合理保护，对原工业历史进行了有效宣传（8）
	公共服务能力 R_{22}	0.055	设计时保证建筑兼容两种以上功能（5）
	交通便捷度 R_{23}	0.066	场地与公共交通联系便捷：L_{EW} ≤ 500m 或 L_{SW} ≤ 800m（3），L_W=800m 范围内有两条以上线路的公共交通站点（3），有人行通道联系公共交通站点（3）
	公共设施开放度 R_{24}	0.058	配套辅助设施资源共享（2），公共空间免费开放（4）
	配套设施齐全度 R_{25}	0.064	红线范围内户外活动场地遮阴面积 ≥ 10%（1）、≥ 20%（2）；合理设置停车场所等配套设施（6）
	无障碍设计 R_{26}	0.062	项目具有科学合理的无障碍设计，能够满足残障人士正常使用（3）

续表

一级指标	二级指标	权重	指标释义
环境指标	既有建材使用率 R_{15}	0.064	充分利用原建筑中经检测加固结构完好的结构及材料，$70\% \leqslant R_{ru} < 80\%$ (5)、$80\% \leqslant R_{rc} < 90\%$ (8)、$90\% \leqslant R_{rc} < 100\%$ (10)；$20\% \leqslant R_{rc} < 30\%$ (5)、$30\% \leqslant R_{ru} < 40\%$ (8)、$R_{rc} \geqslant 40\%$ (10)
	环境检测治理效果 R_{31}	0.061	对环境进行了检测，结合检测结果保证了对环境的科学治理，治理后建筑环境符合相关标准要求 (5)
	室内外物理环境优度 R_{32}	0.069	不使用玻璃幕墙 (2)；室外夜景照明光污染限制符合规范规定 (2)；场地内噪声环境符合标准规定 (4)；室外风环境良好，冬季人行分区风速小于 5m/s，且室外风速放大系数小于 2 (2)，迎风面背风面风压差 ≤5Pa (1)；夏季过渡季人行活动区不出现涡旋或无风区 (2)，一半以上可开启外窗室内外表面风压差大于 0.5Pa (1)；70% 以上的路面屋面太阳辐射反射系数 ≥ 0.4 (2)；主要功能房间室内噪声等级满足规范低限标准值 (3)、满足高限标准值 (6)、隔声良好 (9)；能通过外窗看到室外自然景观 (3)；采光系数满足标准要求 (8)
	绿化方式合理度 R_{34}	0.067	合理规划绿地率，$30\% \leqslant R_g < 35\%$ (2)、$35\% \leqslant R_g < 40\%$ (5)、$R_g \geqslant 40\%$ (7)；科学配置绿化植物 (3)；采用屋顶绿化、垂直绿化等方式提高绿地率 (3)
	水资源节约与利用度 R_{35}	0.059	雨水科学回收利用，$S_{GW} \geqslant 30\%$ (3)，合理衔接、引导雨水进入地面生态设施 (3)，$S_{HW} \geqslant 50\%$ (3)；合理径流控制规划，控制雨水外排总量，$R_{FY} \geqslant 55\%$ (3)、$R_{FY} \geqslant 70\%$ (6)；科学利用雨水进行景观水体设计 (7)；采取有效措施避免管网漏损 (7)；给水系统无超压出流 (8)；设置用水计量装置 (6)；节水绿化灌溉 (10)；空调设备采用节水冷却技术 (10)；其他用水采用节水措施 (5)；合理使用非传统水源 (15)
	被动节能措施利用率 R_{36}	0.063	对于设置玻璃幕墙且不设外窗的，$R_{go} \geqslant 5\%$ (4)、$R_{go} \geqslant 10\%$ (6)，对于设外窗且不设幕墙的，$R_{wo} \geqslant 30\%$ (4)、$R_{wo} \geqslant 35\%$ (6)；围护结构优化效果使得 $R_{lc} \leqslant 5\%$ (5)、$R_{lc} \geqslant 10\%$ (10)；优化建筑空间布局，改善自然通风效果，$60\% \leqslant R_R < 65\%$ (6)、$65\% \leqslant R_R < 70\%$ (7)、$70\% \leqslant R_R < 75\%$ (8)、$75\% \leqslant R_R < 80\%$ (9)、$80\% \leqslant R_R < 85\%$ (10)、$85\% \leqslant R_R < 90\%$ (11)、$90\% \leqslant R_R < 95\%$ (12)、$R_R \geqslant 95\%$ (13)；自然光利用率高 (5)
	主动节能措施利用率 R_{37}	0.055	供暖空调系统冷热源机组能效优于国标能效定值要求 (6)，空调冷热水循环水泵耗电输冷(热)比低于国标标准值 20% (6)；$5\% \leqslant D_e < 10\%$ (3)、$10\% \leqslant D_e < 15\%$ (7)、$D_e \geqslant 15\%$ (10)；采用分区降低能耗措施，分朝向等分区控制 (3)、合理台数及容量等 (3)、水／风系统变频技术 (3) 排风能量回收系统合理可靠 (3)；合理采用蓄热蓄冷系统 (3)；合理利用余热废热 (4)；合理利用可再生能源 (10)
	材料的合理使用度 R_{38}	0.061	对加固方案及新增构建的优化设计 (5)；土建装修一体化设计 (10)；使用可重复隔断(墙)，$30\% \leqslant R_{rp} < 50\%$ (3)、$50\% \leqslant R_{rp} < 80\%$ (4)、$R_{rp} \geqslant 80\%$ (5)；厨卫等采用整体性设计 (6)；采用耐久性好、易维护的装饰装修建材 (5)

说明：表中 L_{EW} 为场地出入口到公共汽车站的步行距离；L_{SW} 为场地出入口到轨道交通站的步行距离；L_W 为场地出入口的步行距离；R_{ru} 为既有结构的利用率；R_{rc} 为既有材料的利用率；R_g 为绿地率；S_{GW} 为有蓄水功能的绿地及水体总面积占绿地面积的比例；S_{HW} 为硬质铺装地面中的透水铺装面积的比例；R_{FY} 为场地年径流总量控制率；R_{go} 为玻璃幕墙透明部分可开启面积比例；R_{wo} 为外窗可开启面积比例；R_{lc} 为供暖空调全年计算负荷降低幅度；R_R 为过渡季典型工况下主要功能房间自然通风面积占总建筑面积的比例；D_e 为供暖、通风和空调系统能耗降低幅度。

（2）建立评价模型

1）确定经典域、节域、待评物元

①确定经典域

参考《绿标》中对绿色建筑等级的设定，将旧工业建筑绿色再生项目的评价等级从高到低分为三星、二星、一星、零星四个等级。将绿色再生旧工业建筑的绿色等级定量的描述为：设 N_p={三星→两星→一星→零星}，N_{01}={三星}，N_{02}={二星}，N_{03}={一星}，N_{04}={零星}。则 N_{01}，N_{02}，N_{03}，N_{04} ∈ N_p，对 N_p 集合中任意待判对象 b，判断 b 属于 N_{01}，N_{02}，N_{03}，N_{04} 的程度，并计算隶属度。

利用旧工业建筑绿色再生项目评价指标体系，将每个阶段的指标作为该阶段绿色评价的特征指标，则对于每个阶段，都有总体经典域事物元模型：

$$R_{oj} = \left(N_{oj}, R_i, V_i\right) = \begin{bmatrix} N_{oj}, & R_1, & V_{oi1} \\ & R_2, & V_{oi2} \\ & ..., & ... \\ & R_n & \langle a_{ojn}, b_{ojn} \rangle \end{bmatrix} (i=1，2，3，4)。$$

式中，N_{oj} 为划分的第 j 个旧工业建筑再生项目绿色建筑评价等级；R_i 为绿色等级 N_{oj} 的特征，相应的，$R_1, R_2, \cdots, R_n$ 分别代表各阶段绿色等级的 n 个特征，对应着表 7.8 ～表 7.11 中各个阶段各自的评价指标；V_i 分别为 N_{oj} 关于 R_i 规定量值的范围，相应的，$\langle a_{oj1}, b_{oj1} \rangle$，$\langle a_{oj2}, b_{oj2} \rangle$，$\cdots$，$\langle a_{ojn}, b_{ojn} \rangle$ 分别表示对应指标的经典域。

②确定节域

确定节域即集合 N_p 及其 n 个特征 R_i、以及综合各指标的允许取值范围形成的物元。

$$R_p = \left(N_p, R_i, V_{pi}\right) = \begin{bmatrix} N_p & R_{1i} & \langle a_{p1}, b_{p1} \rangle \\ & ... & ... \\ & R_{2i} & \langle a_{p2}, b_{p2} \rangle \\ & ... & ... \\ & R_{3i} & \langle a_{p3}, b_{p3} \rangle \\ & ... & ... \end{bmatrix}$$

其中，V_{pi} 是 N_p 关于 R_i 综合各指标后的允许取值范围。

③确定待判物元

待判对象 b 的物元模型为

$$R_o = \left(b, R, V\right) = \begin{bmatrix} b, & R_1, & x_1 \\ & R_2, & x_2 \\ & ..., & ... \\ & R_n & x_n \end{bmatrix}$$

其中，b 为待判对象，x_i 为 b 关于 R_i 的量值，即待判对象 b 的具体取值 [11, 12]。

2）确定经典域物元和节域物元临界值

节域物元和经典域物元的构建是建模的关键，其临界值参考《绿标》中星级评定进行设定，当该指标项得分率小于 50% 时，认为该指标不满足（群）再生利用建筑要求；当该指标项得分率大于等于 50% 小于 60% 时，认为该指标满足一星绿色建筑要求；当该指标项得分率大于等于 60% 小于 80% 时，认为该指标满足二星绿色建筑要求；当该指标项得分率大于等于 80% 时，认为该指标满足三星绿色建筑要求。综上，可以得到四个阶段对应的经典域物元和节域物元临界值。

3）计算关联度判断等级

计算待判对象 b 中各指标值到各个绿色等级范围值的距，以及待判对象 b 与各绿色等级 N_{oj} 的单项指标关联函数 $K_j(v_i)$，得到待判对象 b 关于总体 R_{oi} 的关联度。当 $K_m(v_i) = \max\{K_j(v_i)\}$，$m \in \{1, 2, \cdots, j\}$，则可以判断待判对象 b 中的指标 v_i 属于评价等级 N_m。

7.5　实证分析

7.5.1　项目概况

上海市某产业园为始建于 20 世纪 60 年代的机器生产厂改造而成。园区内共有 24 栋建筑。园区道路呈"L"形，结合功能需求将园区建筑共分为四块区域：A 区七栋建筑为展示区；B 区八栋建筑为实践区；C 区两栋建筑为设备区；D 区四栋建筑为功能辅助区。再生后的主要功能有两个，分别是办公建筑及展览馆。园区占地面积 32353m²，容积率为 1.25；室内停车位为 264 辆，室外停车位 97 辆。园区绿地面积为 6300m²，绿化率为 19.5%。再生共投资 1.7 亿元，改造单位成本约为 3400 元 /m²。

改造中保留原有的框架结构，对原有外墙用小型空心混凝土砌块代替砌筑，减轻负荷的同时也起到保温的作用。新砌外墙则采用复合墙体系统（EIFS），能够消除冷、热桥，维持室内气温平稳，节省空调能耗。园区改造过程中，对原厂区道路、水电管网、废旧材料利用率为 30%。建筑采用无水小便斗、窗体遮阳、开窗面积控制、门窗断桥隔热铝合金型材、中空 LOW-E 玻璃、两层透气型木窗等节能环保科技手段达到建筑节能，见图 7.7。

| (a) 节能展示馆 | (b) 自渗停车位 | (c) 无水小便器 | (d) 室外排水孔 |

图 7.7　园区内的部分建筑及设施

园区内设有太阳能热水系统，利用一个面向太阳的太阳能收集器直接加热水，或加热不停流动的"工作液体"进而再加热水的装置。园区内 B1 号楼设置的太阳能热水系统集热面积达 $43.04m^2$，日产热水量达 6t，可以满足整个园区的生活用水需求。在 B1 号楼、B2 号楼应用地源热泵技术，利用地下浅层的地热资源进行供热及制冷。其末端装置为分体式水环热泵机组。B1 号楼、B2 号楼电力消耗夏季为 17.2kW，冬季为 8.6kW，年节煤量达 390t。其空调冷热源均采用大金 VRV 机组。季平均采暖热负荷指标为 $6.93W/m^2$，空调冷负荷指标为 $28.35 W/m^2$。单位面积全年采暖通风空调及照明能耗量为 $52.55kWh/m^2$。

改造时利用原工业厂房的高大空间，开发成为室内自然通风车库，提高室内停车库空间利用率，间接减少汽车空调使用耗能；有效提高室内舒适度，同时降低空调等能耗。同时设一套完整的空气循环通道，辅以符合生态思想的空气处理手段，并借助一定的机械方式加速室内通风。

园区绿化率为以建（构）筑物顶部为载体，以植物为主体进行配置，不与自然土壤接壤。B1 号楼（平屋顶）采用佛甲草等用需水量少的植株作为植被。采用直接种植和模块式（在模块中培养植株后，将模块搬移到屋面）两种方式开展屋面绿化，通过屋面绿化，室内保温隔热效果达 5 ~ 7℃。屋顶绿化效果如图 7.8 所示。

图 7.8　产业园内屋顶绿化

图 7.9　外窗玻璃

园区内设有专门的集水设备用来收集雨水及生活用水。雨水回收系统总集水面积为 $10848m^2$。年平均集水量达 1.3 万 m³，用于消防、绿化及供部分楼内冲厕使用。B1 号楼、B2 号楼采用高效节能荧光灯，同时调整照明密度和照明功率为 $7W/m^2$ 以降低建筑能耗。并在适当位置添加日光感应器，根据自然光的变化调整灯光亮度。办公室内采用高效节能荧光灯；通过对照明功率及照明密度的调整，B1 号楼节能率达到了 20.99%，B2 号楼节能率达到了 22.40%。

采用外墙保温、屋面保温、窗体遮阳、开窗面积控制、门窗断桥隔热铝合金型材、中空 LOW-E 玻璃、两层透气型木窗等减少建筑能耗；园区建筑外窗多采用 6+12A+6mm 中空钢化外窗 LOW-E 玻璃，外窗传热系数 K=2.5W/（m²·K），遮阳系数 SC=0.42，外窗气密性等级为 4 级，热桥部位采取了保温措施。其外窗玻璃如图 7.9 所示。采用具有保温隔热作用的门。其维护结构性能参数见表 7.12。

上海市某创意园区维护结构性能参数表　　　　表 7.12

建筑部位			传热系数 K [W/（m²·K）]	
外墙			0.62	
屋顶			0.56	
外窗	方位	窗墙比	传热系数 K [W/（m²·K）]/ 遮阳系数 SC	
	东	0.25	2.5/0.42	
	南	0.37	2.5/0.42	
	西	0.07	2.5/0.42	
	北	0.31	2.5/0.42	

建筑采用智能化管理系统，主要包括①门禁系统：单点控制、多点联网、集中管理的分体式、一体化管理模式；②监控系统：全园区 24h 监控系统覆盖，对消防、安全、跟踪、处理流程进行实时预防；③数字覆盖：改用移动、电信、网通、有线电视及无线网络等技术保证数字覆盖完整效果。该项目满足《公共建筑节能设计标准》（GB 50189—2005）中的相关规定，其建筑平均基础节能率达到 61.8%。

7.5.2　绿色评价

该项目已投入运营，以运营阶段为例对项目进行绿色评价。评价时应采用运营阶段评价指标对项目进行评价。对项目概况进行分析，提炼出绿色再生旧工业建筑评价中运营阶段需要的指标，根据表 7.11 中提示的指标及其释义进行评分，得到上海市某产业园绿色再生运营阶段评价特征因素量化值为：

$$X = [R_{11}, R_{16}, R_{21}, R_{22}, R_{23}, R_{24}, R_{25}, R_{26}, R_{15}, R_{31}, R_{32}, R_{34}, R_{35}, R_{36}, R_{37}, R_{38}]$$
$$= [2, 8, 7, 5, 9, 6, 8, 0, 18, 5, 42, 8, 83, 33, 49, 30]$$

代入式（7-4）、式（7-5）、式（7-6）、式（7-7）进行计算，结果如表 7.13 所示。

上海市某产业园绿色再生运营阶段绿色等级评价结果　　　　表 7.13

指标　　级别	$K_1(v_i)$	$K_2(v_i)$	$K_3(v_i)$	$K_4(v_i)$	评价结果
R_{11}	−0.07	−0.15	0.04	−0.21	一星
R_{16}	0.15	−0.12	−0.08	−0.26	三星

续表

指标 \ 级别	$K_1(v_i)$	$K_2(v_i)$	$K_3(v_i)$	$K_4(v_i)$	评价结果
R_{21}	−0.13	0.16	−0.14	−0.27	二星
R_{22}	−0.22	−0.09	0.19	−0.07	二星
R_{23}	0.21	−0.06	−0.21	−0.33	三星
R_{24}	0.21	−0.12	−0.16	−0.06	三星
R_{25}	0.16	−0.02	−0.16	−0.21	三星
R_{26}	−0.09	−0.17	−0.15	0.17	零星
R_{15}	0.24	−0.21	−0.08	−0.19	三星
R_{31}	0.18	−0.03	−0.21	−0.19	三星
R_{32}	0.14	−0.16	−0.05	−0.14	三星
R_{34}	0.13	−0.23	−0.19	−0.05	三星
R_{35}	0.16	−0.12	−0.08	−0.05	三星
R_{36}	0.17	−0.14	−0.19	−0.09	三星
R_{37}	0.09	−0.11	−0.23	−0.14	三星
R_{38}	0.12	−0.14	−0.05	−0.03	三星
$K_j(V)$	0.16	−0.13	−0.11	−0.13	三星

7.5.3 结论与建议

（1）项目评价结论

该项目运营阶段的绿色等级为三星。根据评价结果可以看到，R_{11}、R_{21}、R_{22}、R_{26}分别为一星、二星、二星和零星，评价等级较低。即绿色技术投资增量不合理，运营期间进行绿色设备的日常运营及维护费用偏高；文化遗产保护不力，未能对原厂的工业历史、文化内涵进行有效的宣传；配套设施不够完善，红线范围内户外活动场地遮阴面积不满足要求；同时无障碍设计不满足要求，不能满足残障人士的正常使用。但其他指标评价等级均为三星，综合评价等级为三星。该旧工业建筑绿色再生效果较好。

（2）项目评价建议

根据评价结果，为了进一步提高项目绿色度，应该避免单纯的技术堆砌，选择合理适用的节能技术，且优先考虑被动节能技术；合理保护原工业产业的文化内涵，对原厂的工业历史、生产工业进行适当的宣传，这也是对城市内涵的一种有效的积淀；进一步完善配套设施、增加无障碍设计，以方便使用。

参考文献

[1]　GB/T 50378—2014. 绿色建筑评价标准 [S]. 北京：中国建筑工业出版社，2014.

[2]　Dale V H，Beyeler S C.Challenges in the development and use of ecologicalindicators[J]. Ecological Indicators.2001，1（1）：3-30.

[3]　弗洛德·J. 福勒著 . 蒋逸民，等译 . 调查问卷的设计与评估 [M]. 重庆：重庆大学出版社，2010.

[4]　杨春燕，蔡文 . 可拓工程 [M]. 北京：科学出版社，2007.

[5]　蔡文，杨春燕，林伟初 . 可拓工程方法 [M]. 北京：科学出版社，1997.

[6]　赵燕伟，苏楠 . 可拓设计 [M]. 北京：科学出版社，2010.

[7]　吴明隆 . 结构方程模型 AMOS 的操作与应用（第 2 版）. 重庆：重庆大学出版社，2010.

[8]　蔡文 . 物元模型及其应用 [M]. 北京：科学技术文献出版社，1994.

[9]　蔡文，杨春燕，何斌 . 可拓逻辑初步 [M]. 北京：科学出版社，2003.

[10]　杨春燕，蔡文 . 基于可拓集的可拓分类知识获取研究 [J]. 数学的实践与认识，2008，16：184-191.

[11]　蔡文，杨春燕，王光华 . 一门新的交叉学科——可拓学 [J]. 中国科学基金，2004（5）：268-272.

[12]　Wiley J A，Benefield J D，Johnson K H.Green design and the market for commercial office space[J].The Journal of Real Estate Finance and Economics，2010，41（2）：228-243.

[13]　杨姗 . 基于生态技术的旧厂房办公类改造策略研究 [D]. 北京：北京工业大学，2009.

[14]　闫瑞琦 . 旧工业建筑(群)再生利用项目评价体系研究 [D]. 西安：西安建筑科技大学，2012.

[15]　甘琳，申立银，傅鸿源 . 基于可持续发展的基础设施项目评价指标体系的研究 [J]. 土木工程学报，2009，42（11）：133-138.

[16]　解明镜，周春员，李鑫 . 旧工业建筑改造中的被动式节能设计研究 [J]. 工业建筑，2013，43（4）：42-45.

[17]　Bentler P M, Mooijaart A. Choice of structural model via parsimony：A rational based on precision[J].Psychological Bulletin，1989，106（2）：315-317.

[18]　Chen F F. Sensitivity of Goodness of Fit Indexes to Lack of Measurement Invariance[J]. Structural Equation Modeling，2007，14（3）：464-504.

第8章　旧工业建筑再生利用项目效果评价

为确定旧工业建筑再生利用项目预期目标是否达到，主要效益指标是否实现；查找项目成败的原因，总结经验教训，及时有效反馈信息，提高未来新项目的管理水平；为项目投入运营中出现的问题提出改进意见和建议，达到提高投资效益的目的。在可持续发展理论的基础上，建立旧工业建筑再生利用项目效果评价指标体系，从可拓学的角度出发，制定相关评价标准和评价程序，构建了可操作性强，过程清晰，运算简单的基于可拓优度法的项目效果评价模型，形成一个较为完善的旧工业建筑再生利用项目效果评价体系，为旧工业建筑再生利用项目效果评价提供理论支撑。

8.1　概念与内涵

8.1.1　基本概念

（1）效果评价

效果评价（effectiveness evaluation）是衡量规划、项目、服务机构经过实施活动所达到的预定目标和指标的实现程度。效果评价的内容分为近期和中期效果评价，又叫效应评价（impact evaluation）和远期效果评价，又叫结局评价（outcome evaluation），结局评价又分为效果、效益和成本 - 效益、成本 - 效果。

例如：卫生目标是指制定项目计划时，根据人群卫生需求所要解决的健康问题，如降低发病率、死亡率、患病率、提高期望寿命、生活质量等。评价效果主要是分析目标和指标的实现程度。效果评价的目的在于对项目计划的价值做出科学的判断。如某个项目的目标是减少某种传染病的发病率，则评价应通过年发病率与项目初期年发病率的比较来衡量效果。

（2）旧工业建筑再生利用效果评价的特点

1）遵循可持续发展理论，贯穿效果评价的全过程

近年来，从国外到国内对工程项目评价体系的研究和规范标准的制定，皆以可持续发展理论为原则。旧工业建筑再生利用项目作为工程项目的一个新型分支，其评价体系的研究也应从可持续发展角度出发，这样避免了再生利用项目的评价体系与国家已有的相关标准的冲突，同时，也完善了国家建筑评价系列标准。

2）可持续发展理论的基本思想落实于经济、社会和环境三维角度

我国可持续发展研究学者提出了从社会、经济和环境三个角度去分析研究基础设施建设，而多个国家建立的类似绿色建筑评价体系也暗含了从这些角度出发所设定的指标。而在我国当前该方面项目成功案例数量有限，地区各方面差异又大，影响项目实施的不确定因素繁多，而且缺乏可参考的历史资料情况下，这种选择应不失为一种稳妥而有效的方法。

3）评价体系的可行性强，便于后期应用

由于旧工业建筑再生利用项目自身的特殊性，现已有多种建筑评价体系的指标和评价方法未必对其适用，不过可以通过借鉴有关建筑项目评价体系的基本构建思想和指标设定原则，形成具有自身特色的评价体系。

4）信息的反馈及项目是否具有重塑性是效果评价的最主要作用

效果评价的最终目的是将评价结果反馈给决策者或是决策系统，作为待改建项目立项和评估的基础，作为决策和调整投资规划的依据。因此，项目的效果评价必须保证具有良好的信息反馈机制。此外，项目效果评价的另一个主要作用是确认已再生利用项目是否具有重塑性，这就要求在研究中应注意选择合适的评价方法，以实现再生利用项目决策对效果评价的这种特殊要求。

8.1.2　效果评价与结果反馈

（1）效果评价的基本内容

1）项目目标效果评价。该项评价的任务是评定项目立项时各项预期目标的实现程度，并要对项目原定决策目标的正确性、合理性和实践性进行分析评价。

2）项目效益效果评价。项目的效益后评价即财务评价和经济评价。

3）项目影响效果评价。主要有经济影响后评价、环境影响后评价、社会影响后评价。

4）项目持续性效果评价。在项目的资金投入全部完成之后，项目的既定目标是否还能继续，项目是否可以持续地发展下去，项目是否具有可重复性，即是否可在将来以同样的方式建设同类项目。

5）项目管理效果评价。项目管理后评价是以项目目标和效益后评价为基础，结合其他相关资料，对项目整个生命周期中各阶段管理工作进行评价。

（2）效果评价的阶段划分

项目效果评价（后评价）对于总结项目管理的经验教训、提高项目决策的科学化水平起着至关重要的作用，国内各行业对投资项目后评价工作日益重视。项目效果评价（后评价）通过对项目实践活动的检查总结，确定项目预期的目标是否达到，项目是否合理有效，项目的主要效益指标是否实现，并找出项目成败的原因，总结经验教训。项目效

果评价是一个闭环过程，如图8.1所示。

旧工业建筑再生利用效果评价从评价的阶段来看，属项目后评价的范畴，其主要作用在于判断从策划、实施到运营整个过程，项目的经济、社会和环境等影响效果是否达到预期目标，从发现的问题中获取经验知识，为后期项目决策提供有效、可靠的参考信息，提高项目决策水平。

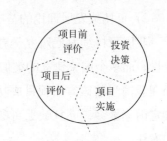

图 8.1　项目效果评价（后评价）

（3）结果反馈的阶段划分

结果反馈（result feedback）是控制论的基本概念，指将系统的输出返回到输入端并以某种方式改变输入，进而影响系统功能的过程，是现代科学技术的基本概念之一，泛指发出的事物返回发出的起始点并产生影响，这一现象称作"反馈效应"。由此可知，结果反馈亦是一个闭环过程，如图8.2所示。

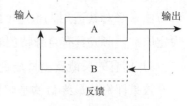

图 8.2　结果反馈

一般来讲，控制论中的反馈概念，指将系统的输出返回到输入端并以某种方式改变输入，进而影响系统功能的过程，即将输出量通过恰当的检测装置返回到输入端并与输入量进行比较的过程。反馈可分为负反馈和正反馈。在其他学科领域，被赋予了其他的含义，例如传播学中的反馈，无线电工程技术中的反馈等。

（4）效果评价与结果反馈之间的关系

反馈原来是物理学中的一个概念，是指把放大器的输出电路中的一部分能量送回输入电路中，以增强或减弱输入信号的效应。心理学借用这一概念，以说明学习者对自己学习结果的了解，而这种对结果的了解又起到了强化作用，促进了学习者更加努力学习，从而提高学习效率。这一心理现象称作"反馈效应"。反馈效应可以指导企业管理和学习工作，是一个非常重要的管理定理。

效果评价是对正在实施或已经完成的项目所进行的一种系统而又客观的分析评价，以确定项目的目标、目的、效果、效益的实现程度。旧工业建筑再生利用效果评价是对项目预期计划的价值做出科学的判断、评估，对其实施程度进行评价。由此可知，效果评价是一个闭环项目"实施效果的反馈"过程，结果反馈亦是一个"信息反馈"的闭环过程。

（5）效果评价的作用

1）为提高建设项目决策科学化水平服务

项目前评估为项目投资决策提供依据。前评估中所做的预测是否正确，需要项目建设的实验来检验，需要项目效果评价（后评价）来分析和判断。通过建立完善的建设项目项目效果评价（后评价）制度和科学的评价方法体系，一方面可以促使前评估人员增强责任感，努力做好前评估工作，提高项目预测的准确性；另一方面可以通过项目效果评价（后评价）反馈的信息，及时纠正建设项目决策中存在的问题，从而提高未来建设项目决策的科学化水平。

2）为政府制定和调整有关经济政策提供参考

项目效果评价总结的经验教训，往往涉及政府宏观经济管理中的某些问题，政府有关部门可根据反馈的信息，合理确定和调整投资规模与投资流向，协调各产业部门之间及其内部的各种比例关系，及时进行修正某些不适合经济发展的宏观经济政策、技术经济政策和已经过时的指标参数。此外，政府有关部门还可通过建立必要的法规、法令、相关的制度和机构，促进投资管理的良性循环。

3）为提高建设项目监管水平提出建议

项目管理是一项十分复杂的活动，它涉及政府有关部门、建设项目业主、材料供应商、工程勘察设计、工程施工等许多部门，只有各方面密切合作，建设项目才能顺利完成。如何进行有效管理、协调有关各方的关系、采取什么样的具体协作形式等，都应在项目建设过程中不断摸索、不断完善。项目效果评价通过对已建成项目实际情况的分析研究，总结项目在组织管理方面的先进经验和失败的教训，为出资人对未来项目的管理活动提供借鉴，以便提高项目监管水平。

4）促使建设项目运营状态正常化

项目进行效果评价时，对于项目投产初期和达产时期的实际情况要进行分析和研究，比较实际状态与预测目标的偏离程度，分析产生偏差的原因，提出切实可行的改进措施，促使建设项目运营状态正常化，提高建设项目的经济效益和社会效益。

8.2　评价指标

8.2.1　指标分析

结合国内旧工业建筑再生利用项目发展实际，研究从经济、社会和环境三方面汇总出图 8.3 关于旧工业建筑再生利用项目效果评价指标初步框架[1]。在此基础上，通过一定的数学方法分析，优选出旧工业建筑再生利用项目效果评价指标。

8.2.2　指标筛选

在分析多国绿色建筑评价体系和相关研究文献的同时，使用可拓工程分析方法创新思维模式。对旧工业建筑再生利用项目效果评价指标进行多级菱形思维分析，通过发散分析，相关分析以及蕴含分析等，采取"发散——收敛——再发散——再收敛"多级循环的菱形思维[2]，最终建立旧工业建筑再生利用项目效果评价指标体系。

- 旧工业建筑再生利用项目效果评价指标初步框架
  - 经济指标
    - 阶段成本 EI_{11}
    - 动态回收期 EI_{12}
    - 投资回收率 EI_{13}
    - 净现值率 EI_{14}
    - 内部收益率 EI_{15}
    - 财务风险评估 EI_{16}
    - 项目投资计划 EI_{17}
    - 项目融资模式 EI_{18}
    - 项目技术方法优势 EI_{19}
  - 社会指标
    - 对区域经济发展的影响 EI_{21}
    - 改善公共卫生环境的能力 EI_{22}
    - 与周围环境的协调性 EI_{23}
    - 与地区人文、风俗、习惯的融合性 EI_{24}
    - 提供就业机会的能力 EI_{25}
    - 对区域其他活动提供配套设施的能力 EI_{26}
    - 过程中对周边居民的干扰程度 EI_{27}
    - 施工环境的文明程度 EI_{28}
    - 对自然、历史、文化遗产的保护程度 EI_{29}
    - 对区域形象的提升能力 EI_{210}
  - 环境指标
    - 与区域地理环境的结合程度 EI_{31}
    - 对生太环境的敏感程度 EI_{32}
    - 对可再生能源的利用程度 EI_{33}
    - 对可再利用或可循环材料的使用程度 EI_{34}
    - 节能措施对总能耗的降低程度 EI_{35}
    - 对土地资源的合理利用程度 EI_{36}
    - 节水及优化水资源的能力 EI_{37}
    - 室内环境质量水平 EI_{38}
    - 对废弃物的分类处理能力 EI_{39}
    - 空气污染程度 EI_{310}
    - 噪声污染程度 EI_{311}
    - 特殊污染源污染程度 EI_{312}
    - 绿色建筑运营管理表现 EI_{313}

图 8.3　旧工业建筑再生利用项目效果评价指标初步框架

(1) 评价指标的重要性分析

以图 8.3 初选指标为基础，以分析指标之间的重要程度和离散程度为主要目的，制定指标重要程度调研问卷表（可回访）。受访专家根据问卷提示信息，对经济、社会、环境三大类指标的重要程度做出判断。重要程度分五个级别：非常不重要——赋值 1 分，不重要——赋值 2 分，一般考虑——赋值 3 分，重要——赋值 4 分，非常重要——赋值 5 分。调研发放并回收的有效问卷为 56 份，其中包括：政府人员（各地规划局、土地局和经信委等部门相关负责人）26 份、各地区规划设计研究院从事该方面设计和研究的人员 18 份，高校长期从事该方面研究的科研人员 12 份。由于问卷来源的客观程度基本一致，所以对每个指标对应的数据可直接做均权处理。每个指标对应的一组数据用 x_{ij} 表示，其中 i=1，2，3，…，m（m 表示指标的数量），j=1，2，3，…，n（n 表示专家的数量）。收集数据整理后见表 8.1。

指标重要程度依据重要程度指数 RII_i 进行比较，RII_i 相对较小的指标，表明专家一致认为对应指标相对其他指标而言较为次要，此时可根据实际评价情况进行适当剔除。RII_i 的表达式：

$$RII_i = 100 \times \frac{N_{i1} \times 1 + N_{i2} \times 2 + N_{i3} \times 3 + N_{i4} \times 4 + N_{i5} \times 5}{5N} \tag{8-1}$$

其中，i=1，2，3，…，m；$N_{i1} \sim N_{i5}$ 分别表示问卷对第 i 个指标赋值为 1，2，3，4，5 时所对应的反馈人数数量；N 为问卷总数量。

对于指标的离散程度主要根据统计数据计算所得的变异系数 δ_i 进行分析，δ_i 值越大，表明专家对该指标的意见分歧较大，一般来讲，后期评价对其赋值离散度也比较大，数据可信度不高，所以，在这种情况下，该指标需要被剔除。变异系数 δ_i 的计算式为：

$$\delta_i = \frac{\sigma_i}{\mu_i} \tag{8-2}$$

其中，
$$\mu_i = \frac{1}{n} \sum_{j=1}^{n} x_{ij} \tag{8-3}$$

$$\sigma_i = \sqrt{\frac{1}{n-1} \sum_{j=1}^{n} (x_{ij} - \mu_i)^2} \tag{8-4}$$

最终分析结果见表 8.1。可以看出，经济指标中的投资回收率、净现值率和财务风险评估三项，社会指标中的与地区人文、风俗、习惯的融合性、施工环境的文明程度两项和环境指标中的对生态环境的敏感程度项都属于对应类中重要程度指数 RII 较小指标（$RII_i < 80$），且与其他指标的重要程度指数 RII 数值相差较大。同时，这六个指标的变异系数 δ_i 也都比较大（$\delta_i > 0.25$），说明受访专家对这些指标的理解程度存在较大分歧。所以，这六项指标应该从旧工业建筑再生利用项目评价指标汇总表中剔除，之后再将重新整理后的指标汇总表反馈给 56 位受访专家，按照反馈意见最终确定旧工业建筑再生利用项目评价指标框架。

旧工业建筑再生利用项目效果评价指标重要程度及离散程度分析　　　　　　　　表 8.1

一级指标	二级指标	反馈问卷所赋分值					μ_i	σ_i	δ_i	RII_i
		1	2	3	4	5				
经济指标	x_1	0	0	2	23	31	4.52	0.57	0.13	90.36
	x_2	0	4	6	22	24	4.18	0.90	0.21	83.57

续表

一级指标	二级指标	反馈问卷所赋分值					μ_i	σ_i	δ_i	RII_i
		1	2	3	4	5				
经济指标	x_3	0	7	11	24	14	3.80	0.96	0.25	76.07
	x_4	2	6	15	26	7	3.54	0.97	0.27	70.71
	x_5	0	0	4	31	21	4.30	0.60	0.14	86.07
	x_6	0	7	15	21	13	3.71	0.97	0.26	74.29
	x_7	1	1	8	24	22	4.16	0.87	0.21	83.21
	x_8	2	1	6	25	22	4.14	0.94	0.23	82.86
	x_9	1	2	6	27	20	4.13	0.88	0.21	82.50
社会指标	x_{10}	0	2	5	28	21	4.21	0.76	0.18	84.29
	x_{11}	0	3	4	30	19	4.16	0.78	0.19	83.21
	x_{12}	0	2	9	26	19	4.11	0.80	0.20	82.14
	x_{13}	2	4	16	25	9	3.63	0.96	0.27	72.50
	x_{14}	0	3	8	23	22	4.14	0.86	0.21	82.86
	x_{15}	1	3	9	25	18	4.00	0.93	0.23	80.00
	x_{16}	0	0	6	32	18	4.21	0.62	0.15	84.29
	x_{17}	3	6	11	27	9	3.59	1.06	0.29	71.79
	x_{18}	0	0	8	29	19	4.20	0.67	0.16	83.93
	x_{19}	1	1	8	29	17	4.07	0.83	0.20	81.43
环境指标	x_{20}	1	2	8	23	22	4.13	0.92	0.22	82.50
	x_{21}	1	4	13	24	14	3.82	0.96	0.25	76.43
	x_{22}	0	3	9	26	18	4.05	0.84	0.21	81.07
	x_{23}	0	2	6	31	17	4.13	0.74	0.18	82.50
	x_{24}	0	0	5	28	23	4.32	0.64	0.15	86.43
	x_{25}	0	0	2	32	22	4.36	0.55	0.13	87.14
	x_{26}	0	0	3	34	19	4.29	0.56	0.13	85.71
	x_{27}	0	0	5	34	17	4.21	0.59	0.14	84.29
	x_{28}	2	2	5	27	20	4.09	0.96	0.23	81.79
	x_{29}	0	3	8	30	15	4.02	0.80	0.20	80.36
	x_{30}	0	2	7	33	24	4.20	0.81	0.19	83.94
	x_{31}	0	1	10	29	16	4.07	0.74	0.18	81.43
	x_{32}	0	3	9	27	17	4.04	0.83	0.21	80.71

（2）评价指标的相关性分析

在对评价指标进行重要性比选之后，考虑到相关性比较大的指标会导致信息重复，对评价结果有一定影响，所以需进一步对指标进行相关性分析。根据评价指标间的相关系数 γ（$0 \leq |\gamma| \leq 1$）与相应临界值 γ_a 的比较，当 $|\gamma| > \gamma_a$ 时认为两个指标间相关性显著，这时应删除两个指标中相对次要的那个。但现阶段研究中尚无统一的相关系数临界值 γ_a。由于一般情况下，相关系数的检验是在给定的置信水平 α 下进行的（按自由度和置信水平查出的值为相关性系数等于零的临界值 γ_a），本文计算所得相关系数当 $|\gamma| < \gamma_{0.05}$ 时，认为两个指标间不存在显著相关性。

旧工业建筑再生利用项目的各评价指标量值取自可拓域[1]。由于评价指标的量值域不统一，所以在对指标进行相关性分析前需进行数据的标准化处理 γ_a。

经济类评价指标间的相关系数　　　　　　　　　　　　　　表 8.2

经济指标	EI_{11}	EI_{12}	EI_{13}	EI_{14}	EI_{15}	EI_{18}
EI_{11}	1	0.44	0.45	0.23	−0.03	0.45
EI_{12}		1	0.15	−0.02	0.00	0.06
EI_{13}			1	0.34	−0.33	0.30
EI_{14}				1	−0.24	0.53
EI_{15}					1	−0.32
EI_{18}						1

社会类评价指标间的相关系数　　　　　　　　　　　　　　表 8.3

社会指标	EI_{21}	EI_{22}	EI_{23}	EI_{25}	EI_{26}	EI_{27}	EI_{29}	EI_{210}
EI_{21}	1	−0.17	−0.34	0.05	−0.17	0.34	−0.34	−0.06
EI_{22}		1	0.20	0.45	0.04	0.27	−0.31	0.03
EI_{23}			1	−0.21	0.48	−0.04	0.04	0.49
EI_{25}				1	−0.07	0.38	−0.39	0.17
EI_{26}					1	−0.06	0.14	0.45
EI_{27}						1	−0.38	0.40
EI_{29}							1	−0.17
EI_{210}								1

选取 13 个较为典型的项目（无锡北仓门生活艺术中心；苏州创意泵站、苏纶场、第一丝厂；上海"8 号桥"时尚创意中心、19 叁Ⅲ老场坊、四行仓库；汉阳造创意产业园、

长株潭"两型办";成都红星路 35 号创意产业园、东区音乐公园;沈阳重型文化广场;大连 15 库)作为评价对象,进行相关性分析。应用 SPSS 软件计算指标间的相关系数,各类别指标相关分析计算结果分别见表 8.2～表 8.4。结果表明各评价指标间在 0.05 的置信水平(双侧)下不存在显著相关性。

环境类评价指标间的相关系数 表 8.4

环境指标	EI_{31}	EI_{33}	EI_{34}	EI_{35}	EI_{36}	EI_{37}	EI_{38}	EI_{39}	EI_{310}	EI_{311}	EI_{312}	EI_{313}
EI_{31}	1	−0.04	−0.35	−0.08	0.06	0.01	0.07	−0.32	0.30	0.54	−0.10	0.00
EI_{33}		1	−0.51	−0.16	0.05	0.32	−0.42	0.15	−0.40	−0.51	−0.46	0.49
EI_{34}			1	0.21	0.06	−0.40	0.28	−0.23	0.38	0.05	−0.03	−0.41
EI_{35}				1	−0.45	0.11	0.02	0.42	0.56	0.33	0.47	0.21
EI_{36}					1	−0.00	0.01	−0.18	−0.01	−0.37	−0.44	−0.21
EI_{37}						1	−0.07	0.19	0.19	−0.26	−0.26	0.47
EI_{38}							1	0.39	0.13	0.44	0.02	0.18
EI_{39}								1	−0.28	0.19	0.23	0.45
EI_{310}									1	0.24	0.09	−0.08
EI_{311}										1	0.39	−0.25
EI_{312}											1	0.01
EI_{313}												1

最后,在图 8.3 的基础上剔除 EI_{16}、EI_{17}、EI_{19}、EI_{24}、EI_{28} 和 EI_{32} 等评价指标,即为旧工业建筑再生利用项目效果评价指标体系。如图 8.4 所示。

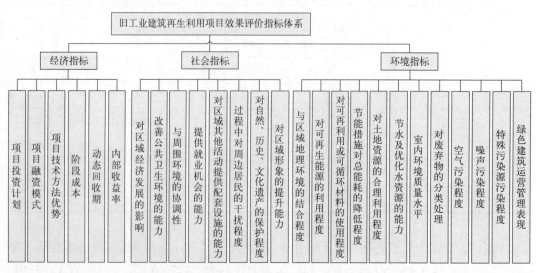

图 8.4 旧工业建筑再生利用项目效果评价指标体系

（1）经济指标（SI_1）内涵

1）项目投资计划 SI_{11}：评价项目过程中投资计划的合理性。

2）项目融资模式 SI_{12}：对选取的融资模式与项目及投资方性质的贴合程度进行综合比较评价。

3）项目技术方法优势 SI_{13}：评价对项目影响重大的技术方法能够降低成本提高效益的程度。

4）阶段成本 SI_{14}：将再生利用项目建设过程中的总成本作为主要参考依据。

5）动态回收期 SI_{15}：评价实际回收期与理论回收期之间的差异程度。

6）内部收益率 SI_{16}：实际内部收益率与理论内部收益率之间的差异程度。

（2）社会指标（SI_2）内涵

1）对区域经济发展的影响 SI_{21}：项目对区域居民收入及生活水平提高的显著程度。

2)改善公共卫生环境的能力 SI_{22}：项目对改善周围公共卫生环境（如绿化、排污方式等）所采取的措施的有效性和后期操作制度的有效及合理程度。

3）与周围环境的协调性 SI_{23}：考虑项目运营后与周围社会环境的协调匹配程度。

4）提供就业机会的能力 SI_{24}：实际提供的就业岗位量与同行业提供就业机会平均水平的比值作为主要参考值。

5）对区域其他活动提供配套设施的能力 SI_{25}：评价运营后对周围居民及其他经济活动提供的便利设施及制定的操作制度的合理及有效程度。

6）对周边居民的干扰程度 SI_{26}：对运营后可能造成扰民的情况所采取的措施的有效程度进行评价。

7）对自然、历史、文化遗产的保护程度 SI_{27}：评价后期使用维护中对旧工业区产生的自然、历史、文化等遗产所采取的措施的合理及有效程度。

8）对区域形象的提升能力 SI_{28}：考虑项目运营对区域文明化程度等的影响评价。

（3）环境指标（SI_3）内涵

1）与区域地理环境的结合程度 SI_{31}：考虑因地制宜的原则，评价对优势地理因素的利用程度以及与地理环境的协调程度。

2）对可再生能源的利用程度 SI_{32}：使用中对太阳能、风能、地热能等可再生能源的利用占总建筑能耗的比例。

3）对可再生利用或可循环材料的使用程度 SI_{33}：在保证安全及不污染环境的前提下，改造建筑对可再生利用或可循环材料的选用占建筑材料总量的比例。

4）节能措施对总能耗的降低程度 SI_{34}：评价项目采取的节能措施对建筑总能耗降低的程度。

5）对土地资源的合理利用程度 SI_{35}：将容积率、建筑密度、人均使用面积及绿地率等作为主要参考数据，对土地资源利用的合理程度进行的综合评价。

6）节水及优化水资源的能力 SI_{36}：对使用中采用的节水设施及水资源优化设施的有效程度做出的评价。

7）室内环境质量水平 SI_{37}：对于使用中的室内环境质量各子项进行测定后而对其质量达标程度做出综合性评价。

8）对废弃物的分类处理能力 SI_{38}：对于使用中的生活垃圾等的分类处理方式的合理性和有效性的评价。

9）空气污染程度 SI_{39}：改造过程中建筑排放的污染性气体对大气污染程度，以环境监测部门测得的区域内空气污染指数作为主要参考值进行的环境评价。

10）噪声污染程度 SI_{310}：过程中产生的噪声对周边污染程度，以国家标准《声环境质量标准》GB 3096 的相关规定作为主要参考依据进行环境评价。

11）特殊污染源污染处理程度 SI_{311}：对使用中产生的光污染、电磁辐射等污染采取的防治措施的合理及有效性进行的评价。

12）绿色建筑运营管理表现 SI_{312}：对于绿色再生旧工业建筑，在建筑运营管理阶段的管理方法及制度等的合理及有效性做出的评价。

8.3 评价方法

8.3.1 概念

可拓优度评价方法 [3] 是可拓学 [4] 中的一种工程评价方法，主要用于评价一个对象的优劣程度，评价的对象可以包括事物、策略、方案、方法 [5] 等。该评价方法可以针对单级或多级评价指标体系，建立评判关联函数计算关联度和规范关联度，根据预先设定的衡量标准，确定评价对象的综合优度值，从而完成单级或多级指标体系的综合评价。可拓优度评价方法是基于可拓学理论的新兴评价方法，以基元理论和基本扩展变换方法为基础，有机结合基础关联函数来确定待评价对象关于衡量指标符合要求的程度，是定性分析与定量分析相结合的方法，适用范围非常广泛。不过其指标的权重依然需要通过其他方法确定。

8.3.2 发展

（1）优度评价方法的起源

从蔡文 [4] 1983 年提出可拓理论以来，从物元分析到可拓学，已初步形成了它的理论框架，并开始向应用领域发展。以可拓论为基础，发展了一批特有的可拓方法，如物元可拓方法、物元变换方法和优度评价方法等，这些方法与其他领域的方法相结合，产生了相应的可拓工程方法。该方法由于强大的适应性而被越来越多地应用到各个研究领域，而且其简单易行，在近几年的科学研究中备受青睐。

（2）优度评价方法的应用领域

自蔡文 1983 年提出可拓集合概念以来，可拓学理论和可拓工程方法开始逐渐应用到科学的各个研究领域。例如：在工程总承包风险评价领域、农业企业绩效评价领域、服装创意设计改进优度评价法领域、矿井通风系统优选决策领域、公共项目融资模式选择领域、煤与瓦斯突出危险性评价领域、耕地生态安全评价等研究领域，取得了一定的成功，可见，可拓优度评价法的应用领域十分广泛，应用方式非常丰富。

（3）优度评价方法的特点和优点

在处理实际问题的过程中，有些条件是必须满足的，该条件不能达到，其他任何条件再好也不能使用。关于一个对象的评价往往不能只考虑有利的一面，还要考虑不利的一面。此外，在评价时，往往要考虑到动态性，对潜在的利弊进行考虑。优度评价法正是根据这些实际背景而提出的。归纳起来，主要有以下几个方面的优点：

1）优度评价方法的处理对象不是指标本身，而是指标与目标间相互关系问题，如果指标符合目标的经典域，即存在一定的合格度，那么就能得出某一指标相对于评价目标的合格度，它使指标与指标间相互独立。这一特点，使得优度评价方法具有广泛的应用领域。

2）优度评价方法对指标体系没有要求和限制，它适用于任何的评价体系，解决了指标与方法间的不相容问题。许多传统评价方法都是对指标有量化要求，而不能解决纯粹的定性问题。而优度评价法可以解决定性指标的问题，不过要建立合适的关联函数。

3）传统评价方法一般都要求指标的变化是连续的，对于离散型的变化则只能采用特尔菲法（头脑风暴法和专家打分法）。优度评价法却能通过建立分段或离散型的关联函数解决此一问题。

4）优度评价方法用人描述必须满足的条件。

5）由于关联函数的值可正可负，因此优度可以反映一个对象的利弊程度。

6）由于可拓集合能描述可变性，因此，在引入参数后，可以从发展的角度去权衡对象的利弊。

8.3.3　原理

（1）可拓优度评价方法的基本概念 [3, 4]

1）衡量指标（Scale Index）

可拓优度评价方法是对一个对象的优劣进行评价，首先要规定衡量指标。优劣是相对于一定标准而言的，一个对象关于某些指标是有利的，而对于某些指标是有弊的。评价一个对象的优劣必须反映出利弊的程度，以及他们可能的变化情况。因此要求根据实际问题的需要，制定出符合经济要求、社会要求和环境要求的评价标准，确定出衡量指标 $SI=\{SI_1,\ SI_2,\ \cdots,\ SI_n\}$，其中 $SI_i=(c_i,\ V_i)$ 是特征元，c_i 是评价特征，V_i 矢量化的量值域（$i=1$, 2, $\cdots$, n）。如果对于多级衡量指标，$SI=\{SI_1, SI_2, \cdots, SI_n\}$ 为一级衡量指标；$SI_i=\{SI_{i1}, SI_{i2}, \cdots, SI_{im}\}$（$j=1$, 2, $\cdots$, m）为二级衡量指标，以此类推。

2）关联度

对某一个被评价对象 Z，若关于衡量优劣的指标 SI，符合规定的量值范围 X_0，量值允许的取值范围为 X，量域为 V，建立关联函数 $K(z)$ 表示对象 Z 符合要求的程度，称为 Z 关于衡量指标 SI 的关联度。

3）规范关联度

设 Z 关于 SI 的关联度 $K(z)$，则 $\dfrac{K(z)}{\max\limits_{x \in V}|K(x)|}$ 称为 Z 关于衡量指标 SI 的规范关联度。

4）优度

对于某一被评价对象 Z，若衡量指标集为 $SI=\{SI_1, SI_2, \cdots, SI_n\}$，$Z$ 关于 SI_i 的规范关联度为 k_i（$i=1$, 2, $\cdots$, n），SI_i 的权系数为 α_i（α_i 表示衡量指标 SI_i 的相对重要程度）（$i=1$, 2, $\cdots$, n），且 $0 \leq \alpha_i \leq 1$。则对于不同的实际情况可以确定不同的优度评定标准形式，同时设定优度评定标准。

通常情况下要求所有衡量指标的综合关联度大于 0 即认为对象 Z 符合要求，则优度定义为 $C(Z)=\sum\limits_{i=1}^{n}\alpha_i k_i$。

（2）可拓优度评价的基本步骤

可拓优度评价法的基本流程图如图 8.5 所示。

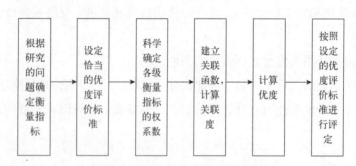

图 8.5　可拓优度评价法的基本流程

8.4　评价模型

（1）评价指标量值域确定

旧工业建筑再生利用项目效果评价指标体系中各衡量指标的量值域如下[1]。

1）衡量指标量值域的设定原则

①以目前社会、经济、生态环境的实际状况作为设定依据，根据旧工业建筑再生利

用项目效果评价指标涉及的内容以及各种相关资料为基础。

②判断社会经济以及环境变化的发展趋势，把这种变化过程中的估计值作为确定量值域时的参考依据。

③在确定量值域时考虑其具有的调节和管理作用。由此可以考虑把国家、地区、部门对于社会经管理中的规划标准量值、计划标准量值等作为所要确定量值域的边界。

根据以上量值域确定标准，结合建立的评价指标体系中对于每个指标的解释说明，分别设定对旧工业建筑再生利用项目各评价衡量指标量值域，汇总结果如下。

2）经济指标（SI_1）

①项目投资计划（SI_{11}），项目融资模式（SI_{12}），项目技术方法优势（SI_{13}）这三个衡量指标都是描述程度，是一种模糊的衡量，则量值域为 [0，1]，当评价值为 1 时与该量值域的关联度最大；

②投资总成本（SI_{14}）直接对这一指标设定量值域是比较困难的，根据可拓变换的原理，可以将其转换成为单平米的投资成本，其量值域就可以表示成 [a_{14}，b_{14}]。这里需要说明此量值域的设定要根据项目所在区域的经济状况，考察功能新建项目，作为设定依据，且当评价值为 $\dfrac{a_{14}+b_{14}}{2}$ 关联度最大；

③动态回收期（SI_{15}）和内部收益率（SI_{16}）的量值域设定要根据预期值，因此也应考虑不同的项目合理区分设定 [a_{15}，b_{15}] 和 [a_{16}，b_{16}]，当评价值为 a_{15} 和 b_{16} 时关联度最大。

3）社会指标（SI_2）

①对区域经济发展的影响（SI_{21}），改善公共卫生环境的能力（SI_{22}），与周围环境的协调性（SI_{23}），提供就业机会的能力（SI_{24}），对区域其他活动提供配套设施的能力（SI_{25}），对自然、历史、文化遗产的保护程度（SI_{27}），对区域形象的提升能力（SI_{28}）仍然属于是模糊的衡量，它们的量值域定为 [0，1]，且当评价值为 1 时与该量值域的关联度最大；

②对周边居民的干扰程度（SI_{26}），该衡量指标也应该是模糊衡量，量值域定为 [0，1]，但此衡量指标当评价值为 0 时与该量值域的关联度最大。

4）环境指标（SI_3）

①与区域地理环境的结合程度（SI_{31}），根据该衡量指标的含义其量值域设为 [0，1]，其评价值需要模糊综合评定给出，当为 1 时关联度最大；

②对可再生能源的利用程度（SI_{32}），参考《绿色建筑评价标准》（GB/T 50378—2014）中对于再生能源利用的衡量标准，该衡量指标的量值域设定为 [0，0.15]，当评价值为 0.15 时关联度最大；

③对可再利用或可循环材料的使用程度（SI_{33}），参考 GB/T 50378—2014 中节材与材料资源利用的衡量标准，该衡量指标的量值域设定为 [0，0.5]，当评价值为 0.5 时关联度

最大；

④节能措施对总能耗的降低程度（SI_{34}），参考 GB/T 50378—2014 中节能与能源利用的综合评价，该衡量指标的量值域设定为 [0，1]，当评价值为 1 时关联度最大；

⑤对土地资源的合理利用程度（SI_{35}），根据指标含义，综合考虑容积率、建筑密度、人均使用面积及绿地率等方面，该衡量指标的量值域设定为 [0，1]，当评价值为 1 时关联度最大；

⑥节水及优化水资源的能力（SI_{36}），参考 GB/T 50378—2014 中节水与水资源利用的各项评价标准，该衡量指标的综合评价量值域为 [0，1]，当评价值为 1 时关联度最大；

⑦室内环境质量水平（SI_{37}），参考 GB/T 50378—2014 中节能与能源利用的各项评价标准，该衡量指标的量值域设定为 [0，1]，当评价值为 1 时关联度最大；

⑧空气污染程度（SI_{38}），根据我国空气质量评级采用的是空气污染指数法，则设定该衡量指标的量值域为 [0，200]，当评价值为 0 时关联度最大；

⑨噪声污染程度（SI_{39}），根据国家环境质量标准《声环境质量标准》（GB 3096—2008）中设定环境噪声限值，设定该衡量指标的量值域为 [30，65]，当评价值为 30 时关联度最大；

⑩对废弃物的分类处理能力（SI_{310}），参考 GB/T 50378—2014 中所涉及该衡量指标的评价标准，设定量值域设定为 [0，1]，当评价值为 1 时关联度最大；

⑪特殊污染源污染处理程度（SI_{311}），参考 GB/T 50378—2014 中所涉及该衡量指标的评价标准，设定量值域设定为 [0，1]，当评价值为 1 时关联度最大；

⑫绿色建筑运营管理表现（SI_{312}），这一衡量指标是在综合评价旧工业建筑再生利用项目在使用过程中的运营管理情况，设定量值域设定为 [0，1]，当评价值为 1 时关联度最大。

（2）各评价阶段的非满足不可条件设定

在优度评价之前首先进行非满足不可条件的首次评价，这是可拓优度评价方法的特点，因为只有符合了非满足不可条件的首次评价之后，再对优度进行评判才能更符合实际情况。

旧工业建筑再生利用项目效果评价的非满足不可条件可以借鉴一般工程建设项目的非满足不可条件，具体如下：政策法规，规范标准，强制性条文，结构的可靠性以及施工的质量与安全要求。

（3）评价指标权系数的确定

评价一个对象 Z_i（$i=1$，2，$\cdots$，m）优劣的各衡量指标 SI_{i1}，SI_{i2}，$\cdots$，SI_{in}（$j=1$，2，$\cdots$，n）对于评价对象来说，其作用地位和重要程度不尽相同，通常各衡量指标的重要程度用权系数来表示。对于非满足不可的指标用 Λ 表示，其他一般评价指标则根据重要程度在 [0，1]之间赋值，由此权系数 [6，7] 标记为 $\alpha=(\alpha_1$，α_2，$\cdots$，$\alpha_n)$，其中如果 $\alpha_{io}=\Lambda$，则 $\sum\limits_{\substack{k=1 \\ k \neq io}}^{n} \alpha_k = 1$。

旧工业建筑再生利用项目效果评价中采取组合权确定权重。其中，权重确定的方法有主观赋权法和客观赋权法，主观赋权法根据决策分析者对各指标的主观重视程度赋权，如专家调查法、层次分析法等；客观赋权法主要根据评价指标本身的相关关系和变异程度确定权数，如熵值法、主成分分析法等。主观赋权法过于依赖决策者的主观判断，易受主观因素影响，而客观赋权法虽然避免了人为因素，但会受到指标样本随机误差的影响，单纯使用其中任意一种方法赋权都不能获得满意的赋权结果。综合赋权兼顾主、客观两类权重信息，既能充分利用客观信息，又能满足决策者的主观愿望。

1）主观赋权

本文运用 AHP 进行主观赋权，获得主观权重 w' 且 $W' = (w'_1, w'_2, \cdots, w'_n)$，$w'_j \geq 0$，$\sum_{j=1}^{m} w'_j = 1$。

2）客观赋权

研究运用熵值法 [6, 7] 确定客观权重 $W'' = (w''_1, w''_2, \cdots, w''_n)$ 为指标客观权重向量。熵权理论认为，对于某一指标的各样本观测值，数据差别越大，则该指标对系统的比较作用就越大，也就是说该项指标包含和传递的信息越大，因此赋予较高的权重。熵权理论的计算基础是样本观测值，是站在客观数据的角度为研究对象赋权，因此，熵值法也成为一种典型的客观赋权法。具体操作步骤如下：

①将 m 个待评价项目 n 个指标值的原始数据 x_{ij}（$i=1, 2, \cdots, m$），（$i=1, 2, \cdots, n$）组成矩阵。x_{ij} 表示第 i 个对象第 j 个指标的值。则初始矩阵 X 为：

$$X = \begin{bmatrix} x_{11} & x_{12} & \ldots & x_{1n} \\ x_{21} & x_{22} & \ldots & x_{2n} \\ \ldots & \ldots & \ldots & \ldots \\ x_{m1} & x_{m2} & \ldots & x_{mn} \end{bmatrix}. \tag{8-5}$$

②确定各指标间贴近度。由于指标值中存在正向指标和负向指标，则将各指标都归一正向化。由于指标的正向化，则各指标的归一化计算式为：

$$p_{ij} = \frac{x_{ij}}{\sum_{i=1}^{m} x_{ij}} \tag{8-6}$$

③确定第 j 项指标的熵值大小，计算式为

$$E_j = -n \sum_{i=1}^{m} (p_{ij} \ln p_{ij}) \tag{8-7}$$

④对熵值归一化处理。此处归一化利用各指标列中极大值熵 $E_{max} = \ln \frac{1}{n}$，则各指标熵权为

$$e_j = -\ln \frac{1}{n} \sum_{i=1}^{m} (p_{ij} \ln p_{ij}) \tag{8-8}$$

⑤熵值越大，其不确定性也越大，表明数据分散程度越严重，第 j 项指标的评价值数据的分散程度取决于该指标的信息熵 e_j 与 1 的差 h_j。

$$h_j = 1 - e_j \tag{8-9}$$

⑥根据差异性系数确定各指标的权重值。对于给定的指标 j，X_{ij} 的差异性系数 h_j 越小，则熵权越大。当 X_{ij} 全部相同时，差异性越大，$e_j = 1$，此时这项指标权重就为零，对评价结果无影响；当同一指标的指标值在各评价对象中差异越大，则差异性系数 h_j 越大，e_j 越小，该项指标对评价整体效果有重要性影响，即权重越大。由此可计算各指标的权重为：

$$w_j = \frac{h_j}{\sum_{j=1}^{n} h_j} \tag{8-10}$$

依照上述过程，即可分析得出评价对象的客观权重。熵权的特点在于依据项目自身具备的特征值，借助信息系统处理方式，对项目内系统属性进行综合输入，同时输出最终熵权值。也为后期的二次综合处理提供了支撑。

这里将前文提到的 13 个项目作为固定对象，应用它们的基本数据确定指标的熵权系数。这是因为在旧工业建筑再生利用项目中，由于评价对象并不一定是多个项目一同评价，那么就有必要设置固定对象作为其他对象的参考依据，同时也可以起到计算熵权效用性。

3）基于 Lagrange 条件极值的组合赋权

组合赋权有多种组合权方式 [8~10]，其中最小离差组合权重能够精确反映主客观倾向。本文选择最小离差和（即 Lagrange 条件极值原理）组合权。在分别计算出客观权重和主观权重的基础上，基于 Lagrange 条件极值原理进行综合赋权计算。计算过程如下：

①构造权重目标函数。综合前面获得的主观权重与客观权重可得"综合权重"。令 α 和 β 分别表示 W' 和 W'' 的重要程度，有

$$W = \alpha W' + \beta W'' \tag{8-11}$$

W 为综合权重。设 α 和 β 满足单位约束条件 $\alpha^2 + \beta^2 = 1$，a_{ij} 是 x_{ij} 的规范化值，旧工业建筑再生利用项目效果评价值为

$$\begin{cases} v_i = \sum_{j=1}^{n} a_{ij} w_j = \sum_{j=1}^{n} a_{ij} \left(\alpha w_j' + \beta w_j'' \right) \\ i = 1, 2, \dots, m \end{cases} \tag{8-12}$$

v_i 总是越大越好，v_i 越大方案越优，因此可构造如下目标规划模型：

$$\begin{cases} \max Z = \sum_{i=1}^{m}\sum_{j=1}^{n} a_{ij}\left(\alpha w_j' + \beta w_j''\right) \\ \text{s.t.}\ \ \alpha^2 + \beta^2 = 1 \\ \alpha, \beta \geqslant 0 \end{cases} \tag{8-13}$$

②应用 Lagrange 条件极值原理，计算主观权重和客观权重所占比例。可得

$$\begin{cases} \alpha_1^* = \dfrac{\sum\limits_{i=1}^{m}\sum\limits_{j=1}^{n} a_{ij}w_j'}{\sqrt{\sum\limits_{i=1}^{m}\sum\limits_{j=1}^{n} a_{ij}w_j'^{\,2} + \sum\limits_{i=1}^{m}\sum\limits_{j=1}^{n} a_{ij}w_j''^{\,2}}} \\[4ex] \beta_1^* = \dfrac{\sum\limits_{i=1}^{m}\sum\limits_{j=1}^{n} a_{ij}w_j''}{\sqrt{\sum\limits_{i=1}^{m}\sum\limits_{j=1}^{n} a_{ij}w_j'^{\,2} + \sum\limits_{i=1}^{m}\sum\limits_{j=1}^{n} a_{ij}w_j''^{\,2}}} \end{cases} \tag{8-14}$$

对 α_1^* 和 β_1^* 进行归一化处理，有

$$\begin{cases} \alpha^* = \dfrac{\alpha_1^*}{\left(\alpha_1^* + \beta_1^*\right)} \\[3ex] \beta^* = \dfrac{\beta_1^*}{\left(\alpha_1^* + \beta_1^*\right)} \end{cases} \tag{8-15}$$

可得到

$$\begin{cases} \alpha^* = \dfrac{\sum\limits_{i=1}^{m}\sum\limits_{j=1}^{n} a_{ij}w_j'}{\sum\limits_{i=1}^{n}\sum\limits_{j=1}^{m} a_{ij}\left(w_j' + w_j''\right)} \\[4ex] \beta^* = \dfrac{\sum\limits_{i=1}^{m}\sum\limits_{j=1}^{n} a_{ij}w_j''}{\sum\limits_{i=1}^{m}\sum\limits_{j=1}^{n} a_{ij}\left(w_j' + w_j''\right)} \end{cases} \tag{8-16}$$

则知

$$w_j = \alpha^* w_j' + \beta^* w_j'' \tag{8-17}$$

③计算各级指标综合赋权后的权重值。一级指标层、二级指标层均采用上述方法进行综合赋权。这里要说明，如果在实际评价过程中个别的衡量指标可能会缺失，当出现这种情况可将该衡量指标的权系数平均分摊给其所在同级其他衡量指标。

（4）关联函数的建立 [8~15]

关联函数是可拓学理论中的量化工具，可拓优度评价方法中通过关联函数建立指标

的评定值与指标量值域之间的关联度，由此进行评价。根据已经设定的旧工业建筑再生利用项目效果评价衡量指标的量值域属性，选用关联函数如下：

对于量值域为正的有限区间 $X = \langle a, b \rangle$，$M \in X$，

$$k(x) = \begin{cases} \dfrac{x-a}{M-a}, & x \leqslant M \\ \dfrac{b-x}{b-M}, & x \geqslant M \end{cases} \tag{8-18}$$

则 $k(x)$ 满足如下性质：

1) $k(x)$ 在 $x = M$ 处达到最大值，且 $k(M) = 1$；

2) $x \in X$，且 $x \neq a, b \Leftrightarrow k(x) > 0$；

3) $x \notin X$，且 $x \neq a, b \Leftrightarrow k(x) < 0$；

4) $x = a$ 或 $x = b \Leftrightarrow k(x) = 0$。

根据前文设定量值域情况，考察下列三种特殊情况。由此每个评价衡量指标选用的关联函数如表 8.5 所示。

1) 当 $M = \dfrac{a+b}{2}$ 时，

$$k(x) = \begin{cases} \dfrac{2(x-a)}{b-a}, & x \leqslant \dfrac{a+b}{2} \\ \dfrac{2(b-x)}{b-a}, & x \geqslant \dfrac{a+b}{2} \end{cases} \tag{8-19}$$

2) 当 $M = a$ 时，

$$k(x) = \begin{cases} \dfrac{x-a}{b-a}, & x < a \\ \dfrac{b-x}{b-a}, & x > a \\ k(a) = 0 \vee 1, & x = a \end{cases} \tag{8-20}$$

3) 当 $M = b$ 时，

$$k(x) = \begin{cases} \dfrac{x-a}{b-a}, & x < b \\ \dfrac{b-x}{b-a}, & x > b \\ k(b) = 0 \vee 1, & x = b \end{cases} \tag{8-21}$$

每个评价阶段的衡量指标根据其设定的量值域的属性，以及关联度所处位置选用恰当的关联函数[16~21]。

项目效果评价指标量值域、权重及关联函数设定　　　　　　　　　表 8.5

一级指标		二级指标			
SI_i	α_i	SI_{ij}	V_{ij}	α_{ij}	k_{ij}
经济指标 (SI_1)	0.3653	项目投资计划 SI_{11}	[0, 1]	0.1188	式 (8-21)
		项目融资模式 SI_{12}	[0, 1]	0.1022	式 (8-21)
		项目技术方法优势 SI_{13}	[0, 1]	0.1823	式 (8-21)
		阶段成本 SI_{14}	[a_{14}, b_{14}]	0.2989	式 (8-19)
		动态回收期 SI_{15}	[a_{15}, b_{15}]	0.1211	式 (8-20)
		内部收益率 SI_{16}	[a_{16}, b_{16}]	0.1766	式 (8-21)
社会指标 (SI_2)	0.2142	对区域经济发展的影响 SI_{21}	[0, 1]	0.2704	式 (8-21)
		改善公共卫生环境的能力 SI_{22}	[0, 1]	0.1085	式 (8-21)
		与周围环境的协调性 SI_{23}	[0, 1]	0.0810	式 (8-21)
		提供就业机会的能力 SI_{24}	[0, 1]	0.0901	式 (8-21)
		对区域其他活动提供配套设施的能力 SI_{25}	[0, 1]	0.0362	式 (8-21)
		对周边居民的干扰程度 SI_{26}	[0, 1]	0.0626	式 (8-20)
		对自然、历史、文化遗产的保护程度 SI_{27}	[0, 1]	0.2429	式 (8-21)
		对区域形象的提升能力 SI_{28}	[0, 1]	0.1085	式 (8-21)
环境指标 (SI_3)	0.4205	与区域地理环境的结合程度 SI_{31}	[0, 1]	0.0683	式 (8-21)
		对可再生能源的利用程度 SI_{32}	[0, 0.15]	0.0310	式 (8-21)
		对可再利用或可循环材料的使用程度 SI_{33}	[0, 0.5]	0.1478	式 (8-21)
		节能措施对总能耗的降低程度 SI_{34}	[0, 1]	0.1463	式 (8-21)
		对土地资源的合理利用程度 SI_{35}	[0, 1]	0.1603	式 (8-21)
		节水及优化水资源的能力 SI_{36}	[0, 1]	0.1002	式 (8-21)
		室内环境质量水平 SI_{37}	[0, 1]	0.0622	式 (8-21)
		对废弃物的分类处理能力 SI_{38}	[0, 1]	0.0854	式 (8-21)
		空气污染程度 SI_{39}	[0, 200]	0.0493	式 (8-20)
		噪声污染程度 SI_{310}	[30, 65]	0.0282	式 (8-20)
		特殊污染源污染处理程度 SI_{311}	[0, 1]	0.0334	式 (8-21)
		绿色建筑运营管理表现 SI_{312}	[0, 1]	0.0876	式 (8-21)

（5）评价的标准与流程

通过关联函数计算出关联度后，以 13 组项目所采集的数据作为基础数据计算规范关联度。在计算出规范关联度后，即可进一步计算优度。优度的计算一般有三种：二级指标各规范关联度取大、各规范关联度取小和加权之后的综合关联度计算优度。根据旧工业建筑再生利用项目决策分析系统对项目效果评价的要求和可拓优度法对评价标准一般设定原则，研究确立如下评价过程（如图8.6所示）：

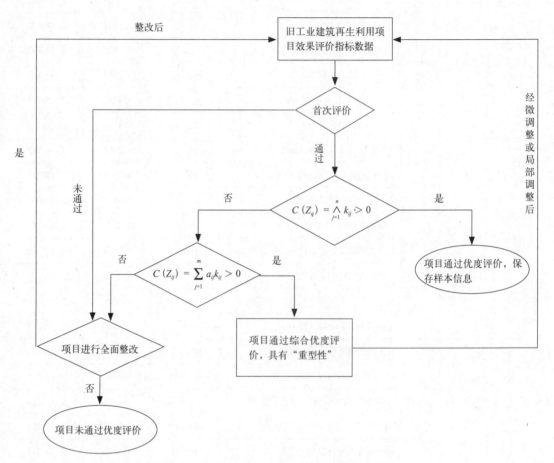

图8.6 旧工业建筑再生利用项目效果评价流程

1）首次评价

首次评价是判断项目是否达到设定的"非满足不可"指标 A。若项目符合非满足不可条件，则认为项目可进入优度评价的下一环节；否则，需要对项目进行全面整改，调研人员对项目跟踪回访，若项目没有做任何整改，认为项目已不具备通过优度评价的可能，可宣告项目失败。

2）规范关联度取小优度评价

在计算得出二级衡量指标的规范关联度后，作如下判断 $C(Z_{ij}) = \overset{n}{\underset{j=1}{\wedge}} k_{ij}, i = 1, 2, \ldots, m$。当 $C(Z_{ij}) > 0$ 时，可认为项目整体通过优度评价，由于取小情况下各指标关联度皆大于0，说明项目整体亦可通过综合优度评价，此处就不再进行下一步优度评价，可直接保存样本决策信息进入再生利用模式选择阶段。若项目需要进行实施效果的优劣程度比较分析，可通过下一步"综合优度评价"实现。当 $C(Z_{ij}) \leqslant 0$ 时，需要进一步确定项目是否具有"重塑性"，重塑性的判断需要结合"综合优度评价"共同分析。

3）综合优度评价

综合优度评价也即衡量指标的规范关联度在结合相应权系数的基础上所作出的优度评价。应用 $C(Z_{ij}) = \sum_{j=1}^{n} \alpha_{ij} k_{ij}$ 进行二次优度评价。当 $C(Z_{ij}) > 0$ 时，认为项目具有"重塑"的可能性，结合对项目出现负关联度情况指标的分析，对项目做局部微调整处理，经微调整的项目再次评价时，一般能够通过取小优度评价，最后保存更新后的样本决策信息，进入模式选择阶段。如果 $C(Z_{ij}) \leqslant 0$，说明两次评价都未通过，项目的实施效果不理想，需要对项目做较大整改。若调研人员在对项目跟踪回访时发现项目未做任何整改，即可认为项目不具备可持续发展潜力。

8.5　实证分析

8.5.1　项目概况

西安华清科教产业（集团）有限公司在西安市政府的大力支持下，全面收购陕西钢铁厂，建立西安建大科教产业园。在结合原有的建筑资源、区位环境以及西安市的总体规划布局基础上，对科教产业园区进行了整体规划。将整个园区划分为教育园区、科技产业园区、开发园区等几部分。其中以教育、产业科研和开发园区建设的主体构架，辅以配套的生产、生活设施。如图 8.7 所示。

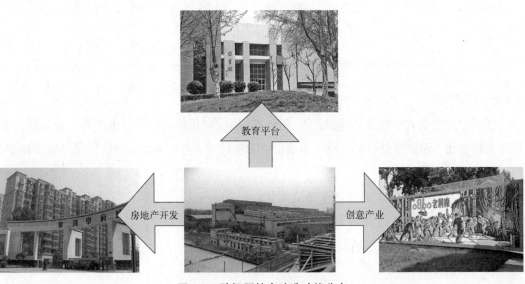

图 8.7　陕钢厂综合改造功能分布

华清学院教学园区的建设规划及重点工程设计由我国著名建筑设计大师刘克成教授主持。在合理利用陕西钢铁厂原有旧工业建筑资源的基础上，对原有建筑物进行了大胆新颖的设计，部分保持了原有风貌，凸显了旧厂房由兴盛至破败、由衰亡到重生的历史演变，体现出了对人文、历史、环境的深刻反思，营造了浓郁的产业文化氛围。

整个教学园区占地面积约四百余亩，由教学楼、学生宿舍、体育场、大学生活动中心、学生食堂、风雨操场、图书馆、健身房、报告厅、洗浴中心、校医院等是十余栋单体建筑组成，其中再生利用项目主要包括一、二号教学楼工程，风雨操场工程，大学生活动中心等，见表 8.6 所示。

根据所在地的区位优势，结合西安市的总体规划，华清学院的规划设计按照整体功能协调的原则，对旧工业建筑进行了合理再生利用，同时保留了原来的路网和大量的原生树木、植被，利用原构件或设备形成了独特的工业景观。校园内主要的建筑物均在原陕西钢铁厂的旧工业建筑的基础上进行局部改造或扩建完成的，不需要办理立项手续，学校根据自身情况在可行性研究的基础上进行决策。

西安建筑科技大学华清学院重点项目概况表　　　　表 8.6

项目名称	再利用前功能	原建设时间	再利用后功能	建筑面积(m²)	开工时间	竣工时间	技术途径
一号教学楼	一号轧钢车间	1960	教学楼	11091	2003.4	2004.3	钢筋混凝土框架加层
二号教学楼	二号轧钢车间	1978	教学楼	14440	2003.4	2003.12	钢筋混凝土框架加层
风雨操场	三号轧钢车间	1978	教学、试验、多媒体教室	3255	2004.6	2004.10	装修为主
图书馆	一号轧钢车间	1960	教学场所	5904	2004.4	2004.10	钢结构框架加层
大学生活动中心	二号轧钢车间料厂	1980	学生活动	1213	2004.7	2004.8	水磨石地面

8.5.2 效果评价

根据已经收集到的原陕西钢铁厂旧工业建筑再生利用项目实施过程中的基础资料，通过专家和参建人员的定量评值，应用本书研究的项目效果评价方法，评价过程与分析如下。

(1) 首次评价

考察项目实施过程未出现违法违规操作，结构加固程度达到可靠性评定要求，施工质量良好，运营过程中无重大危险源，说明项目首先达到了"非满足不可"指标 A 设定要求，因此可以进行关联度的计算。

(2) 关联度计算

按照每个指标设定的关联函数进行关联度计算，见表 8.7。

项目效果评价值和关联度　　　　　　　　　表 8.7

一级指标		二级指标					
SI_i	α_i	SI_{ij}	V_{ij}	α_{ij}	k_{ij}	评价值	关联度
经济 指标 (SI_1)	0.3653	SI_{11}	[0, 1]	0.1188	式 (8-21)	0.82	0.82
		SI_{12}	[0, 1]	0.1022	式 (8-21)	0.75	0.75
		SI_{13}	[0, 1]	0.1823	式 (8-21)	0.78	0.78
		SI_{14}	$[a_{14}, b_{14}]$	0.2989	式 (8-19)	1250	0.5
		SI_{15}	$[a_{15}, b_{15}]$	0.1211	式 (8-20)	缺失	缺失
		SI_{16}	$[a_{16}, b_{16}]$	0.1766	式 (8-21)	缺失	缺失
社会 指标 (SI_2)	0.2142	SI_{21}	[0, 1]	0.2704	式 (8-21)	0.83	0.83
		SI_{22}	[0, 1]	0.1085	式 (8-21)	0.65	0.65
		SI_{23}	[0, 1]	0.0810	式 (8-21)	0.67	0.67
		SI_{24}	[0, 1]	0.0901	式 (8-21)	0.5	0.5
		SI_{25}	[0, 1]	0.0362	式 (8-21)	0.45	0.45
		SI_{26}	[0, 1]	0.0626	式 (8-20)	0.25	0.75
		SI_{27}	[0, 1]	0.2429	式 (8-21)	0.75	0.75
		SI_{28}	[0, 1]	0.1085	式 (8-21)	0.74	0.74
环境 指标 (SI_3)	0.4205	SI_{31}	[0, 1]	0.0683	式 (8-21)	0.68	0.68
		SI_{32}	[0, 0.15]	0.0310	式 (8-21)	0.72	0.72
		SI_{33}	[0, 0.5]	0.1478	式 (8-21)	0.67	0.67
		SI_{34}	[0, 1]	0.1463	式 (8-21)	0	0
		SI_{35}	[0, 1]	0.1603	式 (8-21)	0.74	0.74
		SI_{36}	[0, 1]	0.1002	式 (8-21)	0.69	0.69
		SI_{37}	[0, 1]	0.0622	式 (8-21)	0.73	0.73
		SI_{38}	[0, 1]	0.0854	式 (8-21)	0.69	0.69
		SI_{39}	[0, 200]	0.0493	式 (8-20)	79	0.605
		SI_{310}	[30, 65]	0.0282	式 (8-20)	35	0.857
		SI_{311}	[0, 1]	0.0334	式 (8-21)	0.67	0.67
		SI_{312}	[0, 1]	0.0876	式 (8-21)	0.72	0.72

（3）关联度取小优度评价

在计算得出二级衡量指标的规范关联度后，计算 $C(SI)$ 结果为：

$$C(SI) = \bigwedge_{i=1}^{3} (\bigwedge_{j=1}^{n} k_{ij}) = 0$$

说明需进一步计算项目的综合优度。

（4）综合优度评价

逐级计算优度进行综合评价。这里要注意缺失评价值的指标，将其权系数平均分配给其他指标。

$$C(SI_1) = \alpha_{11} \times K(SI_{11}) + \alpha_{12} \times K(SI_{12}) + \alpha_{13} \times K(SI_{13}) + \alpha_{14} \times K(SI_{14}) = 0.6778$$

$$C(SI_2) = \alpha_{21} \times K(SI_{21}) + \alpha_{22} \times K(SI_{22}) + \cdots + \alpha_{28} \times K(SI_{28}) = 0.7231$$

$$C(SI_3) = \alpha_{31} \times K(SI_{31}) + \alpha_{32} \times K(SI_{32}) + \cdots + \alpha_{312} \times K(SI_{312}) = 0.5993$$

$$C(SI) = \alpha_1 \times C(SI_1) + \alpha_2 \times C(SI_2) + \alpha_3 \times C(SI_3) = 0.6538 > 0$$

8.5.3　结论及建议

（1）项目效果评价分析

通过以上评价过程可以看出，该项目通过了综合优度评价，而未通过关联度取小优度评价，说明项目从总体上看满足可持续发展的要求，但是局部需做进一步调整，项目具有"重塑"的可能。确定关联度为 0 的指标项是"节能措施对总能耗的降低程度 SI_{34}"。依据该项指标结果对项目进行分析发现，多个教学大楼建筑保温隔热性能差，原因是结构外立面多为大面积非保温玻璃幕墙，热桥效应严重，导致结构热量交流快，节能效果不明显。为了发挥旧建筑再生利用后的良好性能，需要对非保温玻璃进行更换或是采取其他有效节能措施解决现状。

（2）项目效果评价建议

由于受多方利益、政治原因、经济因素和社会环境的制约和影响，现阶段的旧工业遗产保护及利用中各项改造过程均离不开政府的组织、管理和支持。针对该项目节能措施对总能耗的降低程度存在的问题，一方面该项目应该建立有针对性的能耗管理、保障制度；另一方面我们要加强宣传教育，提高人们对能耗管理的意识，引导人们自觉开展旧工业节能措施的保护，从而从建筑节能层面确保工业遗产的延续；最后，建议各相关单位制定相应的节能措施鼓励性政策，引导旧工业建筑再生利用的保护。

参考文献

[1]　田卫．旧工业建筑再生利用决策系统研究 [D]．西安：西安建筑科技大学，2013．

[2]　杨茂盛，姜海莹．可拓分析法在循环经济评价指标体系中的应用 [J]．科技管理研究，2010，（1）：238-239，245．

[3]　杨春燕，蔡文．可拓工程 [M]．北京：科学出版社，2007．

[4]　蔡文，杨春燕，林伟初．可拓工程方法 [M]．北京：科学出版社，1997．

[5]　赵燕伟，苏楠. 可拓设计 [M]. 北京：科学出版社，2010.

[6]　刘华文. 基于信息熵的特征选择算法研究 [D]. 吉林：吉林大学，2010.

[7]　文莹，肖明清，王邑，赵亮亮. 基于信息熵属性约简的航空发动机故障诊断 [J]. 仪器仪表学报，2012，33（8）：1773-1778.

[8]　孟凡奇，李广杰，汪茜. 最优组合赋权法在泥石流危险度评价中的应用 [J]. 人民长江，2009，40（22）：40-42.

[9]　陈伟，夏建华. 综合主、客观权重信息的最优组合赋权方法 [J]. 数学实践与认知，2007，37（1）：17-22.

[10]　孙莹，鲍新中. 一种基于方差最大化的组合赋权评价方法及其应用 [J]. 中国管理科学，2011，19（6）：141-148.

[11]　闫瑞琦. 旧工业建筑再生利用项目评价体系研究 [D]. 西安：西安建筑科技大学，2012.

[12]　陈鹏，严新平，李旭宏，吴超仲. 基于可拓学的轨道交通与常规公交换乘收益分配 [J]. 上海交通大学学报，2010，06：797-802.

[13]　曹霞，张路蓬. 基于改进信息熵的创新合作伙伴多级可拓优选决策分析 [J]. 统计与决策，2016，05：61-64.

[14]　文莹，肖明清，王邑，赵亮亮. 基于信息熵属性约简的航空发动机故障诊断 [J]. 仪器仪表学报，2012，33（8）：1773-1778.

[15]　杜振宇，杨胜强，李佳乃. 可拓优度评价法在煤矿安全评价中的应用 [J]. 煤矿安全，2012，10：221-224.

[16]　马勇智，高红，丁怡，刘巍，孙子凡. 深圳港的可拓优度评价 [J]. 大连海事大学学报，2012，04：111-114+119.

[17]　刘俊娥，杨晓帆，刘丙午. 基于优度评价法的煤与瓦斯突出危险性评价 [J]. 煤矿安全，2013，03：166-169.

[18]　李万庆，郭诚，孟文清，马利华. 基于可拓优度评价法的矿井通风系统优选决策 [J]. 数学的实践与认识，2013，19：103-107.

[19]　黄小城，陈秋南，阳跃朋，张志敏. 可拓理论对复杂条件下岩溶隧道的风险评估 [J]. 地下空间与工程学报，2013，05：1179-1185.

[20]　刘光忱，张靖，游蕾. 基于可拓优度评价法的工程总承包风险评价 [J]. 沈阳建筑大学学报（社会科学版），2013，04：381-385.

[21]　周爱莲，李旭宏，毛海军. 基于模糊物元可拓的物流中心选址方案综合评价方法 [J]. 中国公路学报，2009，06：111-115.

第9章　旧工业建筑再生利用评价系统

为了规避评价时烦琐的计算、简化旧工业建筑再生利用项目的评价过程，建立完整的旧工业建筑再生评价体系，以前文建立的各模型为基础，基于 .NET 平台编制绿色再生旧工业建筑评价软件。从评价系统的功能设定、评价系统的程序设计、评价系统的程序实现三个层面展开，建立旧工业建筑再生利用项目评价系统。

9.1　评价系统的功能

旧工业建筑再生利用评价系统包括历史查询、项目评价两大模块，各模块中分别设有具体执行模块，如图 9.1 所示。

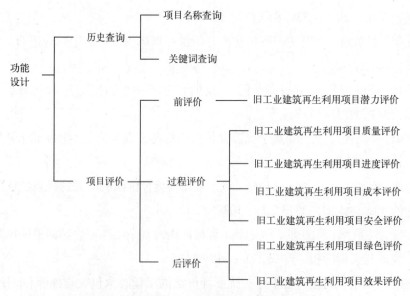

图 9.1　绿色再生旧工业建筑评价软件功能设定

9.1.1　项目存储与查询

为了积累经验、开展再生利用时查询类似项目作为参考，评价系统在功能设定上，旧工业建筑再生利用评价系统中专门设有历史查询功能。新建评价项目时可以输入项目的基本信息进行存储，建立旧工业建筑再生项目数据库。利用软件历史查询功能，可以根据项目名称或者关键词（包括建筑类型、建筑面积、再生模式等）进行查询，为旧工业建筑的绿色改造提供方法指导、为旧工业建筑再生项目的绿色评价提供可靠依据。

9.1.2　项目评价

在项目评价功能设定时，按照前评价、过程评价、后评价分为三个模块，每个模块中设有该评价阶段的各评价内容，共 7 个版块。各个评价项目独立，系统使用时可以根据需要直接点击相应的模块进行项目评价。评价的结果会存储在历史查询模块中，方便后期的查询和修改。

9.2　评价系统的程序设计

9.2.1　评价系统输入方案

（1）评价系统输入方案设计

结合评价系统的功能设定制定评价系统的输入方案，如图 9.2 所示。

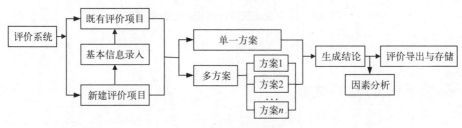

图 9.2　系统输入方案模型

（2）指标录入设计

评价系统指标录入时主要分为三个部分：①项目基本信息。将项目名称、地址、结构形式、改造前功能及建筑面积、改造后功能及建筑面积等基本信息录入系统，以进一步完善旧工业建筑再生项目信息库，同时为类似项目的绿色改造提供经验借鉴；②控制指标。针对控制指标项逐条筛查，保证建筑安全适用的基本特性得到满足；③评价指标。针对各个阶段评价指标，逐条录入项目对应的参数，为计算评价提供基本依据。旧工业建筑评价系统参数录入模型如图 9.3 所示。

9.2.2　评价系统输出方案

旧工业建筑评价系统通过录入，利用各个评价模型进行计算后，可得到评价结论。针对各指标的评价结论和整个体系的评价结论进行分析，生成"** 再生利用项目（方案）

** 评价报告"。旧工业建筑评价系统输出方案模型见图 9.4 所示。

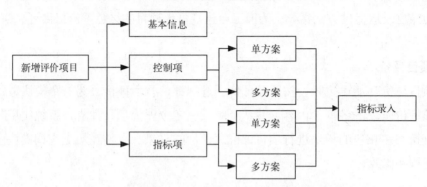

图 9.3 绿色再生旧工业建筑评价系统参数录入模型

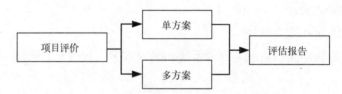

图 9.4 旧工业建筑评价系统输出方案模型

9.3 评价系统的程序实现

9.3.1 评价系统语言选择

考虑到 .NET 具有与多种语言、多种系统无缝兼容的特点，为简化程序的应用方法，选择利用 .NET 平台进行软件的编制。常用的编程语言包括 C、C++、C#、Java、VB、Prolog 等 30 多种，为了简化评价程序，方便程序调试，建立一种交互式面向用户的评价系统，结合模型算法，选择 C# 进行软件的编制。

9.3.2 评价系统程序实现

双击软件图标 A（软件名称中 A 代表"assessment"，下方的 ROIB 为"Regeneration of Old Industrial Building"的缩写）打开软件。旧工业建筑评价软件登录界面上设有"新建项目"、"项目查询"、"项目评价"三个选项，可以根据需要进行选择，单击后进入对应模块（见图 9.5）。

（1）新建项目界面

单击登录界面中的"新建项目"键，进入新建项目录入界面如图 9.6 所示。输入相

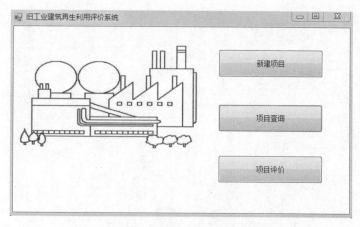

图 9.5 旧工业建筑再生利用评价系统登录界面

关项目情况，点击"保存"，保存相关信息，以健全旧工业建筑再生利用项目信息库。若该项目已通过"项目评价"模块进行评价并已保存评价结果，则可点击"评价结果"键查看已进行的评价、相应参数和评价结果。

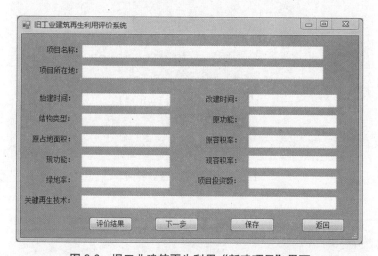

图 9.6 旧工业建筑再生利用"新建项目"界面

（2）项目查询模块

项目查询模块界面如图 9.7 所示。可以利用项目名称或关键词对项目进行查询。

输入项目名称后，可得到图 9.6 中的项目基本信息。

也可以输入关键词，输入判别条件，点击确认后得到符合要求的项目，如图 9.9 所示。

点击"查询"后，可得到符合条件的项目明细如图 9.10 所示。例如，在"关键词"中输入"结构类型"，在"判别条件"中输入"砖混结构"，点击"查询"，得到图 9.10 所示界面。

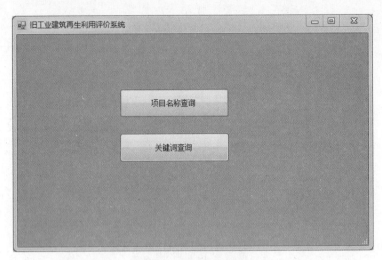

图 9.7　项目查询模块

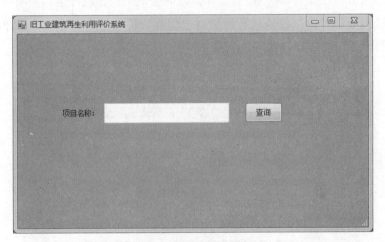

图 9.8　项目名称查询界面

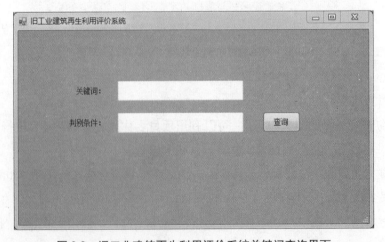

图 9.9　旧工业建筑再生利用评价系统关键词查询界面

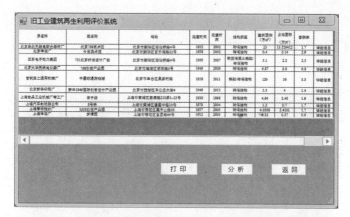

图 9.10　旧工业建筑再生利用评价系统关键词查询结果界面

点击项目名称后的"详细信息",可得到对应项目的基本信息如图 9.6 所示。点击"分析"键可对该关键词下的各项目进行针对性分析,如图 9.11 所示。

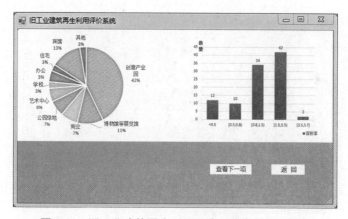

图 9.11　旧工业建筑再生利用评价系统案例分析界面

(3) 项目评价模块

项目评价分为旧工业建筑再生利用前评价(潜力评价)、过程评价(质量评价、进度评价、成本评价、安全评价)、后评价(绿色评价、效果评价)三大模块七个分模块,项目评价界面如图 9.12 所示。

点击对应的评价模块后、输入参数取值,开始评价。由于前评价、过程评价与后评价针对项目阶段不同,使用时亦存在一定的差异,分别举例对旧工业建筑再生利用评价系统进行具体介绍。

以潜力评价为例对前评价及过程评价模块进行详细介绍。单击图 9.12 中"潜力评价"按钮,进入图 9.13 所示的阶段选择界面。

单击图 9.13 中"地理位置"按钮,出现图 9.14 界面,在分值下方进行赋值,完成后

203

点击"完成返回"按钮，返回图 9.13 界面，类似"地理位置"赋值步骤，对其他一级指标赋值，出现图 9.14～图 9.18 界面。

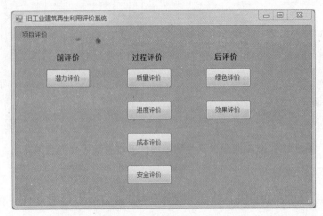

图 9.12　旧工业建筑再生利用评价系统项目评价功能选择界面

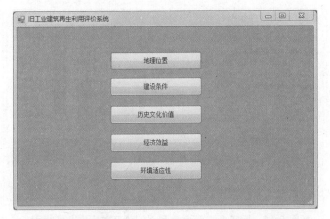

图 9.13　旧工业建筑再生利用评价系统一级指标赋值选择界面

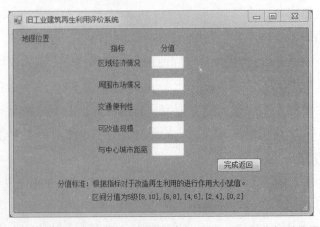

图 9.14　旧工业建筑再生利用评价系统地理位置下级指标赋值界面

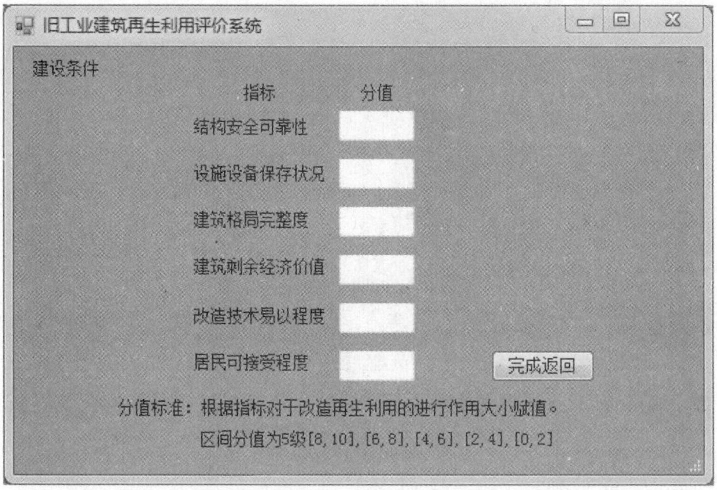

图 9.15　旧工业建筑再生利用评价系统建设条件下级指标赋值界面

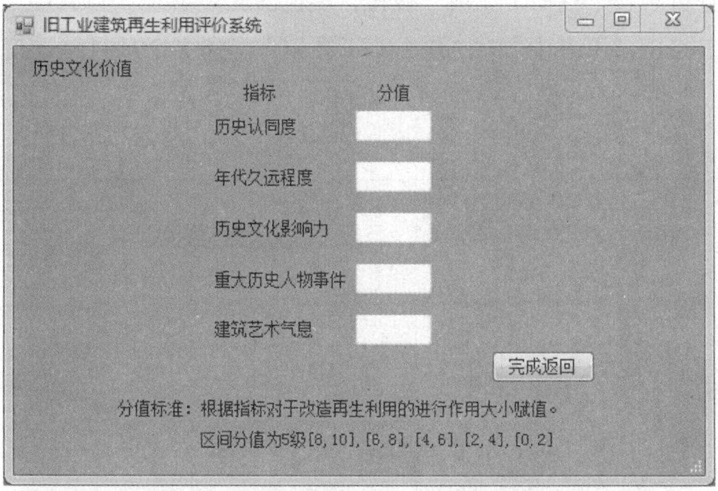

图 9.16　旧工业建筑再生利用评价系统历史文化价值下级指标赋值界面

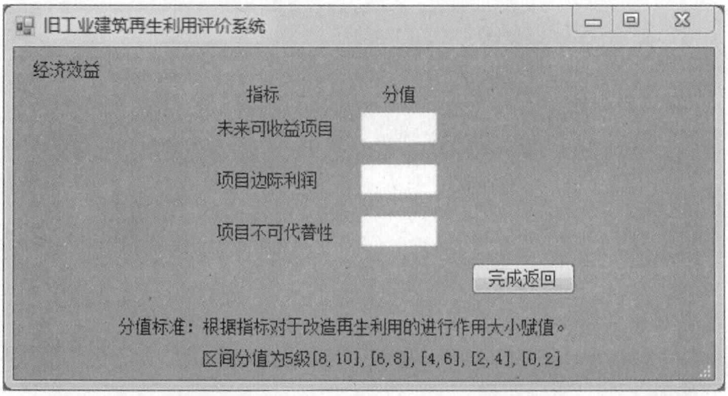

图 9.17　旧工业建筑再生利用评价系统经济效益下级指标赋值界面

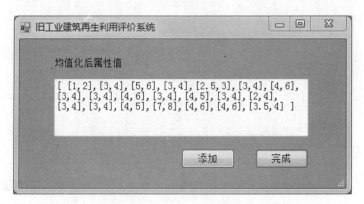

图 9.18　旧工业建筑再生利用评价系统环境适应性下级指标赋值界面

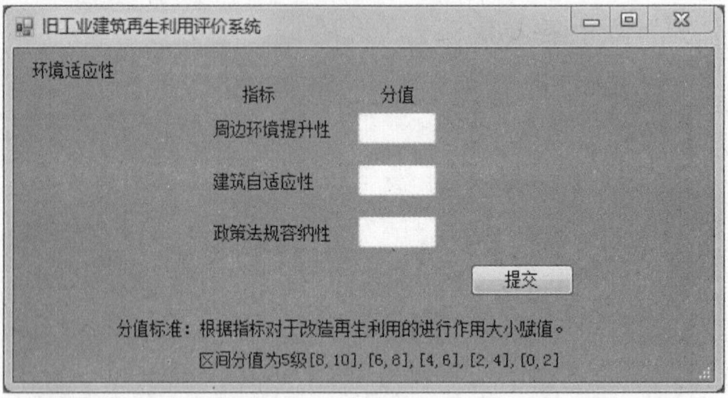

完成图 9.18 界面后，点击"提交"按钮，即可出现图 9.19 界面。

在图 9.19 界面点击"添加"按钮，返回图 9.13 界面，对第二个项目进行赋值。以此类推，直到最后一个评价项目。点击"完成"按钮，出现图 9.20 界面，得到多个项目赋值后的规范化矩阵 R。点击"下一步"，出现图 9.21 界面，得到多个项目贴近度大小，进行项目方案比选。

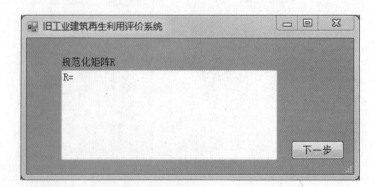

图 9.19　旧工业建筑再生利用评价系统均值化后界面

图 9.20　旧工业建筑再生利用评价系统矩阵规范化界面

图 9.21　旧工业建筑再生利用评价系统贴近度界面

后评价模块以"绿色评价"为例对评价模块进行详细介绍。单击"绿色评价",进入图 9.22 所示的阶段选择界面。

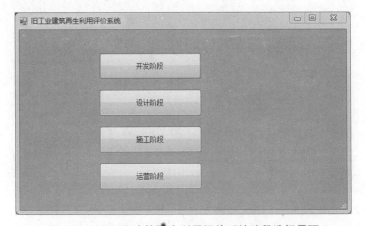

图 9.22　旧工业建筑再生利用评价系统阶段选择界面

根据需要点击相应的评价阶段,分别就该阶段对应的指标项进行评价。以开发阶段为例,点击"开发阶段"后得到如图 9.23 所示界面。点击新建项目可录入项目的基本信息,输入完成后点击确认,该项目信息即被存入基础信息库,方便后期查询使用,见图 9.6。

点击图 9.23 中的"既有项目"或者图 9.6 中的"跳过"或"下一步",进入图 9.24 所示界面,根据屏幕下方的指标释义,在界面中依次输入评价指标的得分值,点击确认后,软件开始进行物元可拓计算,进行运营阶段该再生利用项目的绿色评价,得到评价结果及分析界面如图 9.25 所示。

若该项目在阶段有多个方案需要进行比选,则点击"输入下一个方案",点击后,重新进入图 9.24 界面进行新一轮指标的录入和计算。所有方案计算评判完成后,点击图 9.25 中的"方案比选",得到分析结果如图 9.26 所示。

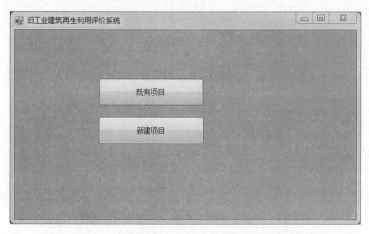

图 9.23　旧工业建筑再生利用评价系统项目类型选择界面

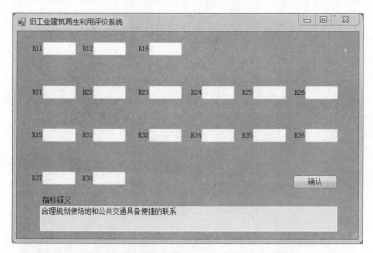

图 9.24　旧工业建筑再生利用评价系统体系指标录入界面

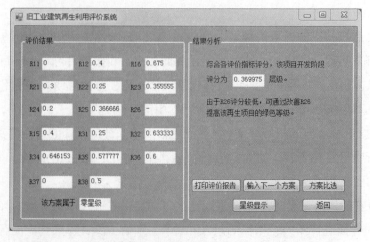

图 9.25　旧工业建筑再生利用评价系统单方案项目分析报告

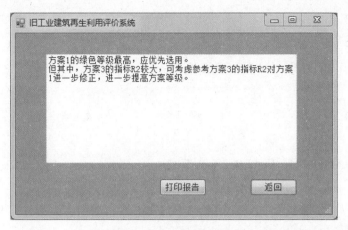

图 9.26　旧工业建筑再生利用评价系统多方案比选分析报告

其他评价模块的使用与上述评价模块使用相类似，使用时，首先根据需要单击对应的模块，根据提示继续选择至输入参数界面，根据指标释义对对应的指标进行合理评分并录入分值，最后点击确定得到评价结果及建议。

评价系统从评价软件的功能设计出发，基于 .NET 平台，利用 C# 对旧工业建筑再生利用全过程评价进行了软件编制。软件极大地简化了旧工业建筑再生利用评价的流程，对于单方案项目，生成的评估报告直观地分析了方案存在的不足与改进方向；对于多方案比选的项目，可以优选出最佳方案，评价系统的软件实现为推进旧工业建筑再生利用项目的开展提供了有力的技术支持。旧工业建筑再生利用评价系统尚处于初步研发阶段，随着旧工业建筑再生利用研究工作的推进，仍需要进一步改进和完善。

由于旧工业建筑再生利用评价系统编制源代码量大，仅列出绿色评价运营阶段部分关键模块以供参考。

算法函数：

```
public static void FunR11(double x)
{
    //1 星

        kfr11[0] = Fun2(4, 5, 0, 5, x);

    //2 星

        kfr11[1] = Fun2(3, 4, 0, 5, x);
```

```
        //3 星

            kfr11[2] = Fun2(2.5,3, 0, 5, x);

        //4 星

            kfr11[3] = Fun2(0, 2.5, 0, 5, x);


    }

public static void FunR12(double x)
    {
    //1 星

        kfr12[0] = Fun2(4, 5, 0, 5, x);

    //2 星

        kfr12[1] = Fun2(3, 4, 0, 5, x);

    //3 星

        kfr12[2] = Fun2(2.5, 3, 0, 5, x);

    //4 星

        kfr12[3] = Fun2(0, 2.5, 0, 5, x);


    }



    // 在此区间
    public static double Fun1(double a, double b, double x)
```

```
    {
        return -(Math.Abs(x - (a + b) / 2) - (b - a) / 2) / Math.Abs(b - a);
    }
    // 不在此区间
    public static double Fun(double a, double b, double c, double d, double x)
    {

        return -((Math.Abs(x - (a + b) / 2) - (b - a) / 2) / (Math.Abs(x - (c + d) / 2) - (d - c) /
2 - Math.Abs(x - (a + b) / 2) - (b - a) / 2));

    }
    public static double Fun2(double a, double b, double c,double d, double x)
    {
        if (x >= a && x < b) // 在此区间
        {
            return Fun1( a,  b,  x);
        }
        else// 不在此区间
        {
            return Fun( a,  b,  c,  d,  x);
        }
    }

    // 计算运营四个星级数据并返回最大的
    public static int maxyyxingji()
    {
        FunyyR11(yy1[0]);
        FunyyR16(yy1[1]);
        FunyyR21(yy1[2]);
        FunyyR22(yy1[3]);
        FunyyR23(yy1[4]);
        FunyyR24(yy1[5]);
        FunyyR25(yy1[6]);
        FunyyR26(yy1[7]);
```

```
        FunyyR15(yy1[8]);
        FunyyR31(yy1[9]);
        FunyyR32(yy1[10]);
        FunyyR34(yy1[11]);
        FunyyR35(yy1[12]);
        FunyyR36(yy1[13]);
        FunyyR37(yy1[14]);
        FunyyR38(yy1[15]);


        double dbtemp = 0.0;


        for (int i = 0; i < 4; i++)
        {
                dbtemp = 0.059 * yyr11[i] + 0.067 * yyr16[i] + 0.072 * yyr21[i] + 0.055 *
yyr22[i]
                + 0.066 * yyr23[i] + 0.058 * yyr24[i] + 0.064 * yyr25[i] + 0.062 * yyr26[i] +
0.064 * yyr15[i]
                + 0.061 * yyr31[i] + 0.069 * yyr32[i] + 0.067 * yyr34[i] + 0.059 * yyr35[i] +
0.063 * yyr36[i]
                + 0.055 * yyr37[i] + 0.061 * yyr38[i];
            yylist.Add(dbtemp);
        }



        int mylength = yylist.Count;
        double mymax = 0;//// 最大值
        int myloc = 0;//// 下标
        for (int i = 0; i < mylength; i++)
        {
            if (i == 0)
            {
                mymax = yylist[0];
            }
            double tmp = yylist[i];
```

```
        if (tmp > mymax)
        {
            mymax = tmp;
            myloc = i;
        }
    }
    dbyypf = mymax;
    iyyxj = myloc + 1;
    return myloc + 1;
}
```